フィジカルコンピューティングを「仕事」にする

本書で掲載しているサンプルの一部は下記よりダウンロードできます。
ファイルを参照しながら読み進めることをおすすめします（参照ファイルがある場合はその旨記載しています）。
http://www.wgn.co.jp/reader/

※本書の執筆ならびに刊行にあたっては正確な記述に努めましたが、著者、および出版社のいずれも、
本書の内容に対して何ら保証をするものではありません。
また、本書で紹介しているスクリプトは、その動作のすべてを保証するものではありません。
スクリプトを実行した結果については、著者、および出版社のいずれも一切の責任を負いません。
※本書で解説するサービス、各種APIについては、2011年8月現在の情報をもとに執筆しています。
内容は、予告なく変更される場合があります。あらかじめご了承ください。
なお、外部サービスの利用の際は各利用規約をご確認ください。
※本文に掲載した会社名、製品名、プログラム名、システム名、CPUなどは一般に各社の商標または登録商標です。
本文中では特に™、®は記載しておりません。

©2011 Shigeru Kobayashi, Kenichi Yamagami, Hidetaka Kimura, Shinya Fukuda, Akira Soumi, Daisuke Urano, Shunsuke Ohba,
Tetsuya Takaoka, Kotaro Tomitsuka, Eri Nishihara, Shunsuke Ozaki, Hiroki Hara, Noriko Matsumoto, Yoshihiro Kunihara,
Takashi Murai, Makoto Hara, Yoshihiko Sato, Hirofumi Kawakita, Yuki Anai, Shinobu Fujita, Kentaro Suzuki, Takashi Kudo
本書のプログラムを含むすべての内容は、著作権法上の保護を受けています。
著者、発行人の許諾を受けずに、無断で複写、複製することは禁じられています。

はじめに

　本書は、Webブラウザの中にとどまらないさまざまな体験について、基本的な作り方をチュートリアルおよびラボとして、また、実案件をケーススタディとして紹介するものです。本書のタイトルにもある「フィジカルコンピューティング」は、人とコンピュータのインタラクションをデザインするためのスキルを身に付ける教育プログラムとして始まりました。この言葉は、日本では「GainerやArduinoといったツールキットを用いた電子工作＋プログラミング」を指して使われることが多いため、本書で紹介している実案件を見て違和感を感じる方がいらっしゃるかもしれません。この本では、狭い意味ではなく、もともとの提案に近い広い意味で用いています。

　ここ十数年間のインターネットやWebをとりまく世界を振り返ってみると、本当に大きな変化がありました。ほぼ全てといっても過言ではない人々が携帯デバイスとメールアドレスを持ち、日常的にコミュニケーションするようになりました。また、iPhoneやAndroidのようなスマートフォンが本格的に普及し、マルチタッチに対応したタッチパネルを、幅広い年齢の人々が普通に使うようになりました。そして、iPadをはじめとするタブレット型の端末も本格的に普及し始めました。いずれも、1990年代から幾度となく研究や製品として提案されてきたものですが、それを実現するためのさまざまな技術、インターネットや高速な携帯電話回線などのインフラが整ったことで、ようやく一般の人が普通に使えるものになってきました。また、WiiリモコンやKinectのように、指先を使う従来のゲームコントローラとは全く違う体験を実現できるコントローラが提案されたことにより、それまでには考えられなかったほど幅広い人々が日常的にゲームを楽しむようになりました。現在という世界は、かつてSF映画で描かれたり、コンピュータを専門とする研究者たちが夢見た「未来的な」世界とは全然違うかもしれませんが、確実に大きな変化が起きたのです。

　インターネットやWebを一般の人が使えるようになってから、十数年が経ちました。かつて、インターネットにアクセスするといえば、PC上でWebブラウザを使うしかありませんでしたが、いまでは、多くの人がスマートフォンや携帯電話も含めた、さまざまなデバイスからアクセスするようになっています。この本を手にしている多くの方が実感されているように、こうした社会的な変化を背景に、かつてはFlashなどを活用したリッチなコンテンツが脚光を浴びた広告も、大きく変わりつつあります。インタラクションデザインという言葉も、コンピュータの上で動作する、インタラクティブなコンテンツのデザインを表すために1990年代に考えられたものですが、現在はさらにその先の世界へと踏み出しつつあるのです。

　私自身は、2006年頃からGainerやArduinoを使い、電子工作やプログラミングがはじめての人を対象に、Webブラウザの中にとどまらない体験を探求する方法を体験できるワークショップを何度となく開催してきました。そうしたワークショップの多くの参加者（Webを活動領域とするデザイナーやエンジニアの方も数多くいらっしゃいます）は、普段とは違うさまざまな体験に目を輝かせながら取り組みます。しかし、最後には決まって「とても楽しかったです。でも、これを実務につなげるにはどうすればいいのでしょう？」という質問を受けます。確かに、実案件とするには、多くのリスクを背負いつつ、かなり多くの壁を乗り越えなければならないのは事実です。

　こうした質問に対して、「こうすれば簡単に仕事になって儲かりますよ」という答えは、残念ながらありません。逆に、ソフトウェアだけで完結する通常の案

件と比較すると、さまざまな困難が待ち受けています。何とか「スケッチ」レベルのプロトタイプができたからといって、そのまま実案件にしてしまうと、すぐに壊れてしまう、現場で想定通りに動かない、などの深刻なトラブルが待ちかまえているかもしれません。また、簡単にできるだろうと思ってスタートしたものの、いざ始めてみると非常に手間がかかり、ビジネスとして成立しないものになってしまうかもしれません。それでも、多くの人が興味を持ち、取り組もうとするのは、フィジカルコンピューティングによって実現できる世界が魅力的だからでしょう。こうした質問、疑問、あるいは懸念に対して、さまざまな角度から探求して行くのが本書です。

最初のパートで紹介するのは、デザインとエンジニアリングという、通常であれば別々の専門家たちが取り組む2つの領域の双方を活動領域としている世界的にも数少ないデザインファーム、takram design engineeringです。インスタレーション、展示、iOS用のアプリケーション、ワークショップなど、複数の分野でのケーススタディを紹介しつつ、2つの世界を回遊する仕事の可能性を探ります。

次のパートはチュートリアルです。ここでは、最近のPCに標準的に備わっているマイクとカメラ、人の動きをとらえて自然なインターフェイスを実現するWiiリモコンやKinect、センサやアクチュエータとつなげられるArduinoを扱います。これらを使い、具体的に簡単なプロジェクトを実際に作ってみることを通じて、Webブラウザの外に出るためにどんな方法があるのかを紹介していきます。次のパートはラボです。ここでは、チュートリアルよりも大規模で実案件に近いプロジェクトを題材に、基本から応用へどのように展開していくのかを紹介します。

最後のパートで紹介するのは、こうした変化を敏感に捉え、さまざまな角度から実案件として取り組んできた、先進的なWeb制作会社のケーススタディです。このパートでは、それぞれの案件について、最終的な成果だけではなく、そこに至る過程をかなり詳しく紹介していただいています。どうやって進めていけばいいかはケースバイケースですので、ここで紹介されていることがそのまま他の案件に適用できるわけではありません。これは、たとえばユニクロやソフトバンク、Appleでの仕事の仕方を知り、それに感銘を受けたからといって、それを「そのまま」自分たちの組織で実行するのは不可能なのと同じです。しかし、実案件としてこうした仕事を実現するために、多くの試行錯誤がどのように行われているかを知っていただくのは、とても参考になるのではないかと思います。

ぜひ、それぞれのパートを興味のあるところからじっくりと読んでいただき、新しい体験を作り出していくための参考にしていただけたらと思います。

（小林茂）

目次

はじめに　　3

1. INTRODUCTION

1.1　takram design engineering の先進的な取り組み　　10

takram design engineering の誕生まで　　12
takram が実践するデザインエンジニアリング　　18
OVERTURE　　23
Phasma　　31
MUJI NOTEBOOK　　38
デザイナー向けワークショップについて　　43
takram の今後のミッションについて　　46
取材を終えて　　48

2. TUTORIAL

2.1　身近なデバイスを使う　　50

Web カメラを使う　　51
　Web カメラのデータの取得と加工　　51
　アプリケーションの制作　　53
マイクを使う　　60
　サウンドデータの取得と波形表示　　60
　アプリケーションの制作　　62

2.2　Wii リモコンを使う　　70

何を測れるか―Wii リモコンの機能　　71
　Wii リモコンとその周辺機器　　71
　モーションセンサ　　72
　ポインタ　　73
　その他の機能　　74
Wii リモコンを使ったプログラミング　　74
　開発環境とライブラリ　　74
　Processing を使った制作　　76

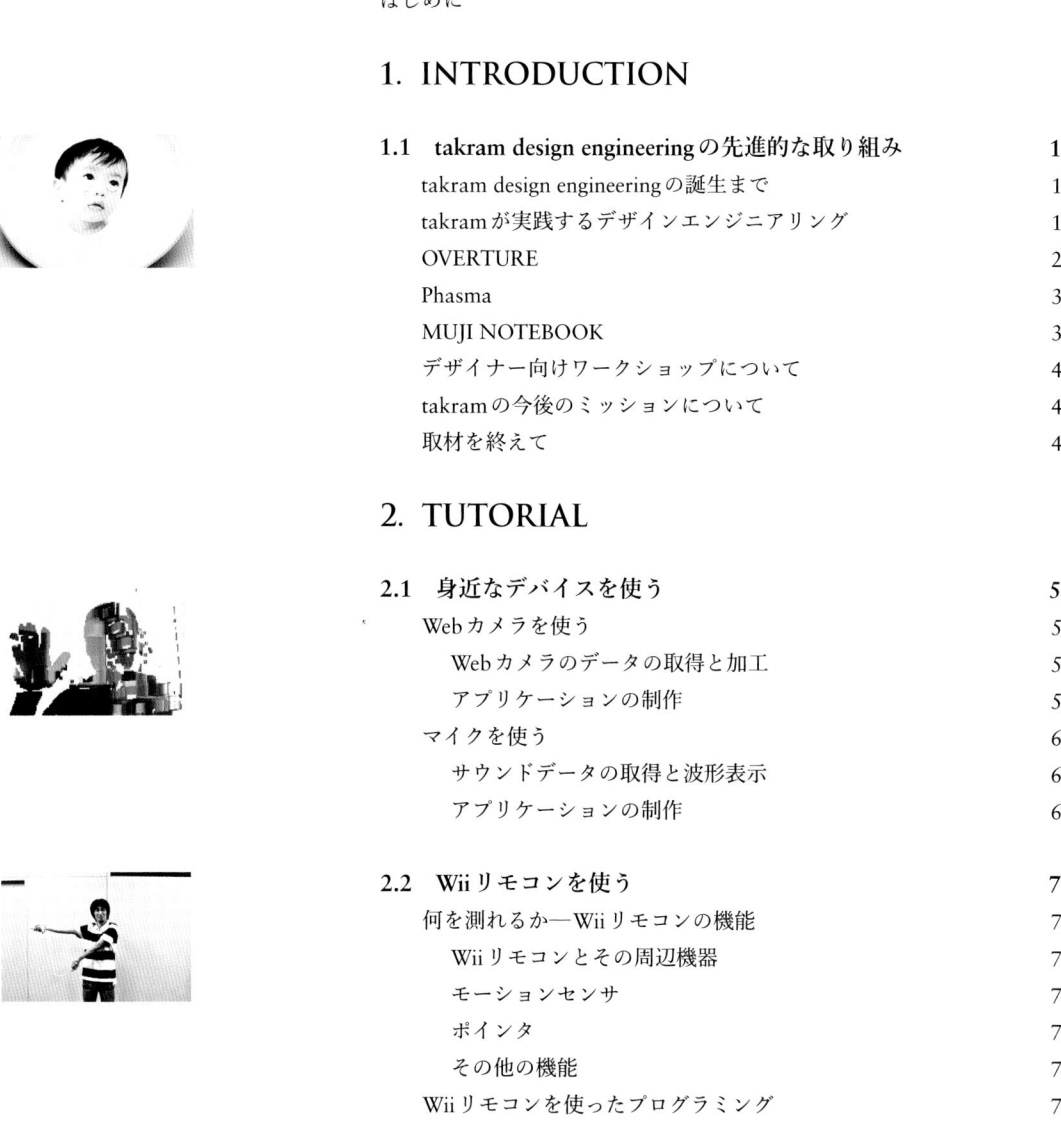

5

	手旗信号を認識させる	84
	腕の向きを表示する	87
	原画を判定する	89
	原画を組み合わせてカナを作る	91
	さらに制作の幅を広げるために	96

2.3	**Kinectを使う**	**98**
	Kinect	98
	Kinectをハックする	99
	OpenNIを使ったKinectハック	101
	開発環境の構築	102
	Kinectからスケルトン情報を取得する	106
	Flashへスケルトン情報を送るソケットサーバ	110
	スケルトン情報をクライアントに送る	114
	FlashでKinectを使う	117
	スケルトンを3D回転させる	117
	ジェスチャー操作で写真を操作する	124
	ソフトディバイスのクライアントワーク	134

2.4	**ツールキットを使う**	**136**
	フィジカルコンピューティングとツールキット	136
	フィジカルコンピューティング	136
	フィジカルコンピューティングでよく使われるツールキット	137
	Arduinoについて	138
	Arduinoのセットアップ	139
	Arduino IDEのインストール	140
	ドライバのインストール	140
	Arduino IDEの起動と動作確認	143
	電子回路の基礎知識	145
	電圧・電流・抵抗	145
	オームの法則	147
	Arduinoを使ってみよう	147
	Groveについて	147
	デジタル出力	150
	アナログ出力	151
	デジタル入力	153

アナログ入力	155
PCとの組み合わせで使ってみる	158
Funnelについて	159
Arduinoボード側の準備	160
ProcessingからArduinoを使う	160
Processingのためのセットアップ	160
Processingのサンプルを動かしてみる	161
ActionScriptからArduinoを使う	164
ActionScript 3のためのセットアップ	164
ActionScript 3のサンプルを動かしてみる	165

3. LABO

3.1 サイバーエージェント	**170**
Kinect×Flash――KinectとFlashを使ったゲーム	170
KinectとFlashの通信	173
OSCによるデータ通信	174
Flashアプリケーションの実装	177
ジェスチャーの認識	177
ゲームのロジックについて	184
アクションの実行について	185
当たり判定について	185
アバターのアクション	186
まとめ	187

3.2 くるくる研究室	**189**
「インタラクティブお化け屋敷」ができるまで	189
どういう運びでこのコンテンツが生まれたのか？	191
人を驚かす仕組み	191
遠隔での操作	195
インタラクティブなガチャガチャマシン「がちゃったー」	196
がちゃったーって？	196
LEDollの開発について	197
LEDollの製作工程の確立	200
LEDollの量産	201
がちゃったー	202

がちゃったーの仕組み	203
商品として売り出すということ	205
結果とアップデート—長期設置にあたって	206

4. CASE STUDY

4.1 仕事化するプロセス：イメージソース／ノングリッド 210
—SLS AMG Showcaseの事例から—

企画のプロセス、設計とリサーチ	212
スケッチとプロトタイプ開発	219
開発の制作プロセス	222
本番までの流れ	226
常にプロトタイプを作る	230

4.2 ラボによるクライアントワーク：面白法人カヤック 240
—『攻殻機動隊 S.A.C. SOLID STATE SOCIETY 3D』プロモーションコンテンツ「電脳空間システム」—

偶然を起こす—タイミングの合致	242
身体をコントローラにするコンテンツ	247
設営〜公開—運用しながらのブラッシュアップ	249
今後の展開	253

4.3 TEAMLAB HANGERの軌跡：チームラボ 255
—プロトタイプから店舗導入に至るまで—

About TEAMLAB HANGER	256
Prologue	258
ハンガーの誕生	261
展示の醍醐味	275
実店舗導入に向けて／earth music & ecology @ LUMINE EST SHINJUKU（2011年3月）	282
TEAMLAB HANGERとDIGITAL SHOW WINDOW	286
電子工作とその未来	288

あとがき	291
著者紹介	292
座談：僕らがつくる「未来」	296
索引	302

1

INTRODUCTION

∎

はじめに、デザインファーム takram design engineering を取り上げます。
彼らのインスタレーション、展示、iOS 用のアプリケーション、ワークショップなど、
複数の分野でのケーススタディを紹介しつつ、デザインとエンジニリング、
2つの世界を回遊する仕事の可能性を探ります。

INTRODUCTION
1.1
takram design engineeringの先進的な取り組み

ここでは、2010年秋に発売された「MUJI NOTEBOOK」や、
21_21 DESIGN SIGHTでの展覧会『骨』展への出品作品「Phasma」などで注目される
デザインエンジニアリングファーム、「takram design engineering」(以下、takram)を紹介します。
この本は、Webブラウザの中にとどまらない案件をいかに実現していくのか？ がテーマですが、
takramはいわゆるWebデザインやWebサービスの制作会社ではありません。
むしろ、一般的にはインタラクションデザインやプロダクトデザインを得意とする会社として
認識されていて、Webとは少し遠い存在として認識している読者の方もいるかもしれません。
私がここで彼らを取り上げるのは、何度か田川さんをはじめとする
takramのみなさんのお話を講演会などで聞かせていただいたり、お仕事の成果を見せていただく中で、
今回の本のテーマを考えていく上での大きなヒントになるのではないか、と思ったからです。

※以下の内容は、takramの中心メンバーである田川欣哉さん、畑中元秀さん、渡邉康太郎さんとの
約3時間のインタビューをもとに構成したものです。

1.1　takram design engineeringの先進的な取り組み

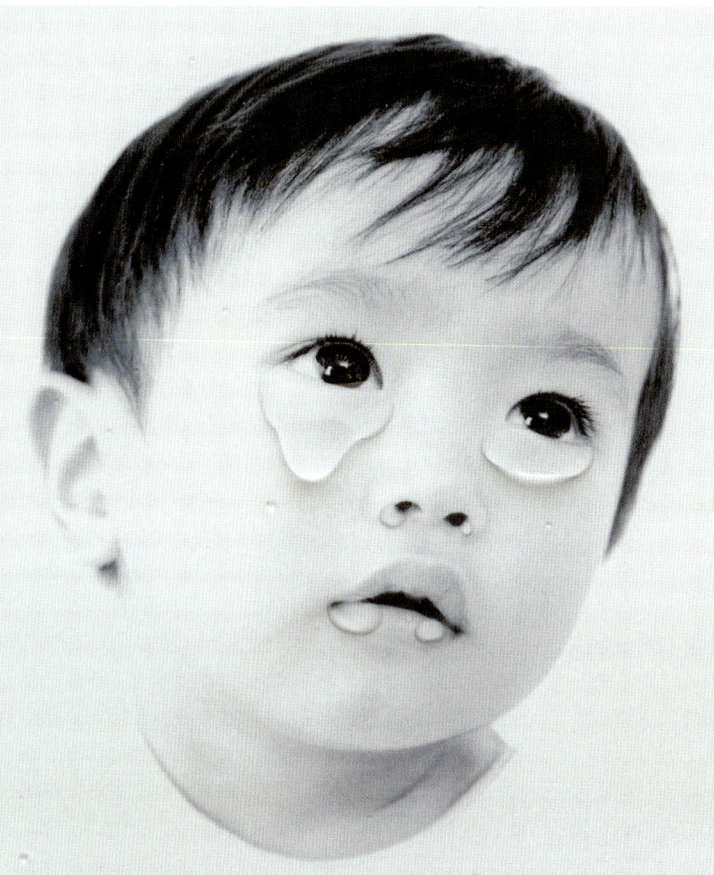

takram design engineering：
2006年、田川欣哉と畑中元秀によって設立。これまで独立した分野としてとらえられてきた「デザイン」と「エンジニアリング」の両方をそなえた「デザインエンジニア」として、ソフトウェアからハードウェアまで幅広い製品開発を手がける。
http://www.takram.com/

田川欣哉：
1999年東京大学工学部機械情報工学科卒業。2001年英国ロイヤル・カレッジ・オブ・アート修士課程修了。同年に帰国し、リーディング・エッジ・デザイン（代表：山中俊治）に参加。2006年にtakramを設立。主な作品に親指入力機器「tagtype」、レーザードローイングツール「Afterglow」、iOSアプリ「MUJI NOTEBOOK」などがある。2007年Microsoft Innovation Award 最優秀賞、独red dot award: product design 2009 など受賞多数。

畑中元秀：
takram design engineering共同創業者。1977年生まれ。スイス、ジュネーヴ育ち。東京大学工学部産業機械工学科卒業後、スタンフォード大学にて修士、博士課程に進み博士号取得。東大では畑村洋太郎教授から設計理論を学び、スタンフォード大学在学中には生物模倣のロボット開発に携わる傍ら、IDEOやLUNARなどシリコンバレーの製品開発会社の影響を受け、デザインとエンジニアリングの融合による価値創造に目覚めた。帰国後、東大の同級生だった田川欣哉とともにtakramを設立、現在に至る。畑村氏が会長を務める「実際の設計研究会」会員。

渡邉康太郎：
慶應義塾大学SFC卒業。在学中のデザイン系ベンチャーの起業や経産省による欧州研修参加を経て、2007年よりtakramに参加。最新デジタル機器のUI設計から、国内外の美術館やギャラリーで展示するインタラクティブなインスタレーションの制作まで幅広く手がける。その他「ものづくり」と「ものがたり」の両立という独自の理論をテーマに、レクチャーシリーズやワークショップ運営も行う。2010年、代表作「furumai（ふるまい）」がマンハッタンの国立デザイン博物館トリエンナーレにて展示される。独red dot award 2009 など受賞多数。

takram design engineeringの誕生まで

デザインとエンジニアリング

　takram design engineeringは田川欣哉さん、畑中元秀さんの両名によって2006年に設立されました。2人とも1999年に東京大学工学部を卒業し、その後、田川さんはイギリスのロイヤル・カレッジ・オブ・アート（Royal College of Art：RCA）[*1]へ、畑中さんはアメリカのスタンフォード大学[*2]へと進学しました。もともと機械系の勉強をしていた2人が別の分野に進学したきっかけは、エンジニアリングスキルだけでは自分たちが理想とするものづくりのスタイルが実現できない、ということに気付いたからだったと言います。やりたいことがあり、そのために勉強していたエンジニアリングですが、大学を卒業する頃には、エンジニアリングの枠内から飛び出た、もう少し幅の広い仕事をしたいという意識が芽生えていたのです。

　畑中さんは、大学で機械の設計理論を学んだときに、これを応用すれば何でも作れるようになるだろうと思ったそうです。しかし、それは「作りたいものが決まっているときにそれをどうやって実現したらいいか」という話で、「そもそも何を作りたいのか、何を作ったらいいのか、それをどうやって見つけたらいいのか」ということは設計理論の範疇ではなかったのです。偶然、スタンフォード大学で「何を作ったらいいのか」ということを探し出すデザインの手法に出会い[*3]、それを学びつつ機械工学の研究を続けたことで、デザインとエンジニアリングの2本の柱を身に付けられたと言います。

　一方で田川さんも、工学部に行けば何でも作れるようになるだろうと思っていました。しかしあるとき、設計の現場では、デザインとエンジニアリングそれぞれの専門家が集まって仕事をしていることを知り、機械系、工学系の知識だけでは、実際の製品設計を行うには不十分だと感じたそうです。そして、自分が理想とする仕事のスタイルを実現するにはもう1つの分野であるデザインの勉強も必要だと考え、RCAに進学しました。RCAには「デザインエンジニアリング」という学科（田川さんの留学当時のコース名はIndustrial Design Engineering、現在ではInnovation Design Engineeringです）があり、そこでデザインとエンジニアリングの融合について勉強してみようと思ったのです。

　田川さんはRCAで学んだ後、日本に帰ってきてプロダクトデザイナーの山中俊治さんのもと（リーディング・エッジ・デザイン）で5年ほどアシスタントとしてデザイン修行をします。そして畑中さんと再会し、takramを設立。2人は、後に彼らが「デザインエンジニアリング」と呼んでいる領域に足を踏み入れ、進んでいくこととなります。

　現在では、デザインとエンジニアリング、それぞれが個別の専門領域となっていて、別々の専門家が担当し、評価も別々の基準で行われます。いまでこそ、こうした分業が当然のように思われていますが、これは20世紀になってからようやく確立してきたもので、かつてはデザインとエンジニアリングの間に現在のような明瞭な区切りはありませんでした。

　takramがあえて会社名に「design engineering」を含めていることには、自分たちがかつて感じた問題意識を広く世の中に問いかけていこうという強い意志を感じます。社名を「takram」だけにしようかとも考えたそうですが、「takram」だけだとデザインの会社だと思われるかもしれないし、エンジニアリングの会社だと思われるかもしれない。そのどちらでもなく、デザインエンジニアリングの会社だということを主張できるように「design engineering」を入れたのです[*4]。

1
ロイヤル・カレッジ・オブ・アート（英国王立芸術大学院）：イギリスにある美術学校で、アートとデザインに関する大学院大学として知られている。ダイソンの創業者でデザインエンジニアのJames Dysonをはじめ、多くの著名なデザイナー、アーティスト、建築家などを輩出。

2
スタンフォード大学：カリフォルニア州スタンフォードに本部を置くアメリカ合衆国の私立大学。世界屈指の名門校として知られ、地理的にも歴史的にもシリコンバレーの中心に位置し、起業文化が1つの特徴。特に、HP、Google、Yahoo! など、コンピュータ関連企業の創設者にはこの学校の出身者が多い。

ちなみに、takramという名前にも実はさまざまな理由があります。名前を考えるにあたって、日本をベースにする会社なので英語の名前ではなく日本語の名前にしよう。また、どこの国の人でも読めて発音ができ、簡単に覚えられて、それでいて、ちょっととんがった響きがあるほうがいい。など、最初にいくつかの方針を決めたそうです。参考にしたのは、ソニーの社名（SONY）を作るときの話だったと言います[*5]。SONYはラテン語のSONUS（ソヌス）が由来で、世界中の誰が読んでも「ソニー」と読めますし、オーディオ機器を扱っているという企業の事業内容も表現しています。

そうして、ラテン語をもとにはしませんでしたが、何かしら意味が伝わってくるものということで「たく・らむ」という日本語に決めたそうです。ここでは4音節のtakuramuでなく2音節のtakramという表記に変えることで、短く、覚えやすく、過剰に日本語的過ぎない音づくりも意識されています。また、「企む」（たくらむ）という字のもう1つの読み方に「企てる」（くわだてる）がありますが、「くわだてる」には畑に鍬をたてる、鍬だつ、新しいことを始めるという意味もあります。「たくらむ」を1字短くすると「たくむ」になります。「たくみ」には、匠、ものをつくる、デザインするということを表す古い言葉の1つらしいなど、いろいろな物語もあります。

takram design engineeringのスタート

実際に会社を起こしたのは、2人の再会の1、2年後のこと。「本当に何にもない状態で、いま考えると無鉄砲だったかもしれない」そう畑中さんが振り返るとおり、設立当時、田川さんには前職からのコネクションはあったものの安定的な顧客がいたというわけではなく、片や畑中さんはアメリカでずっと学生をしていたため、本当に何もなかったそうです。

このようにスタートしたtakram design engineeringですが、最初から自分たちが理想とするような仕事ができたのでしょうか？　実際には、自分たちのスタイルを確立していくまでには試行錯誤があったようです。

最初の頃は、「2週間で卓上ライターのコンセプトをいくつか提案してください」というような小さなプロジェクトがいくつか。こうした仕事は個人的なつながりから入ってくる割合が大きかったそうです。「仕事のサイクルができておらず、自転車操業とすらいえない状況がしばらく続いた」と田川さんは言います。当時は仕事を選ぶ立場でもなかったし、自分たちにできることの内容もぼんやりしていたので、「とにかく引き受けて取り組んでみて、そこから、自分たちの価値を生み出していくというような試行錯誤をしている段階」（畑中さん）でした。

もちろん仕事も会社名で掲げているデザインエンジニアリングとは違うもの、たとえばライターのコンセプトデザインや事故の再発防止調査[*6]などの仕事がありました。ライターのコンセプトデザインはいかにもデザイン事務所の仕事ですし、事故の再発防止調査はエンジニアリングの仕事です。「デザインとエンジニアリングの中間という仕事は少なかったが、両極端にふれていても問題はないし、そもそも、デザインエンジニアリングとは何か、について自分たちでも最初はわかっていなかった。ただ、自分たちの強みがどこで活きてくるかといえば、やはりその両方に広くまたがっている分野で、そこは他の人ではできないと自負はしていた」と畑中さんは話してくれました。

田川：ここにいる3人が会社の中ではリーダーとしてプロジェクトを進めている人たちなのですが、いま現在、この3人でさえ、デザインエンジニアリングという分野を網羅的に実践できているかというと、まだそのレベルにまではいっていません。

3

畑中さんによると、手法自体はdesign method、あるいはStanford-style design methodと呼ばれていたもので、特別な名称があるわけではないとのこと。学科やプログラムを問わず、スタンフォード大学で共有されている考え方、方法論なのだそうです。現在のスタンフォード大学にはd.schoolというプログラムがありますが、留学当時はMechanical Engineering学科のProduct Designコース（通称PD）という名称でした。当時は、世界的に知られるデザインファーム「IDEO」（アイデオ）の創業者の1人で、機械工学科の教授でもあるDavid Kelleyが故Rolf Faste教授とともに中心になっていました。畑中さんは直接PDに在籍していたわけではありませんが、学内で場所が近かったこともあり、PDの講義を受けたり、PDの学生と交流したりして、大きな影響を受けたそうです。

デザインとエンジニアリングという軸と、ハードウェアとソフトウェアという軸が仮にあったとすると4つの領域になります (fig.1)。僕らはこの4つの領域をまんべんなく回遊する、そういう仕事のスタイルを取れたら最高だと思っています。この3人も、いまだ発展途上にあり、継続的に自分たちを向上させていくことが必要だと思っています。

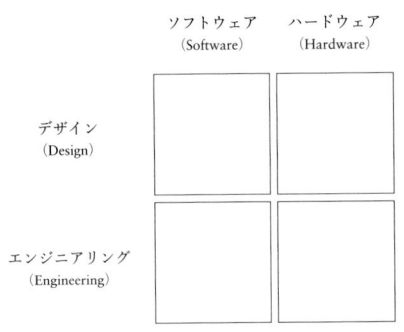

fig.1　デザイン、エンジニアリング、ハードウェア、ソフトウェアの4つの領域の構成図

畑中：プロジェクトをやるごとに新しい挑戦があります。いろいろと考えて、いままでやってきた手法ではできなくて、じゃあこうしたらいいんじゃないかと新しい手法を生み出しながらやっていく。自分たちで手法を生み出しながらやっていく部分のおもしろさ、ダイナミズムを感じています。それが生まれてくるのも、デザインエンジニアリングという、デザインだけでもエンジニアリングだけでもない、自由なスタンスを取っているからこそ、柔軟な対応ができているんじゃないかなと思います。

　デザインエンジニアリングというと、デザインとエンジニアリングの2つの専門領域で考えてしまうかもしれません。けれども、もっと広く考えると、2つ、もしくは複数の専門領域のどちらかだけに限定するわけではなく、またいで、掛け合わせて、そのシナジーによって新しい価値が生み出されるということを象徴する言葉だと思っています。もしかしたらデザインとエンジニアリングだけでなく、デザインと法律、デザインと医療など、A×Bであれば、いろいろなおもしろいことが起きるんじゃないかと思います。

——デザインエンジニアリングはかなり可能性を秘めた考え方ですが、手応えを感じ始めたのはいつ頃だったのでしょうか？

田川：講演会などで話をするときには、プロトタイピングを軸としたものづくりの手法を紹介しますが、takramの中では日々の仕事を進める中で、どうやってプロジェクトや設計に取り組んでいけばうまくいくんだろうか、という話をメンバーの間でかなり真剣にします。仮説を立てて実際にプロジェクトでやってみて結果を見る、そしてまた仮説を立て直して、ということを繰り返しやっていくうちに、徐々に汎用的に使えるプロセスが出てきます。1つはプロトタイプを作るということですし、最近だと（後で出てくる）ワークショップの話が代表的なものです。そういうものが見つかるたびごとに、デザインエンジニアリングの具体面が強化されていく。そういうときに大きな手応えを感じます。

　単体の、特定のプロジェクトの成功は言うまでもなく重要ですが、同時に、プロジェクトを通して僕らが継続的に価値を作り出す人として成長を遂げることができたか、みんなでシェアできるプロセスを発見できたか、という点をかなり大切に考えています。

畑中：プロトタイプとよく言いますけど、作る対象もプロトタイプだし、自分たちもデザインエンジニアのプロトタイプ。まだ、デザインエンジニアとして完成しているとは思っていない。こんなふうになったらどうだろう、というのを常に試しています。会社もプロトタイプだと思っていて、これやってみて、あれやってみて、と試行錯誤している。やはり、確立された業界ではなく、少なくとも日本では自分たちが開拓者だと思っていますから、いろいろ試行錯誤するしかない

4

「『Apple』も、もともとは『Apple Computer』だったのが、最近はコンピュータ以外にもいろいろやるようになったことで『Apple』になったように、将来的にはもしかしたら『takram』になるかもしれません」と畑中さんは話してくれました。

5

ソニーのコーポレートサイトによると「音『SONIC』の語源となったラテン語の『SONUS（ソヌス）』と小さいとか坊やという意味の『SONNY』から来ています。簡単な名前で、どこの国の言葉でもだいたい同じように読めて、発音できることが大事ということで考案されました」とのこと。
http://www.sony.co.jp/SonyInfo/CorporateInfo/History/index.html

という心意気はあります。

渡邉：後ほど、メーカーのインハウスデザイナーの方々と一緒に行っているワークショップの話をさせていただこうと考えています。そのワークショップでテーマになっているのが、具体的なものを作る行為と、抽象的な概念構築の行為の2つを同時進行させていく、という考え方です。これを、プロダクトデベロップメントとストーリーウィーヴィング[※7]の同時進行、と呼んでいます。言いかえると「ものづくり」と「ものがたり」を並行させていくということです。

僕たち自身が最近感じ始めているのは、究極的には、よい「ものづくり」はよい「ものがたり」なくしては成立し得ないのではないか、ということです。プロトタイピングをしながら同時にストーリーウィーヴィングもしていくべきだと。そして、その概念構築の部分も、最初から完璧である必要はないと思っています。まさしくプロトタイピングと同じで、とりあえず最初に、多少不格好でも何かしらを作ってしまう。その後、どんどん磨き上げていく。これは普段からデザインや設計を行うときでも心がけていることです。

実はまったく同じ考えが、会社づくりや自分たちづくりにも活きているんじゃないかと思っています。プロダクトなどを作るという物理的な活動を行いながらも、同時に「デザインエンジニアとは誰なのか」「takramという会社とは何なのか」という思想・哲学の部分も、日々自問し続ける。思想面、抽象面でのプロトタイピングも重ねていく。このように、日々議論を重ねつつ仕事に取り組んでいこう、という意識はあります。

会社自体のプロトタイピングというのは、メンバーの増員、変遷を見ることでも伺えます。メンバーの増員は戦略的に増やした部分もあれば、必要に応じて増やした部分もあったようですが、設立当初から体制はどんどん変化しており、2人だけでやっていた時期、そこに学生やアルバイト、インターンなどが入った時期、派遣社員が参加していた時期などの変遷を経て、現在に至っています。

渡邉さんが入ったのは、活動開始から1年と少し経過した2007年の春。渡邉さんはインターンとして、その年の秋の『water』展（21_21 DESIGN SIGHT）への出展に際し、サポートメンバーとして参加することになったのです。展覧会に向けて、コンセプトづくりは渡邉さんが参加する1年ほど前から、展覧会ディレクターの佐藤卓さんとともに田川さんと畑中さんの2人が他のメンバーと進めていました。

最終的にでき上がったものは超撥水の紙を素材とした皿（fig.2参照）ですが、それは最初から定められていたゴールではありませんでした。この時点では、超撥水の効果を利用して何かおもしろいものを作ろう、という根本のアイデアのみが固まり出していた時期。そこからの合流でした。

その頃を振り返って、「takramという会社のイメージが事前にどのくらいわかっていたかというと、ほとんど何もわかっていませんでした。それでも刺激的なメンバーと一緒に、何かおもしろいものが作れそうだと強く感じました」と渡邉さんは話してくれました。

当時のtakramのオフィスは、新宿三丁目の駅から徒歩圏内にある広めのワンルームマンションでした。渡邉さんはそこにインターンとして出入りするようになったのですが、そこでは他にも同時にいくつかのプロジェクトが動いていました。渡邉さん自身は紙の皿をたくさん作っていたのですが、まわりではユーザーインターフェイスをデザイン・設計している人もいれば、電子工作のようなことをしている人、何かしらの調査をしている人、プロダクトデザインをしている人もいたと言います。いろいろなプロジェクトが同時に動いていて、何かおもしろそうだというのを身体で感じたりしながら、少しずつなじんでいったそうです。

6　畑中さんが担当した、ある事故の再発防止のための調査。当初は、純粋なエンジニアリングの仕事かと思えたのですが、ふたを開けてみると、メンテナンスしにくいデザインになっていたことも事故につながった1つの要因だった可能性が浮上しました。畑中さんは、「このことからも、改めてエンジニアリングとデザインの両方の大事さを再認識した仕事だった」と振り返ります。

7　後ほど詳しく紹介しますが、プロジェクトの初期に設定したコンセプトをその後も柔軟に練り直し続け、よりよいものに洗練させていく手法をストーリーウィーヴィングと呼んでいます。

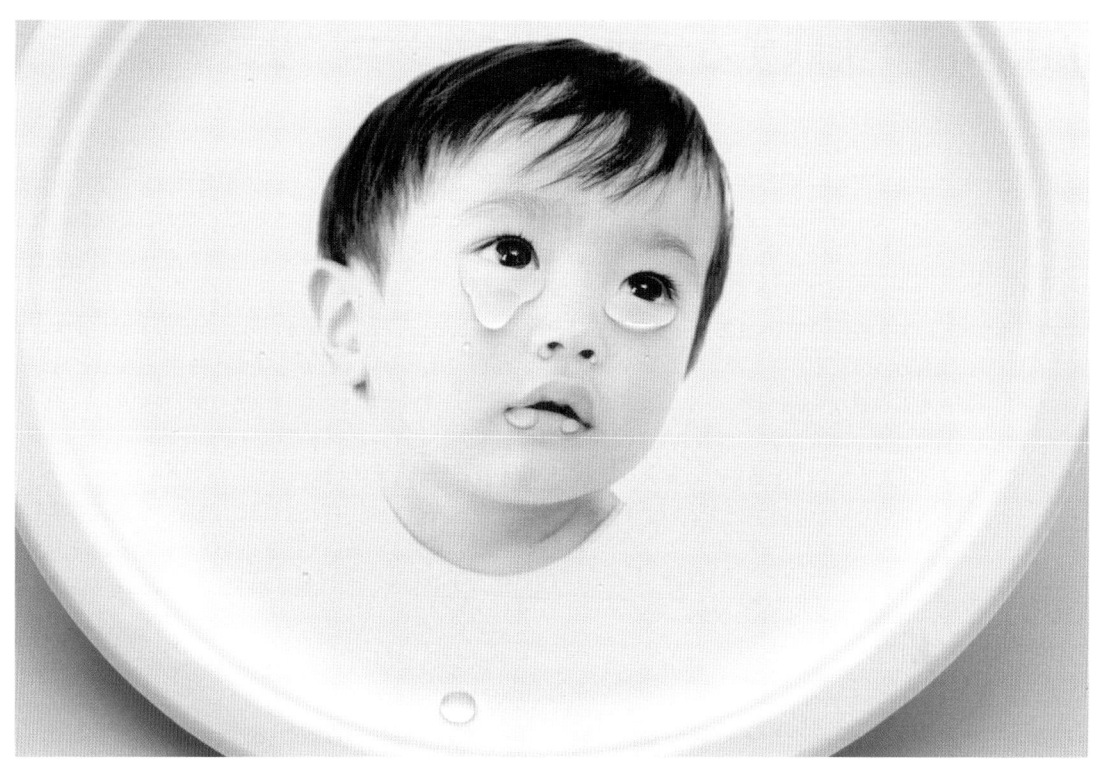

fig.2 『water』展で展示された作品「furumai」。超撥水処理を施した紙皿の上に水滴を落とし、それを動かすことで水の動きやふるまいを楽しむ作品。変幻自在の水の動きを際立たせるために、12種類の異なるデザインの紙皿を制作。ときには尾を振りながら歩く動物のように、またときには運動場を転がり回るサッカーボールのように、水滴は姿かたちを変えていく。身近過ぎて、普段は気にも留めない「水」の美しさや不思議さを再認識することができる作品。

Created for "water" exhibition at 21_21 DESIGN SIGHT, Tokyo 2007-2008 © water project
photo by Takashi Mochizuki

takramが実践するデザインエンジニアリング

このように、「もの」だけでなく「ものがたり」、会社にもプロトタイピングという考え方を適用しているtakramの考え方はとても興味深いと感じました。

デザインエンジニアリングという名前自体はRCAのカリキュラムとしてもありますし、いまでは他の学校にも似たような名前の学科があります。しかし、takramの場合の「デザインエンジニアリング」は、自分たちの強みをどうやって活かしていくことができるか、というところから考えていったもので、「デザインエンジニアリング」という手法やプロセスが先にあり、そこから考えていったものではないのです。

メソッドの探求

takramが掲げるようなデザインエンジニアリングを実践するには、ものづくりの上流工程から参加しないと威力を発揮できません。かといって、いきなり最初から彼らが理想とするような仕事のやり方ができたわけではなかったのです。最初は、やはり具体的なデザインの仕事か、(狭い意味で)上流の、ただアイデアとスケッチだけ描いて、というようなものが多かったと言います。

後者のような、リアライゼーション(実現化)の部分は全然必要なくてアイデアだけが欲しい、という関わり方はデザイナーという立場ではよくあることですが、彼らはそのどちらも全然しっくりこなかったと言います。なぜなら、コンセプトだけを考えても自分たちが思い描いたままに実現できるはずがないし、誰かが考えたものをリアライゼーションするだけというのも、彼らの理想ではなかったのです。上流から下流までを長く並走していくことで、プロジェクトに対してきちんと責任が取れる、それが1つの理想だと考えていました。

ここで上流、下流という言葉を使っていますが、はたしてコンセプトを作るのは上流でしょうか。たとえば、あるプロジェクトにデザイナーとして雇われて「何かおもしろいアイデア出してよ」「何かおもしろいことない?」と聞かれることがあるとします。それを「コンセプトだから上流」と考えることもできます(一般的にはこちらの考え方のほうが多いかもしれません)が、実はかなり末端の仕事ではないかと、畑中さんは指摘します。「何か変わったアイデアないかな?」という依頼を受けるときには、発注している事業主にどういう強みがあって、まわりにどういう状況があって、コンペティター(競合者)とどういう関係にあって、どういう社会状況があり、それに対してどういうものを出したいのか、という情報が全く与えられていないのです。この状況で「何かない?」といわれても、なかなかよい結果は出せないのではないでしょうか。

「最初はそういう仕事を無自覚的にやっていた」と田川さんは振り返ります。しかし、製品化がゴールだとして、そこにたどり着くまでの打率で考えると、やはり外れが多かったそうです。そういう問題意識から、現在は「コンセプトを考えてくれ」というオファーを受けたら、バックグラウンドの話などをきちんとリサーチをして、そこから抽出されるものをアイデアの中に埋め込んでいくようにしている、これはやればやるほど打率が上がると言います。「アイデアが先行してあって、それをリアライズする」というよりも「フィージビリティ(実現性)を考えつつ、実現可能という枠内で埋め込んでいく」というあたりを、かなりきちんとやろうとしているのです。

実際に、あるメーカーと一緒にユーザーインターフェイスのデモを制作し提案するという案件で、納期

までの全期間が6ヵ月のところ、前半の3ヵ月程度をまるまるコンセプト構築に充てたこともあると言います。

大きなメーカーの場合、組織自体が巨大で、関わってくる部署も複数に渡ります。商品企画の部署にいる人もいれば営業、マーケティング、デザイン、設計など、さまざまな立場の人が関わります。会社のピラミッド構造にいろいろなレイヤーの人がいるため、彼らにオファーをくれた人たちと一緒に考えて何かしらのものに至っても、それだけでは提案を上層部に上げていく段階でリジェクトされてしまう、ということも十分あり得ます。では、大きな会社で考えを通していくには何が必要なのでしょうか？ それには、クライアントがすでに知っていてもあえてなかなか言葉にしてくれないこと（外部からの参加者であるtakramが知り得ないこと）、心の底では意識しつつも言語化できていないことを一緒に見つけていくことが必要なのではないか、と渡邉さんは指摘します。このときのエピソードを次のように話してくれました。

渡邉：具体的に実行したことは、大きく2つあります。1つは「エグゼクティブインタビュー」と呼んでいるもので、組織やプロジェクトの意思決定を担うリーダーに対して行う1時間程度のヒアリングです。俯瞰的な視点で、プロジェクトを含む中長期的なビジョンを語ってもらうことが目的です。ときには組織全体の経営指針にまで話が及ぶこともあります。同時に、最終的に作るデモプロダクトの質感やデザイン指針のような、かなり具体的なトピックにまで議論が進むこともありました。これによって、プロジェクトの究極的なゴールが何なのかを、なるべくいろいろな粒度で測ろうとしたのです。1人だけではなく、複数の方を対象に行うことが多いです。

そして2つ目が（これも同時並行で行ったのですが）、プロジェクトの実作業をこなす担当者レベルのメンバーを、部署を越えて集めて行う「オールハンズワークショップ」というものです。主にデザイナー、設計、商品を企画しているメンバーのみなさんを30〜40名くらい1ヵ所に集めて行います。分散化しているアイデアやノウハウを抽出して、集合知化することが目的です。これによって、プロジェクトの前提条件や全員が共有すべき思想を見い出すことができます。このワークショップは連続で4〜5回行います。基本的には、グループに分かれてディスカッションしたり、小さなプレゼンをしたりといったプロセスを何回も繰り返すのですが、我々自身がこれまでのさまざまなプロジェクトの中で学んだ意見交換・意見抽出の方法をその中に織りまぜています。

これら2つのアクティビティを行うと、まずデシジョンメーカー（意思決定者）が考えている抽象的なゴールが見えてきます。同時にいろいろな現場での知恵も1ヵ所に集約されてきます。2つの学びを最終的に1つにマージするという考え方です。少し時間はかかりましたが、トップダウンだけでもボトムアップだけでもない、かなり強固なコンセプトを構築することができました。

そこで得られた成果を土台にしながら、後半3ヵ月でユーザーインターフェイスの実動デモを作っていきました。そうすると、完成品はどんな人にとっても納得できる視点や説得力を持ちます。営業の人から見ても、デザイナーの人から見ても、設計の人から見ても。会社の目指す大きなビジョンが含まれているし、同時に各人が現場で感じていた問題も解決されている。さらにマーケットの要望にも応えている。トップダウンの力もボトムアップの力も両方兼ね備えています。複雑に絡まった糸の中に、まっすぐ通すことのできる1本の筋が見い出されるのです。

畑中：やっていくと非常におもしろくて、複雑な大きな会社では現場の人たちはなかなか事業部長や役員レベルの人と話ができないという現実があったり、（機会がなくて）隣の部署の人と話ができない、というこ

とがあるのです。事情を知らない「純粋無垢」な私たちは、そこに入っていって「お話を聞かせてください」というようなことができる特殊な立場にいますので、それを活かしていただく、というのはありますね。社風として風通しをよくすればいいじゃないか、ではなく。なかなかそうできないというのが現実なので。

渡邊：実際に驚いたのが、エクゼクティブインタビューをサマリーにまとめ、プロジェクトメンバー全員に配布したときです。かなり多くの人が、「あ、部長、いまこんなこと考えてたんだ（笑）」と、そのときやっと気付く。同じ会社の中であっても、デシジョンメーカーの考え方のすべてが全体に共有できているというわけではないんですね。責任の大きな人ほど現場の人たちとゆっくり話し合う機会が少なくなりがち、ということでしょうか。そこにtakramのような第三者が入っていくことで「風穴をあける」ことができるのです。

田川：これらの活動はクライアントから依頼されていない場合でも、僕らのほうから積極的に提案します。クライアントからすると、途中のプロセスは何でもいいからいいアイデアをください、となりがちです。ただ、クライアントやプロジェクトの背景事情や周辺情報が不足している状態の中を無自覚に進んでいくと、僕らの発想は先入観に偏ったもの、もしくは、ありきたりのものになりがちです。それでは当たり外れが多い。よりきちんとしたプロジェクトにするために、ものづくりの具体的な設計とデザインのフェーズに入る前に事前準備のフェーズを設けるよう、なるべくお願いすることにしています。

畑中：ものづくりや何らかの問題解決をするときには、必ず「目標・問題は何なのか」ということに対して関係者の意識をそろえなければならないわけです。よく、問題は何かという問題認識ができたらもう仕事は90％終わっているという話がありますけど、まさにそういう感じです。クライアントが問題を定義して、それをやってねといわれたとしても、問題がそこにす

べて定義されているわけではない。もっと背景を教えてよ、ということをやらなければならないのです。仕事を始めた初期の頃には、そのまま真に受けて、高校生がテスト問題を解くように取り組んでしまっていました。でも、いまではもっと条件を引き出していくことが必要だということもわかってきましたし、だんだんとそれができるようになってきたという実感もあり、それによる効果も出ています。

このように、インハウスではないデザインエンジニアリングファームであるtakramとしてのメソッドが確立していくのですが、それは一度に確立したものではなかったと言います。

インタビューはどうすればいいか、ワークショップはどうやればいいかというのは、毎回毎回、考えながらそこに投入してみて、ダメだったらまたブラッシュアップ。それを繰り返していくうちに、ちょっとずつこなれた感じになっていきました。こなれてくると、最初は（ものがたり、あるいはストーリーウィーヴィングを得意とする）渡邊さんがやっていたことを、田川さんや畑中さんともシェアし、みんなが試してみることができるようになったそうです。そうして意見交換する中で、フレームワークとして機能するように徐々に育てていったのです。

さまざまな条件を取り込み、そこから最適解を抽出する作業を「壮大なルービックキューブのような、多次元パズルをやっているような感じ」と畑中さんはたとえます。トップエグゼクティブの言うこと、末端の現場の人、顧客の人、顧客にならない人の意見にも耳を傾け、それらをすべてうまく合わせて「これだ」というところを探すのは、まさにパズルです。

調査の途中に多次元の制約条件がいくつも出てきますが、これらをある角度から見ると、すべての制約条件をきれいに満たせる「通り道」があると言います。

それを見つけて、初めて、ものづくりの作り込みの作業が始まるのです。そこから先は、通ったその芯の中でさらに一番の芯を探して解像度を上げていく。そうして、最後に本当に細いところに通していくことができると、それは要求を持っている人たちひとりひとりを貫く線になっているため、誰にとっても「自分が言ったことが反映されている」とか「何か勘所がわかってる」というようなものが埋め込まれたものになるのです。

「これは、本当に多次元パズルを解いているようなもので、あらゆる制約・状況を抽出しても、どうやって見通すかという感覚がないと見通せない。そこは経験とセンス」と田川さんは言います。これを解くのはルービックキューブができたときと同様にすごく快感だ、とも。畑中さんも、大きなプロジェクトであれば、そうした軽い快感を覚えるような瞬間が何回かあり、最後に鳥肌が立つような瞬間がある、と話してくれました。

作りながら語る、語りながら作る

私自身、takramというと、プロトタイプを強みとしたデザインエンジニアリングファームという印象が強かったのですが、こうしたプロセスがあった上でようやくプロトタイプ製作が始まるというのは新鮮な驚きでした。一般的なコンサルティングでは前半部分までを担当し、一般的なプロトタイプ製作会社では後半だけを担当しますが、その両方を行うのがtakramの強みだといえます。

そこから先は、デザインやエンジニアリングが威力を発揮する段階で、見通した範囲の中でどうやったらクオリティが上げられるか、どうやってペネトレーション（浸透）できるようなものに育てていくか、ということになります。

田川：コンセプトメイキングもするけど、コンセプトリアライゼーションもする。リアライゼーションができるなと思っていないと僕らはコンセプトとして提案しません。その一貫性は強みだと思います。

畑中：言葉の情報だけで考えているときに思い浮かぶコンセプトというのは、やはり想像し切れていない部分があります。プロトタイプを作ると、「あ、ちょっとコンセプト修正しなきゃ」ということになるんですね。そこでコンセプトにフィードバックをかけて、それに対してまた作ってみる。すると、「こっちも変えなきゃ、あっちも」と。もう、ぐるぐるぐるぐるやっていきます。「ものづくり」と「ものがたり」を並行してやらなければいけないという状態があって、やはり両方できるというのがビジネスコンサルティング会社にはできないことだし、いわゆるデザイン事務所にもなかなかできないことじゃないかなと思っています。

渡邉：これは我々の方法論を説明するときに、ときどき見せるスケッチなんですが（fig.3参照）、僕たちは「作りながら語る、語りながら作る」の相互作用、つまり一方が常に他方に影響を与え続けるという状況がよいのでは、と考えています。何かを作り始めるときには、きっかけとなるコンセプトが必要となります。ただ、コンセプトを先に決めて、それを守り続けるために逆に縛られてしまい、柔軟な思考を失ってしまっては元も子もありません。作り始めて試行錯誤をしてみて、初めて、どういうものを作るべきなのか明確にわかることもあります。

このエッシャーのスケッチは、右手が左手を、左手が右手を描き出しています。僕たちの方法論は、象徴的にはこのスケッチと同じです。ものをつくることで

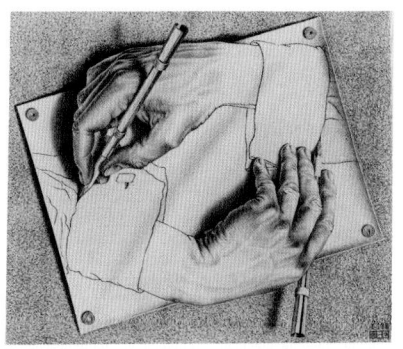

fig.3　マウリッツ・コルネリス・エッシャー（Maurits Cornelis Escher）の「Drawing Hands」（1948年）

M.C. Escher's "Drawing Hands" © 2011
The M.C. Escher Company-Holland.
All rights reserved. *www.mcescher.com*

思想面が明確化する。思想面が進化するので、結果的に作り方の方針にも影響を及ぼす。時間をかけながら、この繰り返しによって全体を洗練させていくというプロセスなんです。

——作りながら語る、語りながら作る、という考え方は、マーケティング先行や技術先行の作り方とは全く違う考え方になります。大量に同じものを生産して大量に流通させることが主流だった時代と異なり、「消費者」が欲しいと思うものが多様化した現在、どんなプロダクトを作れば売れるのかという問題はメーカーにとって非常に難しい課題になっています。従来の成功法則が適用できなくなってきた現在、takramが提案するアプローチは、とても有効に思えます。

渡邉：メーカーさんなどでよくあるパターンが2つあります。1つは、最初にコンセプトを作って、それを未来永劫形を変えないもの、ふれてはいけないものとしてコンセプトが生き残り続けるというケースです。組織が大きいため、一度決定したことを覆すことが難しいのでしょう。実際にものを作っている現場で、当初のコンセプトと完全に一致するものを作れないという状況が生じても、他部署の人から「コンセプトがこう決まっているので、要件を変えないでくれ」というようなコメントが出てきます。2つ目は、逆に何のコンセプトもなく、手だけが動いてしまい、先にものが完成してしまう場合です。すると、仕上がったものに売るためだけの後付けのストーリーが添えられて世に出て行くことになります。

　どちらの場合も、どうしてもどこかに無理や齟齬が生じてしまうことが多いのではないでしょうか。では、無理や齟齬のないコンセプトはどうやって作れるのか。一度決めたものでも、ものもコンセプトも、どちらも変えていいじゃないか、ということです。常に相互に可塑的な、相互に影響する状態にする。すると、フレキシブルで嘘のない、本当にクオリティの高いものにつながるんじゃないかと考えています。

畑中：それをやらせてもらうことは、実はすごく怖いことで、「ものがたり」と「ものづくり」を両方やると、できたものにはものすごく責任を持たないといけなくなるんですね。たとえば、企画の人がいて私たちがデザイナーだとしたら、作ったものが売れなかった場合、デザイナーとしては「企画が変な企画だったからです」と言えるわけです。逆に、企画の人は「せっかくいいものを考えたのにデザイナーがちゃんと実現してくれないから売れないんだ」という言いわけができます。ですが、自分で両方やるとなると言いわけができないですよね。だから、もうプレッシャーはすごいです。

田川：実際のプロジェクトは、僕らも含めてけっこう大きなチームで取り組みます。そこにはクライアント企業の中から、企画、営業、デザイン、エンジニアリング、研究者など、さまざまな人たちが関わります。それぞれの専門家の方にいろいろなアイデアを出していただいて、僕らがそれを1つの製品像に束ねてくという感じでやっています。

　「ものがたり」と「ものづくり」を同時に行い、相互を可塑的なものとするやり方はとても魅力的ですが、一般的なやり方ではないと思います。

　従来、takramはプロトタイプを強調していたという印象があります。新しいやり方に移行した理由を問うと、田川さんは「このようなプロセスを取り始めたのは最近で、まさに現在進行形で進化している途中です。1年ほど前までは『プロトタイピングをやればけっこういけるね』と思っていた」と言います。さらに上部のレイヤーまで上がっていくための取り組みなのです。

　プロトタイピングでクオリティの高いものを作ることだけでは大きな組織を動かすことはできない、ということに彼らが気付いたのが、次に紹介するプロジェクト「OVERTURE」でした。

OVERTURE

　OVERTUREは、2009年のミラノサローネにおいて東芝の企業展示として展示したインスタレーションで、東芝とtakramの他、空間デザインに若手の建築家、松井亮[8]さんが参加した共同プロジェクトでした。展示場所は街の中にあるライブラリのような半ば公共の施設で、約150平米くらいの大きさです。そこを完全に作り替えて、人が実際に入ってインタラクションを持てる場を作ったのです。

提示されたモチーフを読み解く

　最初に東芝からオファーがあった時点では、こういうものを作って欲しい、という依頼だったわけではなく、「ミラノサローネで展示をしたいので何か一緒に作りませんか？」という漠然とした内容だったそうです。
　東芝が2009年にヨーロッパでこのような展示をしようとした背景には、LEDの事業を本格的に海外に展開していくという大きなビジョンがありました。2011年の時点では、ヨーロッパでは白熱電球がほとんど生産停止になって光源がLEDに置き換わっていますが、2009年というのはマーケットに白熱電球とLEDライトが共存している最後の年で、それ以降大量生産されるのはよりエネルギー効率の高いLEDや蛍光灯などの光源だけで、白熱電球はなくなってしまうという状況だったのです。そのため、東芝として「これからLEDの照明に本腰を入れていく」というメッセージを、特にヨーロッパ市場で大きくプロモーションし、プレゼンスを高めるというミッションがあったのです。
　このような背景から、LEDの価値を知らしめるような、何かしらのインタラクティブな展示をやりたいという漠然としたお題だけがある状態でtakramにオファーが来ました。ただ、かなり曖昧な中で1つだけ、「モチーフとして、白熱電球のシルエットを使いたい」という条件だけが提示されていました。

　この条件を初めて聞いたとき、takramのメンバーは「LEDという新しい技術がテーマなのに、なぜ白熱電球の形を使うんだろう？」と感じたと言います。それは、直接の担当者だけの思いというわけではなく、デザイナー、商品開発など、いろいろな立場の人がいる東芝のプロジェクトチームの中で、「もともと東芝は会社の前身として電球を作ってきた。電球といったら我々のアイデンティティだから」と、一応一致はしていたそうです。しかし、最初にそれを強く話していたデザイナーも、なぜ白熱電球の形でなければならないのかについて、自分の中では何となくわかっていても、うまく言語化できていませんでした。takramも完全に理解できなかったため、最初の段階で「それでは単なる懐古主義になってしまうのではないか」とディスカッションを重ねたそうです。
　その中で、東芝社内のプロジェクトメンバーも含めていろいろな人の話を聞くうちに、担当者の言う白熱電球の形というのは、形自体をテーマにしたいのではなく、もともと東芝が照明というものに感じている文化的な価値のことなのではないか、ということがわかってきました。昔はろうそくがあって、ろうそくがガスになって、白熱電球になって、いまやLEDになろうとしている。さらにその先には新しいデバイスがあるかもしれません。しかし、東芝としては、デバイスにこだわっているわけではなく、「灯り」というものが生活の中にあることでその周辺で起こる価値の変化、それが我々のテーマだということをきちんと言いたかったのではないか、というところに思い至りました。

　ここまでを読み解くのに非常に時間がかかったそう

8
松井亮：1977年生まれ。2004年に東京藝術大学大学院修了後、松井亮建築都市設計事務所を設立。住宅から集合住宅、店舗などの設計、リノベーションなど幅広く活動中。takramの現在のオフィスも松井氏のデザイン。

fig.4　2009年にミラノサローネで公開された東芝のインスタレーション「OVERTURE」。東芝デザインセンター、建築家の松井亮氏とのコラボレーション作品。

Art Direction: Toshiba Corporation
Product Design and Interaction Design:
Toshiba Corporation, takram design engineering

ですが、もし、「白熱電球の形が我々のアイコンです」という言葉を文字どおり受け取ってそのままプロトタイプ製作に入っていたら、全く違う展示になっていたでしょう。OVERTUREのように話題になることもなかったのではないでしょうか。

実際に、最初の段階では、takram自身も「じゃあ何かしら、白熱電球のシルエットは使いましょう。で、LEDなので……」と疑問を感じつつもクライアントのリクエストを盛り込み、LEDの技術的な側面に着目した提案をしていたと言います。しかし、「LEDは小さいから照明器具自体が薄くなるかもしれない」「色が変わるからそういう照明ができるかも」「とても軽いので照明が浮いたら」など、技術の側面を全面に押し出す提案をいろいろとしたものの、なかなか全体の合意が取れませんでした。こうした提案は、LEDを使った照明器具の提案としてはごく自然な提案で、クライアントが提示した条件には確かにマッチしています。けれど、クライアント側が明確に言語化していないゴールにはマッチしていないため、こうした提案は受け入れられなかったのです。

ものがたりとプロトタイプ

隠されていたテーマがわかってきたことで、さらに2009年だからこそできることは何か、と考えていきます。すると、「マーケットにLED電球と白熱電球が唯一共存している年」ということが明らかになってきました。そこから、「もともと東芝が百何十年と時間をかけて培ってきた照明、灯り、照らされるもの、照らすもの、それを形にする」というのが今回のゴールなのではないか、ということにたどり着いたのです。

伝えたかったのは、「電球でなくてはいけない」「LEDでなくてはいけない」ということではなく、白熱電球が持っている価値、温かい色だとか、丸いふくよかな特徴とか、家族の営み、生活自体を照らしているもの、といったことだったのです。これがわかったことで、今回の展示で灯り全体に宿る文化的な遺伝子を伝えられるといいのではないか、ということになりました。こうして、さまざまな関係者の思いを読み解き、「白熱電球に宿っている文化的な遺伝子を伝える」というコンセプトにたどり着いたことで、事態は大きく前進していきます。

OVERTUREの展示として最終的に仕上がったのは、空間に電球型のガラス製のオブジェが100個くらいぶらさがっていて、実際に人が歩き回りながらオブジェにふれることができるというものです。このガラスのオブジェは一般的な白熱電球よりもひと回り大きなもので、いろいろな高さにぶらさがっています。インタラクションは2段階あり、1つは人が近付くとふっと灯りが強くなるというもの。もう1つは、手のひらの中に持ってふれると、あたかも小さな動物がその中にいるかのような、トクットクッという細やかな鼓動が手のひらを通して伝わってくるというものです。このとき、その鼓動にシンクロするように灯りがちょっと増幅します。

ここで展示されているプロダクトは、光源自体はLEDで、しかし輪郭は何となく懐かしさを覚えるような白熱電球由来のものです。これによって、「これからLEDによってどんどん照明器具は薄くなる、軽くなるなどの変化はあるけれども、灯りの中に宿っている文化的価値は変わらない」ということを表現しようとしたのです。電球型のオブジェの中には生命の象徴とも考え得る水のようなものが入っていて、ふれることで母体に宿る新たな命（鼓動）を感じることができます。ここに「鼓動」というキーワードが入ってきたことで、いわゆる「世代の交代」「母体と胎児」「まだ見ぬ何か……」といったことが、裏側のお話の部分として表れています。

この電球型のオブジェについては、技術面でも

ちょっと凝った仕掛けがあります。一見、電子工作的な仕掛けは見えないのに、ふれるとなぜか反応して鼓動を感じさせます。コンセプト面で「生命の象徴」として必要だった水は、実は技術面でも必要で、水自体がある種の近接センサになっているのです。誰も電球にふれていないときには、水の中に浸かっているワイヤーから電子が放出され、水の中が電子で飽和している状態になっています。人の手が近付いたり、ふれたりすることで電子が逃げ出します。その電子の量の変化を検知してトリガーにし、それによって光のパターンを変えたり、内側からモータでノックして鼓動を作り出しているのです。

このように、コンセプトの面、技術的な面、人がふれたりオブジェ自体が揺れることで光の効果も劇的に変わってくるなど、いろいろな側面から1つの成果物が説明されるという実感が、このとき彼らの中で芽生えてきたと言います。

OVERTUREは全体で7ヵ月くらいのプロジェクトでしたが、作りながら、悩みながらもブレークスルーが出てきて、それが「ものがたり」側にも「ものづくり」側にもよい影響を及ぼす種になっていきます。ブレークスルーの1つになった「鼓動」というテーマは、直接このプロジェクトには入っていなかった畑中さんから出たアイデアでした。

田川：実は、畑中はこのプロジェクトには入ってなかったんですが、みんなで話をしていたときに「鼓動」のアイデアをポロっと言ったんです。僕自身、プロジェクトの当初から、光だけの表現ではない、何か特別なものを組み込みたいと思っていました。人感センサに反応してLEDが光る、という普通のインタラクションではなく、人をどきっとさせたり、ぐっと作品に引き込んでいくような、何かしらの仕掛けが必要だと思っていたのです。それを「鼓動」という振動表現として実現したことで、一歩踏み込んだ深い体験を実現できたのではないかと思います。電球と、それをさわっている人間が1枚の美しい絵になり、新しいテクノロジーと人間との間の関係性が象徴的風景として立ち上がるように、と考えました。普通電球は手ではさわらないものなので、会場の中でも「なんでさわってるんだろう？」と見ている人は思う。そこで実際にさわってみると、さわった本人は手のひらから伝わる鼓動に「おおっ」となる。でも、みんなそれを口に出して言わないでずっとふれている、といった光景が見られました。その連鎖で、電球をふれている人が徐々に増えていく、ということが会場の中で実際に起こっていったのです。

渡邉：ふれること、鼓動のメタファーが採用されること、水が用いられていること、その他あらゆる要素に、しっかりとした裏付けと理由があります。しかも、1つだけではない、さまざまな切り口からその理由が説明可能なんです。デザインの切り口、インタラクションの切り口、エンジニアリングの切り口、コンセプトの切り口……。プロジェクトには、技術的な与件や制約が複雑にからまっていますが、そのすべてを同時に解くような筋を導き出すことができるか。最初は曖昧だった考え方が、チーム内での議論やものの試行錯誤、クライアントとの対話の中で次第に見い出されていきました。ただ、ここではまだ、「ストーリーウィーヴィング」と呼ばれる方法論までは確立されておらず、あくまで手探りの状態でした。

この時点ではまだ方法論として明確に意識されていなかった「ものづくり、ものがたり」ですが、こうして、いろいろとディスカッションをしたり、作ったりする中で、少しずつ開拓されていきます。

fig.5 アクリル造形で制作したさまざまなサイズの電球

展示としての仕上げ：オブジェ、空間、全体の体験

「鼓動」というテーマは、直接参加していないメンバーから出てきましたが、それ以外にもセレンディピティ（偶然による発想）があったそうです。OVERTUREの電球型オブジェは、通常の電球よりもかなり大きいのですが、これは最初から意図したわけではありませんでした。OVERTUREで展示された電球型オブジェと比較すると、普通の電球はもっと小さなものです。展示するオブジェクトとして最適なサイズを検討するために、東芝のデザイナーが光造形[*9]でモックを作っていた時点では、10％ずつ違うサイズのものを作って検討していました。しかし、アクリル造形を担当する業者に発注した際、直径と半径を間違えて指示を出してしまい、その結果、本来の倍のサイズの試作ができてしまったのです。担当者本人はあわてたそうですが、試作をすべて並べてみると、その間違えた指示の試作が一番印象がよかった。図面で見ると、誰もそんなに大きいものがいいと思える感じではないのですが、形にしてさわってみるとこれがいい、このサイズでも十分電球っぽいねということになったのです。

デザイナーやエンジニアは図面から完成形を想像することに長けた専門家のはずなのに、頭だけで考えるのと、実際に形にして手でさわってみて感じることのギャップは大きくて、やっぱりわからないものだなと思ったそうです。田川さんがRCAに留学していた際、あるものをプレゼンテーションしたときに、ある先生が「じゃあ、それが10倍大きくなったらどうなの？ものすごく小さくなったらどういう使い方ができる？」と質問したそうです。これはおもしろい視点で、そういう考え方が常日頃できると、また幅が広がるのではないでしょうか。

なお、このサイズはさわりやすさの面でよかっただけでなく、設計上もよかったそうです。ある程度のサイズが確保できたことで、中身の基板や電子部品の設計にゆとりが持てた。あらゆる角度から見てよかったのだそうです。

9
光造形は3次元プリンティングの方法の1つで、紫外線に反応して硬化する液体「紫外線硬化樹脂」に紫外線レーザーを照射して硬化させ、積層することで、物体を3次元で造形します。3次元プリンティングには、この他、液体ではなく粉末を使うもの、熱で溶かした樹脂を使うものなど、いくつかの代表的な方法があります。

このように、偶然の出会いから最適な大きさが決まったものの、鼓動をどうやって作るか、などのいくつかの課題が残っていました。最初は携帯電話のバイブ（振動モータ）などをいろいろと試しましたが、ジジジジジジといった単調な振動になってしまって、これでは自然な感じが全くしません。最終的には、マブチモータにハンマーを付けて、振り上げるときだけ電流を流して後は自由落下させ、それで鼓動を打つという設計を採用しました。叩く際に電流を流す方法も試しましたが、それだと固い感じになり過ぎるなどの問題があり、自由落下させるこの方法がよいということになったのです。

このような展示物自体の構造が決まってきたのは、4月の展示がせまった年明け直後で、そこから最後の設計に至るまでは急ピッチで進められました。OVERTUREはプロダクトで完結するものではなく、空間全体を使うインスタレーションであるため、実際にどのように空間に設置するかまで含めて、まだまだ課題が残っていました。

通常の製品開発のプロセスであれば、完成度の高いプロトタイプを作るところまでがtakramのようなデザインファームの役割ですが、こうした展示では、プロトタイプは単なる試作ではなく、実際に展示会場で来場者が体験するものになります。その意味で、プロトタイプではなくプロダクトまで「生産」しているのに近い状態だった、とも言えるでしょう。

OVERTUREはtakramにとって初めての海外での大規模な展示でした。海外でたくさんの時間をかけて設営するのはリスクが高く、まして、天井に取り付けるものまで現場で配線して、というのはかなり大変です。そこで、なるべく日本で準備をしようと考え、天井の部分も工夫しました。日本で使われる普通のライティングレールをイタリアの施工業者に天井に貼ってもらい、そこに電球を取り付けるのと同じ機構で今回の電

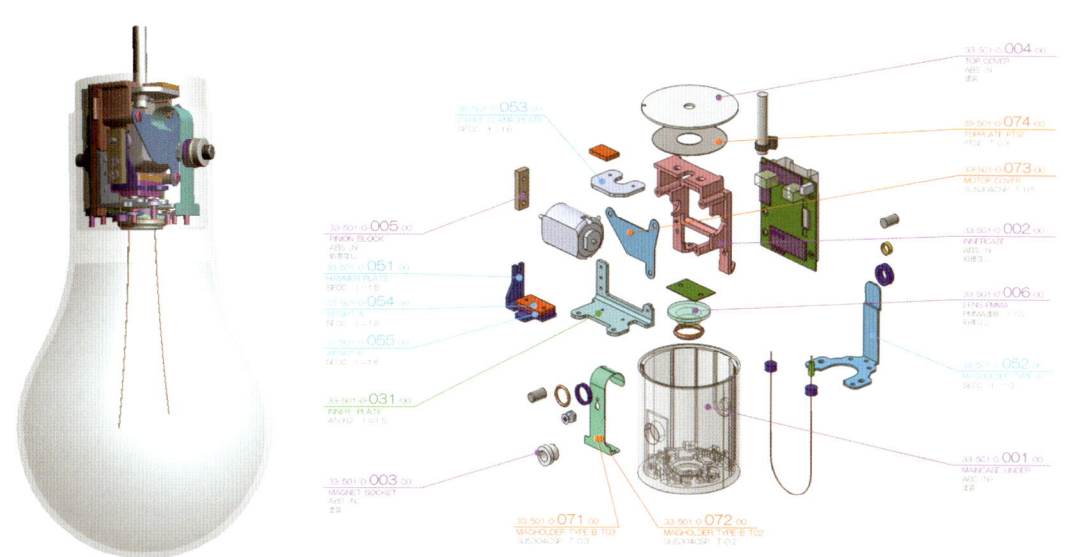

fig.6　電球全体の構造（左）と電球上部を構成する部品の詳細（右）

球型オブジェをワンタッチで取り付ける、という仕組み（fig.6参照）にしたのです。

展示中に来場者の方が引っ張ってしまうことも想定し、安全機構も付けています。掃除機のコードの巻き込み機構と同じように、リリースされるとレール側に負担がかからないように伸びるようになっています。これを100個超用意しました。

こうして、今回の展示の中心となる電球型オブジェができ、それを効率よく空間内に固定するための仕組みや、来場者がさわったときに壊れないようにするための仕組みが準備できました。それ以外にも、説明の部分など、展覧会全体の体験に関してもかなりの手間をかけていったそうです。

田川：このプロジェクトでは、伝えたいことが「灯りの文化的価値」といった抽象的な内容だったので、設計とデザインを進める上では、できるだけテクノロジーの匂いを消すように努力しました。オブジェクトや空間から丁寧に雑音を消していくことで、結果的には魔法的な空間に仕上がりました。

渡邉：イタリアの施工業者なので、日本と道具や素材、工法も違います。現場では、いろいろなミスコミュニケーションもありました。仕方がないということで、自分たちで文字通り地面を這っていろいろなものを作り直したり、塗り直したりして、なるべく不要なノイズをそぎ落としていったんです。

でき上がったOVERTUREは、2009年4月22日から27日までの期間中多くの来場者があり、大盛況のうちに幕を閉じました。また、takramとしても発見や学ぶことが多く、初めての海外での展示ということもあって、大きな転換点になったようです。

畑中：仕事の種類としても新しいものだったと思います。それまでは、先行開発のようなものも含めて製品の開発か、逆に展示だけのためのものでした。たとえば、渡邉がtakramに入るきっかけになった『water』展は完全な展示であって、企業のメッセージを伝えるようなものではありませんでした。今回は、企業のメッセージを伝えるものだけれど製品ではなく展示という、中間的な位置付けでした。しかも、かなり大きな事業をヨーロッパで展開するためのメッセージを発するということもあり、直接の担当者、事業部だけではなく、副社長にもコンセプトストーリーをきちんと聞いて確認するというように、かなり上の層までアプローチして意識合わせをしなければなりませんでした。そんな新しい要素がいくつかありましたので、それまでのノウハウだけでは足らず、新しいやり方が必要だったのです。

田川：クライアントの中に内在する特徴の抽出なども重要でした。規模も大きかったので、どうやってプロジェクト、スタッフをマネージするか、クライアントのデザイナー、建築家も含めてデザインチームだけでも10名くらいいましたので、僕らがその中でどうやってふるまっていくのか、といったこともありました。

畑中：仕事の内容としてもだいぶ新しいものだったんですが、ミラノで展示ということで、私たちにとっては、初めて海外で自分たちの仕事を見せる場でした。私も渡邉も帰国子女ですし、田川もイギリスにいたということもあって、もともとtakramは日本だけではなく海外でも仕事をしたいと考えていました。ミラノサローネという大きな舞台でできるということで、非常にモチベーションとしても高く取り組みました[10]。

10
takramでは、以前から午前中は英語で話すという取り組みを社内でやっているとのこと。海外クライアントとも積極的に仕事をしていきたいという思いで取り組んでいるそうです。

Phasma

　2009年に開催された山中俊治さん（田川さんの前職のデザイン事務所の代表でもあります）ディレクションによる展覧会『骨』展では、昆虫を連想させるロボット「Phasma」が大きな話題となりました。Phasmaは畑中さんがほぼ1人で担当したプロジェクトでしたが、ものがたりに関しては渡邉さん、スタイリングについては田川さん、というように他のメンバーも関わっていたと言います。実際に、Phasmaという名前自体も、当時インターンで来ていた学生の提案だったそうです。このように、takramではそれぞれのプロジェクトを個人所有物として担当するのではなく、介入度合いは違うものの、全員で作ったという認識で進めているとのこと。OVERTUREでの「鼓動」というキーワードの例にもあるように、プロジェクトにメインで集中して取り組んでいる本人には見えないことに他のメンバーが気付く、ということもあるようです。こうしたチームワークも、takramの強みの1つでしょう。

　この『骨』展は、工業製品の構造と生き物の骨格を何かしら対比させて、そこから未来のデザインに向けてメッセージを発することができないか、という主旨の展示でした。そこに、takramは6本足で走るロボット、Phasmaを出展したのです。骨、というテーマに対して昆虫を連想させるロボットに至った経緯について、畑中さんは次のように語ってくれました。

畑中：展覧会を企画していくにあたり、まず最初に「骨ってなんだろう」というのを考えていくためのワークショップがありまして、博物館に骨格標本を見にいくというようなことを繰り返していました。たとえば、博物館には力強そうな熊の骨があったり、ちょっとか弱そうな鹿の骨があったりします。骨格を見るだけで、筋肉も毛皮も付いて、生き生きと動いている姿が想像できます。

　そういう意味で、生き物の骨というのは、形の面から生き物のエッセンスを凝縮したものと考えられるんじゃないかと思いました。「じゃあ他にも生き物らしさを表現するものはないだろうか」と考えたとき、1つは「動き」ではないかと思ったのです。もちろん骨や外観で生き物らしさを表現することもできますよね。4本足のロボットを作って、それに毛皮をかぶせたら生き物らしく見えるかもしれない。でも、それは形状や質感といった外観から来る生き物らしさです。外観ではなく、動きによって生き物らしさを表現できないかと考え、それで作ったのがPhasmaです。

　とても機械的な外観で、キラキラ光る金属と黒いゴムの2色しか見えません。しかも、有機的な曲線は使わず、直線と円弧だけで構成した造形で作っています。なるべく機械的に見せておいて、いざ動き出すととても生き物らしいということを目指して作りました。

　Phasmaは「走る」ロボットですが、「走る」という定義はいくつかあります。たとえば陸上競技の競歩は走ってはいけない競技ですが、競歩での「走る」の定義は「同時に両方の足が地面から離れる」というものです。これに対して、もう少し力学的に見た「走る」の定義は「足の筋肉をバネとして使って走る」というものです。これは、一度宙に浮いた足が着地するときに足の筋肉をバネにして運動エネルギーを吸収し、バネにたまったエネルギーをまた運動エネルギーに変換して前に進む、ということです。このように、「運動エネルギーをポテンシャルエネルギーとして身体にためて、再び運動エネルギーに戻して前進するというこ

fig.7　生き物から走りの仕組みを抜き出した6足歩行の
ロボット「Phasma」。スタンフォード大学における昆虫
模倣型ロボットの研究をもとに開発されたもの

Created for 'bones' exhibition held at 21_21 DESIGN
SIGHT, Tokyo 2009.
Phasma is based on iSprawl developed at BDML,
Stanford University, USA.
Photo by Takashi Mochizuki

との繰り返しが走ることである」という力学的な観点からの「走る」という定義、それを再現したものがPhasmaなのです。

Phasmaにはバネが入っていて（fig.8参照）、バネを使ってエネルギーをリサイクルすることによって走るようになっています。こうすることで、いわゆる昔の典型的なロボットのカクカクした動きではなく、生き物らしい、しなやかな動きが実現されています。

がっちり剛性の高いものを作ってカチカチ動かすというのはとても楽なのに対して、柔軟性を持たせようとすると設計は難しくなります。しかし、「バネをうまく使うことでエネルギー効率を上げることができるという新しい考え方が提案できたらおもしろいな」というメッセージを込めて作ったそうです。

Phasmaのボディは機械の切削加工で作られています。ほぼすべてのパーツがジュラルミンの削り出しによるカスタムパーツです。モータなどは市販品を買ってきていますが、ラバージョイントなどもキャスト（鋳造）で作られています。プロトタイプとしては、原試作で動くのを確かめ、次に作ったのが最終品ということで、全体での試作の回数は少ないのですが、パーツごとにいくつか試作を重ねていきました。

その中でも、特に関節のゴムの部分の固さが重要でした。Phasmaの脚はこのゴムの関節に支えられているのですが、柔らか過ぎると支えきれないし、逆に固過ぎると、脚の向きが後方に流れなくなってしまいます。脚を伸ばして後ろに蹴りたいのに、固すぎると腕立て伏せのような動きしかできないので、有限要素法[11]を使った解析もしながら、試作を重ねて作っていったそうです。

展示では、大きな丸いテーブルの中央にワイヤーでつながれたPhasmaがあり、来場者がボタンを押すと動く、という形になっていました。この展覧会では、展示以外にトークイベントもあり、その際には実際に外で動かしてみるということも行われました。そのときの感想を畑中さんは次のように話してくれました。

畑中：外で動かしてみると、見た人が「気持ち悪い！」と。「かわいい」もあったんですが、私は「気持ち悪い」と言われるのがうれしかったです。なぜ「気持ち悪い」がうれしいかというと、生き物じゃないはずのものが生き物らしく動くとすごく気持ち悪いんですよね。対して、なぜ「かわいい」のかというと洗練されていないからなんです。子犬や赤ちゃんのよちよち歩きがかわいいのは、無駄が多過ぎたり、余計なことをしていて、洗練されていないからなんです。速く走るロボットを作ったつもりで「かわいい」と言われたら、まだ詰めが甘いなということだと思うんです。

あと、ぱっと見て「ロボットだ！すごい！」という人もいれば、よくよく見るとけっこう簡単な仕組みなんだとわかってびっくりする人もいます。6本足なんですけど、実は脚を3本ずつ、2組にまとめて動かしているんです。これは昆虫の歩き方の真似をしているんですが、それをやると脚を使ったロボットだけれど難しい制御をせずに歩けるんですね。人型の2足歩行ロボットだと、うまく制御してあげないとすぐに転んでしまう。4足歩行でもそうです。だから、足を使ったロボットは難しいという固定観念がいろいろな人に中にあると思うんですが、6本足の場合は1組の3本足で立って、次にもう1組の3本足で立って、ということを繰り返しているので、静的に、機械的に安定しているんです。3本足で立つと三脚ができますので、カメラの三脚と同じですごく安定するんです。

昆虫がなぜそんなことをしているかというと、これはまたおもしろいんですが、昆虫が小さいからなんです。スケールが変わると物理現象の支配則が全く変わってくるんですよね。人間は身長が1mから2mありますので、ちょっとバランスを崩して転ぶまで、0.何秒かの間に足を出せばそれでバランスが保てるわ

11
有限要素法は、解析的に解くことが難しい微分方程式の近似解を数値的に得る方法で、数値解析手法の1つです。構造力学の分野で発達した手法ですが、他の分野でも広く使われています。

けです。一方の昆虫の体長は、概ね1cmとか2cmのサイズです。重力加速度は同じですから、スケールが100分の1になると倒れる（地面に着く）までの時間がその平方根の10分の1になってしまう。そうすると、昆虫はもう一瞬たりとも気を抜けないわけです（笑）。逆に言うと、重力が10倍になっている世界で暮らすことを想像してみてください。人間でも、きっと匍匐前進か摺り足で歩きたくなると思います。一瞬でもバランスを崩すとパタンと倒れてしまう世界で彼らは生きているわけで、2組の三脚を使って常に安定を確保しているんです。

　Webサイトなどで公開されているPhasmaの動画を見ると、かなり速く動いているのがわかります。実際にはもっとゆっくりと動くことも可能だそうですが、インパクトを考えてあの速さになったそうです。当初畑中さんは、長期間展示するということで、メンテナンス面も考えて、ゆっくり動かしてクランク機構では

こんなふうに脚が動くんだというのを見せるという方向で考えていたそうです。しかし、渡邉さんなど他のメンバーから「いやいやそれじゃダメだ、目に見えないくらいのものすごい勢いで回さないとこのすごさが伝わらない」という意見があり、最終的な見せ方のようになったそうです。これは、OVERTUREのときに、そのプロジェクトには直接関わっていない畑中さんから「鼓動」というキーワードが出てきたのとは逆で、大変さを知らない立場だからこそ出せた意見だったと言えるでしょう（実際に渡邉さんはその発言を覚えていないそうです）。

　最終的なボディ形状は、加工業者をさんざん悩ましたほど、複雑で繊細なつくりになっています。そこに関しても、当初畑中さんはもう少し作りやすい頑丈な形で作っていたのですが、田川さんから「勢いよく見えないからもっと前後の線を強調しよう」などと提案されて変更していったそうです。加工業者とも連携して、可能と不可能のぎりぎりの境界線まで攻めて制作しました。このような妥協を許さないやり取りも、チームで取り組んでいるからこその強みなのでしょう。

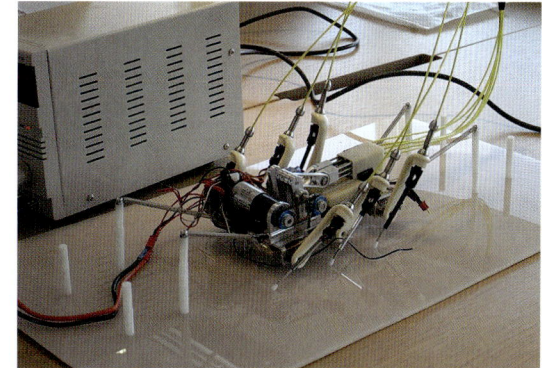

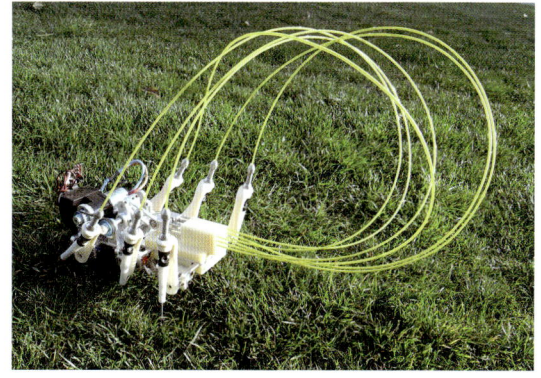

fig.8　Phasmaのプロトタイピング段階の様子

クライアントワークと自主制作のバランスについて

　ここまでで紹介してきたOVERTUREや『骨』展など、takramのWebサイトを見ると数多くの興味深いプロジェクトが並んでいます。しかし、どこまでがクライアントワークでどこからが自主制作なのかがわかりにくいと感じる読者もいるかもしれません。この本で紹介している他の企業でも、それぞれのスタンスで取り組んでいますが、takramの場合にはクライアントワークと自主制作のバランスをどのように考えているのでしょうか。

畑中：会社の事業モデルとしては、初期の頃は、展示の仕事はいろいろな人たちにtakramの名前を知ってもらうための営業活動だと思って投資をしていました。それでtakramのことを知っていただいて、興味を持っていただいて仕事をいただいて、そこで製品開発などのプロジェクトをしてお金を貯めて、それをまた展示にまわして、またいろいろな人たちに知ってもらう、という流れです。

　先ほど話のあったOVERTUREも、その前にやった「furin」という展示をご覧になった東芝の方に、「こんな感じの、いいかもしれない」と思っていただいて、そこから展開したものなのです。これは展示から展示に発展したのですが、東芝の展示から具体的な製品開発に向かうという例もありますので、そういうサイクルをイメージしてやっていました。

　OVERTUREは予算規模としては中間的でしたが、露出効果としてはだいぶ広かったと思います。このように、展示は投資対象と考えています。Webサイトに載っているプロジェクトは展示が多くて「takramさん、いつもおもしろいことをやって生活できていていいですね」と思われるかもしれないんですが（笑）、陰でいろいろ製品開発をやっているという形になります。

渡邉：製品開発の分野では、メーカーから数年後に発売される予定のプロダクトを扱うことも多いです。デザインに取りかかってから、プロジェクトが終了し、も

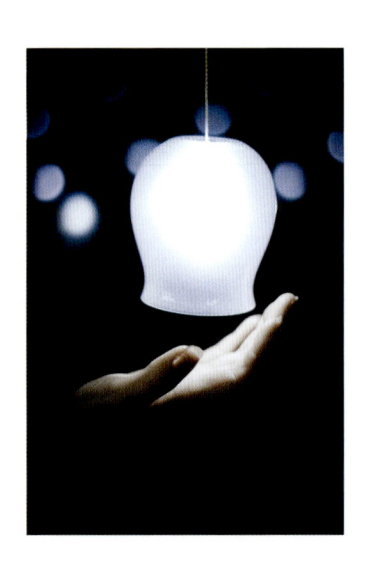

fig.9　天井からグリッド状に吊り下げられたおよそ300個の風鈴からなる作品「furin」。個々の風鈴は人の動きを検知し、それをきっかけに美しい音色と淡い光を発する。これらの風鈴は互いに通信しており、近接する他の風鈴に音と光を伝搬させる。自然界に多く見られる「部分が全体をかたちづくる」という現象をシミュレートしたもの。建築家・伊東豊雄氏とのコラボレーション作品（2008年）

Created for OKAMURA Design Space R 2009 by Toyo Ito Associates, Architects and takram design engineering
Photo by Masato Kawano (Nacasa & Partners Inc.)

のが完成して実際に世の中に公開されるまで、かなりの時間がかかるので、なかなか言えないのです。公開済みのものはWebに載っているのですが、実際にはそれ以上のプロジェクトが走ったり、すでに終了していたりします。

このように、Webサイトで公開されているものだけを見ると展示などが目立って見えますが、表に出てこないクライアントワークもたくさんあるようです。これは、この本で紹介している他の制作会社とも共通しているのではないでしょうか。

ところで、Web制作を主体としている制作会社では、オフィスに全員が集まるスタイルではなく、普段は個別に作業して、必要なときだけミーティングするというスタイルを採用しているところも多いと思います。意外にも、takramの場合は、オフィスに決まった時間にやってきて、決まった時間まで仕事をするというスタイルになっているそうです。各リーダーが主導してプロジェクトを進めていく中でも、常に会社のメンバーが同じオフィスを共有することで、一緒にプロジェクトを担当していなくても相互刺激を受けられる。これを、会社の魅力の1つとして考えているからだそうです。

設立して2〜3年の頃は、仕事がたくさん入ってき始めていたこともあり、もっと勤務形態は大雑把で、夜も遅かったそうです。マネジメントもなく、人的リソースも十分でないという状態で、みんな徹夜続きだったとのこと。しかし、やはりそれでは巡航速度で飛んでいくことは難しいだろうということで、昨年あたりから、会社がもうちょっとリラックスした状態できちんと仕事ができるように、あらゆる意味で会社のリストラクチャを行ったそうです。いまは、半分くらいの人は18時に帰り、後の半分は20時くらいに帰る、徹夜もかなり減って、プロジェクトの山で数回行う程度にまで減ったと話してくれました。このように、会社自体もプロトタイピングしながら進めているのです。

1.1　takram design engineering の先進的な取り組み

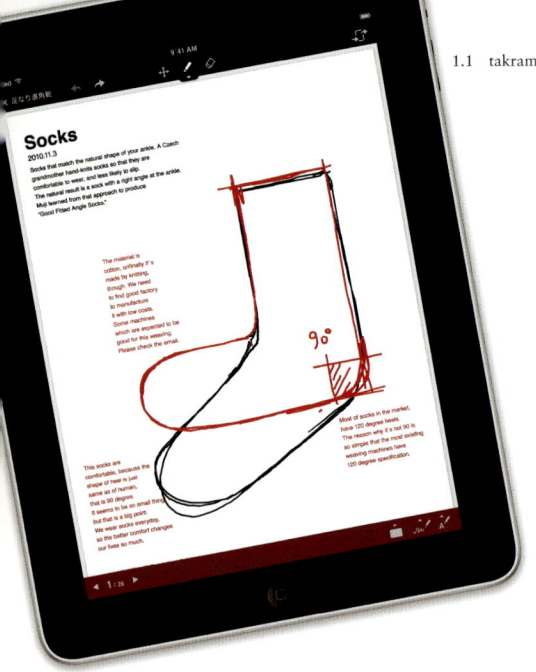

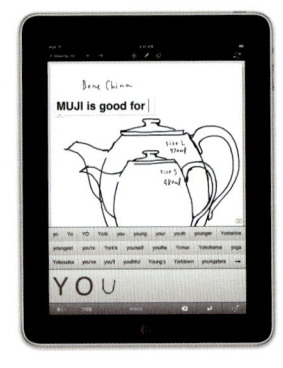

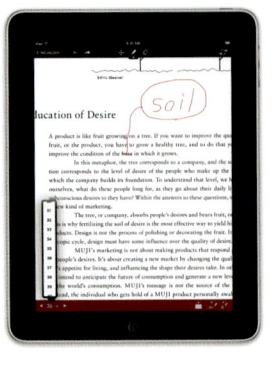

fig.10　無印良品が2010年にiPad用に発売したノートアプリケーション「MUJI NOTEBOOK」。文字の手書き入力や予測変換などの高度な機能を搭載し、思いのままにメモやスケッチを書き込める。2011年7月にiPhone版も発売された

MUJI NOTEBOOK

　2010年11月にニューヨークでのイベント発表と同時にApp Storeでリリースされた「MUJI NOTEBOOK」。プロモーションとしてiPhoneやiPad向けにアプリケーションを作って配布するという例は数多くありますが、MUJI NOTEBOOKは無印良品の他の文房具と同じ扱いで販売されているのが大きな特徴です。

　プロジェクトの始まりは、グラフィックデザイナーの原研哉さんから声をかけてもらったということだったそうです。テーマについて、いろいろと考えていくうちにiPadが持っている特性と、無印良品というブランドの特徴が重なり合う部分として、ステーショナリーというキーワードがおぼろげながら出てきたそうです。

田川：このプロジェクトは僕がリーダーをやってい

ます。僕は以前から汎用の入力インターフェイスにすごく興味があるんです。過去のプロジェクトの1つAfterglow[※12]で取り組んだのもレーザーポインタで「書く」です。そういう経験もありましたので、ノートをとるという日常的でアナログな行為を、iPadという新しいデジタル環境の上で実現してみたい。それを無印良品というブランドの切り口から考えてみたい。そういうことでプロジェクトがスタートしました。まだiPadが発売されていないタイミングで、Appleのリリースからサイズや基本性能は把握していましたが、実際のところ何ができるかよくわからないという状況でした。そんな時期だったので、関係者からも「iPadの上でノートをとるということの価値がよくわからない」「紙のノートでできることをなぜiPadの上でやる必要があるんですか？」というような素朴な疑問が多くあがってきました。

　そこで、僕らのアイデアをきちんと伝えるために

12
Afterglowはプロジェクタで投影している映像にレーザーポインタで絵や文字を書き込めるというソフトウェア。IPA（経済産業省の外郭団体である情報処理推進機構）の未踏ソフトウェア創造事業から助成金を得た開発プロジェクトです。田川さんはこのプロジェクトにより、2004年度のスーパークリエータに認定されました。

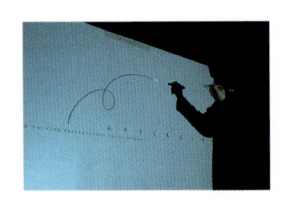

INTRODUCTION

プロトタイプの制作に取りかかったのです。当時はiPad自体まだ販売されていなかったので、ワコムの液晶ペンタブレットを買ってきて、それをPCに接続し、その上にFlashで動くソフトウェアプロトタイプを作りました。このプロトタイプを使って、ひとつひとつ具体的に何ができるかということをプレゼンテーションしました。

Flash上で作られたプロトタイプを実際に見せていただきましたが、最終的にリリースされたMUJI NOTEBOOKにかなり近いものになっていて、ピンチイン／ピンチアウト、テキストの入力、スケッチの描画などの操作も一通りできるようになっているのに驚きました。

このプロトタイプを10日くらいで作り、それでプレゼンテーションをしたところ、おもしろいからこの案で進めてくださいということになったそうです。そこから先は、原研哉さんディレクションでグラフィックデザインを進めつつ、それと同時進行で、takramでユーザーインターフェイスの設計からコーディングまで進めていきました。開発の途中でも繰り返しアイデアを交換しながら実装を続け、約4ヵ月でリリースというスピードだったそうです。

2010年11月3日のニューヨークでの発表会で公開され、反響は思っていたよりもかなり大きかったそうです。リリースされてからの約3週間、App Storeの有料アプリ1位にランクインしていました。

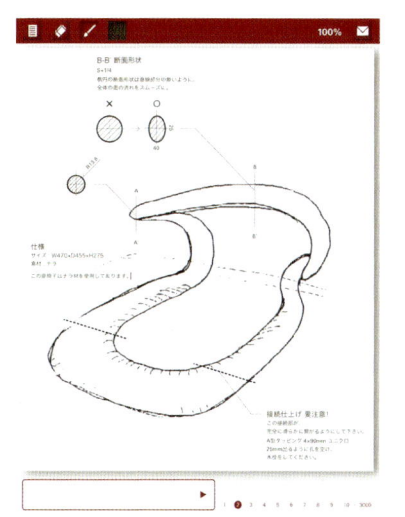

MUJI NOTEBOOKは、無印良品のプロモーションとして単発で公開して終わり、というものではなく、2011年7月にはiPhone版の開発も発表されるなど、継続して開発が続けられています。takramとしても、数年をかけてタブレットデバイスの上で使われるノートアプリケーションのグローバルスタンダードを目指しているそうです。公開後も2週間に1回くらいずつ小刻みにバージョンアップを重ねながら、takramが理想とするノートアプリケーションを突き詰めて考えている、ということでした。

私自身、最初にMUJI NOTEBOOKを使ったときには、よく考えられていて使いやすいアプリだなとは感じたものの、中長期的な計画まで考えられているプロジェクトだとは知りませんでした。どうしてそこまでMUJI NOTEBOOKに可能性を感じているのかについて、田川さんは次のように語ってくれました。

田川：どうしてそこまで突っ込んでやりたいと思っているのかというと、タブレットというデバイスに大きな可能性を感じているからです。たとえば、みなさん（取材に訪れた小林と編集者の2人）はいまアナログでノートをとっていますよね？ だけど、原稿を書くときや、メールを書くときはキーボードでタイプされますよね？ たとえば何か仕事をされている方や勉強をされている学生さんが、1日の中で費やしている時間のうち、何割かはノートを書いていることだったりするんです。たぶん、1割か2割はそうだと思います。このアクティビティは、人間の生活の中でまだデジタイズされずに残っている領域なんです。コミュニケーションの部分はかなりデジタルに置き換えられてきましたが、ノートテイキングはいまだアナログのままとどまっている。僕らのように道具を作る、設計／デザインする立場の人間からすると、この部分はまだ大幅

fig.11　最初に作ったFlashでのプロトタイプのスクリーンショット

INTRODUCTION
—
39

に進化するかもしれない領域、つまりチャンスエリアとして映っているんですね。

　いまのタブレットデバイスのスペックは、ちょうどデジタルカメラの出始めの感じに似ていると思っています。あの頃、誰もデジタルカメラが銀塩カメラを置き換えるとは思っていませんでした。それが15年くらい経って、プロも含めてみんなデジタルカメラを使っています。アナログをデジタルに置き換えていく上で何がネックだったかというと、解像度だったり、感度だったりしたわけです。そこがうまく解決された後にはデジタルの便利さが際立っていきました。ノートについても同じで、なぜみんながまだアナログのノートを使っているかというと、ペン、紙、その解像度、レスポンス、モビリティなど、まだタブレットが到達できていない品質をアナログが持っているからだと思います。ただ、デジタルカメラと同じで、レスポンスが10倍くらいになって、液晶表示もセンサも解像度の桁が上がっていく、端末自体も軽くなっていくということが起こると、どこかであるしきい値を超える瞬間が来ると思うんです。その瞬間、デジタルカメラで起こったようなことがタブレットの上でも起こるでしょう。タブレットの上でノートをとることが自然にできるようになります。そうすると、ノートというものがデジタイズできる。検索可能になる。そして、そのデータをクラウド上に集めるとデータの集合自体が価値を帯びてくる、というような話がその後にいっぱい出てくるなと思っているのです。

　そのあたりの話まで含めて、僕らが道具だと思っているものの中で、ノートを、すごく大きなシフトが起こる可能性がある対象としてとらえていて、そこに対して僕ら自身の手でそれを創っていく、そういう意志を持って、このプロジェクトをやっています。

　田川さんのお話で、MUJI NOTEBOOKは高い目標を掲げたプロジェクトだということがわかってきました。当初、このプロジェクトはtakramの最近のクライアントワークの一例ということでお話を伺っていたのですが、話が進んでいくにつれ、通常のクライアントワークとは大きく異なると感じました。実際に、takramでも自主プロジェクトに近い位置付けでやっているそうです。無印良品は販売やプロモーションの部分に注力していて、仕様を決めたり、実装したりという開発はtakramが主体で行っています。

　このように、takram自身でモチベーションを持って製品化まで行うというのは、OVERTUREやその他のクライアントワークでの製品開発における、クライアントの特徴を抽出して……という経路とは異なっています。また、ここで作っているのはプロトタイプではなく、実際にユーザーの手元に届くプロダクトです。こうした意味で、takramという場所で行われるビジネスモデルとしても、完全に新しい領域になっていると言えるでしょう。

　よく考えてみると、「最終的にユーザーに届くプロダクトまで作る」というのは、Webサイトのコンテンツやアプリを作っている人からすると、ごくごく当たり前のことに思えるかもしれません。

　しかし、Webサイトのコンテンツやアプリの場合、特定のプラットフォームを前提に開発します。プラットフォームは絶対的なもので、そこを作り変えてまでコンテンツやアプリを作るということはできませんが、その部分の開発費用はかかりません。これに対して、プロダクトをハードウェアから作る場合、そうした制約に関して自由な代わりに、どうしても大変な設備投資や開発費用がかかります。そのためプロダクトを作る上では、大量に生産して大量に流通させるということが基本的なモデルになっていました。

　多くの人が同じものを購入することに憧れていた20世紀とは異なり、現代では消費者の好みも多様化しています。そうした状況で有効なプロダクトを作る

には完成度の高いプロトタイプは有効です（何しろ大量生産することになるのですから、慎重にプロダクトの可否を見極める必要があります）。しかし、MUJI NOTEBOOKの例では、takramが作っているのは大量生産を前提としたプロトタイプではなく、プロダクトそのものです。つまり、プロトタイプを作るということをずっと行っていたtakramは、逆の流れからソフトウェアに参入してきているのです。

Webブラウザの中から飛び出そうという試みと、実際のユーザーに届くプラットフォームとしてたまたま現実に存在するiPadを選択した、このように両方から同時にトンネルを掘ってきたのがつながりつつある、という事実にとても興味を惹かれました。

MUJI NOTEBOOK以外にも、iPad用としてはさまざまなスケッチアプリがありますが、MUJI NOTEBOOKではペンを何種類か登録しておいて、それをすばやく持ち替えながらスケッチを描いていくことができます。このあたりもかなりよく考えられていると思うのですが、ここも何度もプロトタイプを重ねたそうです。

田川：限りなくプロトタイプを繰り返し作って、それをみんなで使っていって、最後のほうでユーザーテストも行いながら形を成してきました。ペンの持ち替えについては、いわゆる筆箱的な機能がどこかになければならないというところで、それを一番シンプルに表現した設計になっています。

畑中：やはり個人個人好みが違うんです。私は直接関わっていないんですが、私は筆箱は常に開けておいてそこに置いておきたいタイプで……。でも、それは田川にリジェクトされました（笑）。まあ、そこは全部意見を聞いていると収集がつかなくなるということもあるので。

田川：MUJI NOTEBOOKの場合は全体のユーザーインターフェイスのトーン＆マナーがかっちり決まっていて、場面場面で個別に部品を増やしていかずに、できるだけシンプルに要素を抑制するようにしています。仮に、部分的に最適ではないとしても、全体をシンプルに保つための引き算的思考が強く働いています。

渡邉：確かに、オフィスでみんなの作業机を見ると、実際、畑中の机は筆箱が開いたままになっていますね。田川の机の上は何もないという（笑）。

畑中：無印良品というブランドとAppleというブランドの相性がよかったというのはあると思います。無印良品といったらシンプル、Appleもシンプルで使いやすい、そこがちょうど重なったので、こんな展開もしやすかったんだと思います。

このように、プロトタイプを作って実際に使ってみることで出てくる意見にはさまざまなものがあったようですが、それを統一された価値観の中できちんと整合性をとっていくことで、清潔感のある仕上がりになっています。

最初にFlashでプロトタイプを作った時点では、iPadの実物はなく、Web上に公開されていた写真などを実物大でプリントアウトしてボードに貼り、想像しながら開発が進められました。Appleのプレゼンテーションはビデオで見ていたものの、実物にふれてみると、レスポンスの違い、自分たちが想像していたものとの違いなど、やはり印象が変わるところもありました。さらに、実際にコーディングしてみると、細かい部分の制約がネックとなって、思いどおりに動作しない部分もたくさんあったそうです。こうした制限については、実装を進めていく上でひとつひとつ工夫を加えてクリアしていきました。

また、想像しているだけでは思い当たらない問題もありました。たとえば、最終版では細かい文字を手書きで入力するためのパレットは画面の下のほうに表示

されるようになっています。最初に作ったプロトタイプでは、これは入力する位置の近く、画面の中央部分に表示していました。しかし、中央部分で書こうとして手を置くと、現在のタッチパネルでは誤認識してしまって入力ができなくなってしまうのです。これは、ペンタブレットとFlashのプロトタイプでは気付かなかったところで、実機上で実装を進めながら変更していったそうです。

このように試行錯誤の結果完成したプロダクトですが、「takramとしては現状の品質に満足しておらず、もっと理想は高いところにあり、そこに向かって階段を上っているという感じです」（田川さん）と話してくれました。

以前、takramはハードウェアキーでの操作が主体の携帯電話に対して、ソフトウェアのUI部分を提案するだけでなく、ハードウェアのプロトタイプも作って提案する、ということを行っていました。そうしたプロトタイプはtakramの強みであったはずですが、iPadのアプリケーションだけを開発するという場合にはソフトウェアだけでの勝負になります。ハードウェアに対するこだわりというのはなかったのでしょうか。

田川：このプロジェクトを通して、いわゆるタッチパネル系のUIに関しての理解はものすごく深まりました。それが他の仕事にもすごく活きています。
畑中：このプロジェクトが入る直前に、Android携帯端末が発売されました。社内では、それまで普通のボタン式の「ガラケー」[*13]といわれている携帯電話の仕事が多かったので、かなり危機感があったんです。タッチパネル系のUIの仕事のほうに移らないと、古いほうに置き去りにされてしまうと。そのとき、いいタイミングでこれが入ってきてノウハウもたまりました。
田川：いまはすっかりタッチパネル系のUIのほうにシフトしていますね。
渡邉：iPhoneやiPadなどのいわゆるスマートフォンやタブレットのマーケットが、当初の予測よりもだいぶ早く成長しているようです。メーカーさんとの仕事でも、タッチパネル系のUIに関する案件が増えてきましたね。
畑中：以前、ハードウェア込みのボタンがあるような携帯をやっていたときには、ハードウェアもこちらで試作をして、中のUIのソフトも試作をしてお仕事をするというスタイルだったんですけど、このタッチパネル系になりますと、「もの自体は実物」ということがだいぶ増えてきました。だから、ハードウェアを開発する時間がなくなって、中身だけやればいいという状況が増えてきていますね。でもそこで、「私たちはハードウェアのプロトタイプを作るのが競争力だ」とこだわっていたら、いま頃は経営が危うくなっていたかもしれません。そのあたりはスムーズにいけているんじゃないでしょうか。

MUJI NOTEBOOKは各方面で注目されていて、多くの人が描いたスケッチがアップロードされています。最近追加されたTwitterへのアップロード機能でアップロードされたものをハッシュタグ検索で見ていると、海外のデザイナーなどが、とても丁寧に書いたスケッチを毎日アップロードしていて、そういうスケッチを見るのが楽しいと田川さんは言います。道具の場合、それ自体で完結するのではなく、それを使った人たちがいろいろな形で何か作り出す、そんな使い方を見るのも大きな楽しみになります。

このように、製品を生産しながらTwitterやApp Storeのコメントを通じてダイレクトにフィードバックを集めつつ、継続的に改良を加えているMUJI NOTEBOOKは、takramにとって大きな転換点になったようです。

13
「ガラパゴスケータイ」の略。独自の進化を遂げた日本製の携帯電話のことを、他の島との接触がなかったために独自の進化を遂げたガラパゴス諸島の生態系となぞらえて呼称したもの。テレビ電話機能、おサイフケータイなど、後にiPhoneやAndroidで搭載された機能を数多く先行して搭載しながら、世界的な市場への進出に失敗したという自嘲的な意味を込めてこのように呼ぶ場合が多い。

デザイナー向けワークショップについて

　最後に伺ったお話はOVERTUREプロジェクトを通じて生まれた問題意識、つまり「いいものづくりにはいいものがたりが大切ではないか」という意識から生み出されたワークショップについてです。

　このワークショップは、ダイヤモンド社のDMNが企業のインハウスデザイナーやエンジニア向けに行っている研修プログラム[14]の1つとして開催したものです。有名なものに、プロダクトデザイナーの深澤直人さんによる「WITHOUT THOUGHT」というワークショップがあります。これは10年以上前から続いているもので、会社を超えた研修としてインハウスデザイナーが参加し、1つのテーマに取り組むというワークショップとして注目を集めています。

　takramが行ったのは「ものづくりとものがたり」というタイトルのワークショップで、2010年の秋に第1回がスタートした全8回の連続ワークショップでした。

　参加者は約20人、さまざまな企業のインハウスデザイナーやソフトウェアエンジニア、年齢も新卒社員くらいから50代後半までと幅広く、所属する会社の業界も全然異なっていました。2〜3週間おきに集まり、ものをつくるにあたって「作ることと語ること」のバランスを取ってみよう、その試みをワークショップを通してやってみようというものです。会社を超えて3人組のチームを組んで、1つのお題に対しプロダクトを提案してモックアップを作成し、それを写真家に撮ってもらって1冊の冊子を作る、というのが最終的なゴールでした。

　全8回のワークショップの中で、前半はほとんど何も作らず、後半になってやっと手を動かすような構成としたそうです。というのは、インハウスデザイナーは作ることに関してはプロフェッショナルです。このワークショップでは、コンセプトメイクの部分、そこで何か新しい発見をしてもらいたかったのです。

　いままでとは少し違ったやり方でコンセプトを練ってみませんか、ということで、導入として前半4〜5回に渡っていろいろなアクティビティを参加者に体験してもらったそうです。このワークショップの内容について、渡邉さんに説明していただきました。

渡邉：ワークショップは1回3時間くらいです。いろいろなアクティビティを行いますが、すべてに厳しい時間制限を設けながら進めています。たとえば「90 seconds」というアクティビティは、その名のとおり、90秒でおすすめの本を紹介するというだけの簡単なエクササイズです。ただ唯一の条件は、89秒でも91秒でもなく、ぴったり90秒に収める。時間を守りながら人をエンターテインする。聞いている人が実際にその本を手に取りたくなるような魅力的な話ができるか、というチャレンジです。おもしろいんですよ。1冊の本を紹介するにも、人によって話す内容や方法が全然違います。映画の予告編みたいに結末を明かさずに盛り立てる人もいれば、本のあとがきみたいに結末がわかっている視点から背景を分析する人もいる……。

——それは同じ本でやるんですか？

渡邉：ひとりひとりの参加者が、それぞれ自分の好きな本を持ってきて紹介するんです。とはいえ、会場の中に20人いたら、たまたま同じ本になることもあります。それでも語り口が全然違うんですよ。要は自分が感じたこと、考えたことを制限時間の中でどのように効果的に伝えるか。そういう一見簡単なエクササイズを通して、個人の中でのテーマを見つけること、さらにグループの中でそれを共有する、という段階的な体験がスタートするんです。これは、ワークショップの最初期にやります。

14
DMN（Diamond Design Management Network、ダイヤモンド・デザインマネジメント・ネットワーク機構）。経営資源としてデザインをとらえ、デザインを経営に活かすためのネットワークとして、1990年にダイヤモンド社が設立したデザインマネジメントの総合支援プログラムです。

その他に人気のある特徴的なアクティビティとしては、「タンジェントスカルプチャー」というものがあります。今回のワークショップは、そもそも全体のテーマが「雨」でした。雨に関するプロダクトを何か1つ提案してください、というお題です。そこで、何を作るか具体的なアイデアを練り始める前に、ひとりひとりの中で、雨に関する考え方を深めてもらうために、このアクティビティを行いました。

ひとことでいうと、「雨」という語をいっさい使わずに雨を表現する、というエクササイズです。それを12行からなる短い詩として仕上げます。制限時間は12分間。「雨」という言葉を使わずに、外堀を埋めるように雨を表現します。雨という概念そのものを、外側から彫刻しているような気分になります。すると、一見当然と思われるような当たり前のことも、改めて表現し直すことになります。デザイナーの方々にすれば、普段の業務からはだいぶかけ離れたアクティビティなので、かなりハードルが高いのではないかと思います。しかもそれを、タイトな制限時間の中でやってもらう。

これは参加者のみなさんの日々の業務にも関わってくると思うのですが、ここで重要なのは「暗黙知を明文化する」という考え方です。人は、自分自身が知っていて、しかも前提だと考えている事柄の説明を無意識に省略してしまう。そして、そのように省略したことほど、実は誰とも共有できていなかったと後から気付いたりする。このアクティビティは、そういう現象に対する挑戦なんです。いままで当たり前だと思っていた「雨」についての知識を、あえて言葉にしなければならない。共有知と思っていたことが実は共有されていなかった、と気付くための実験なんですね。

12行あったら、たとえば1行目は雨を物理学的に表現してみる、2行目は音楽的に表現してみる、3行目では歴史的に、あるいは地理的になど、いろいろな角度で表現できます。それを通して、結局自分自身が訴えたい一番重要なメッセージとは何なのかを探る。彫刻するように少しずつ近づいていく、というエクササイズです。

「タンジェントスカルプチャー」とは、「接線による彫刻」という意味です。このエクササイズを考えたときイメージしていたのは、いわゆる「3次曲線をどのように表現するか？」といったことでした。曲線は、$y = f(x)$という1つの明快な式でぱっと表せるかもしれない。でも、他にも表し方はたくさんある。たとえば、曲線上のあらゆる点で微分した接線を描いてみる。接線をできるだけ密にたくさん重ねていくと、$y = f(x)$そのものを描かずとも、同じ曲線の残像のようなものが見えてくる。すると、もとの数式を浮かび上がらせることができるんじゃないか、という考え方です。本質である「雨」というものが何かをひとこともいわずして、接線だけを、まわりで起こる事柄だけを述べていく。そうすることで、いつの間にか、雨の映像が浮か

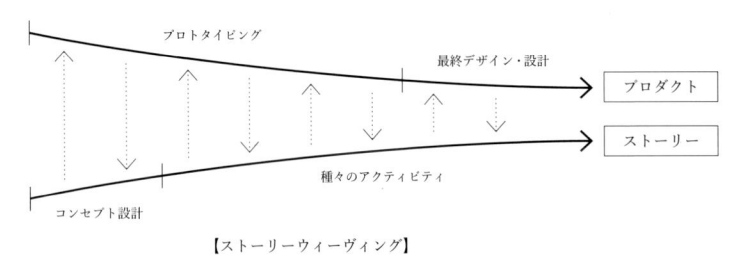

fig.12 ワークショップのコアとなる「ストーリーウィーヴィング」の説明図。作ること（具象面）と語ること（抽象面）を行き来しながらプロダクトとストーリーを生み出していく

び上がってくる。

　ワークショップ全体のテーマでいうと、実際に手を動かして作り始める前に、メンバーが作りたいものをあらゆる手法で語ってみることが重要だ、ということです。するとグループの中で絶対に曲げてはいけない思想、ものがたりの幹となる部分がだんだんと明文化されていく。全員が共有できる土台がどこにあるかがわかってくるんです。逆に、あまり重要でない部分、つまり枝葉としてまわりに広がっている細かな部分は、メンバー間でもひとりひとり理解が変わっていていい。自分なりの想像力で広げて興味の赴くままに語っていい。OVERTUREだったら、「灯りの文化そのものが、未来に語り継ぐべき遺伝子である」というのがものがたりの幹でしょう。このような、絶対にぶらさない部分を時間をかけて見い出してくことが、このワークショップの前半です。後半では、そこで得られた思想に基づいて、モックアップを作ります。参加者のみなさんは仕事でもモックアップを作っていらっしゃるので、それぞれ付き合いのある業者さんに頼んだり、新たに探したりしながら、ものを作り上げていく。我々は全体を俯瞰しながら、各チームのディレクションをさせていただきました。

　このワークショップは一通り終了し、このインタビューを行った段階では最終プレゼン以外がほぼ終わっている段階でした。最終成果となる本は、右に写真（ものづくり）、左に文章（ものがたり）という構成になっていて、3人ずつで7チーム、7つの作品が並んでいます。今回はテーマが「雨の日の体験がいかに豊かになるか」ということで、全部が何かしら雨に関するもの、共通のモデルが登場しながら1つの世界観を作っている、という作品集になっています。これは、カタログや書籍などの形態でまとめるように準備しているそうです。

　ワークショップで行うアクティビティは、普段のtakramの仕事の中で行っていることからヒントを得て形にしたものだそうです。たとえば、「90 seconds」というアクティビティは、仕事で忙しいときも日々どう日常を楽しんでいけるかということで、「こんな本を読んだので、みなさんお忙しいと思うんですが90秒だけお話していいですか」と、お昼の時間に何となくやっていたことにルールを付け加えながら、アクティビティにできるんじゃないか、ということで形にしていったとのこと。このワークショップは好評で、翌日さっそく会社で試してみましたとか、最近業務に組み込んでみましたなどメールが来るそうです。

　このワークショップの内容は、（広い意味で）ものづくりに関わる人であれば誰でも興味を持つのではないかと思います。

fig.13　ワークショップの様子

takramの今後のミッションについて

takram design engineeringという名前に表れているように、takramはデザインエンジニアリングという活動が中心になっていて、その考え方やデザインエンジニアを増やしていくことが重要だと考えています。最後に、今後のミッションについて語っていただきました。

畑中：会社のミッションは、「デザインエンジニアリングの活動を通して世の中に新しい価値を提供していくこと」で、これはいろいろ話し合いを続けるうちに、半年か1年くらい前にたどり着きました。将来的に変わっていく可能性はありますが、あまり大きくはぶれないんじゃないかと思っています。

会社の将来ビジョンとしては、いろいろな角度からお話できますが……。規模の話でいうと40～50人くらいにしたいですとか、地理的には海外にも展開したい、というのもあります。業界もUI、ハードウェア、プロダクトだけでなく、いろいろと展開させていきたいというのもあります。会社としてここを戦略的にやろうというのもある程度は意識していますが、個人が興味のあるところ、情熱を持って打ち込めるところを重視して、やる気を起こさせるような形で会社をやっていきたいなというふうにも考えています。そういう意味では、だいぶ自由な会社だと思いますね。

私は動くもの、身体的なものが好きですので、スポーツやモビリティに関わっていきたいと思っています。また、身体的なことで医療とか介護という分野にも興味があります。単純にメカニカルな機構も好きなので、そういうものに関わっていきたいという気持ちもありますね。あと、楽器も作りたい。

田川：僕はユーザーインターフェイスとかインタラクティブとか好きですけど、道具もすごく好きです。インタラクティブや電気といった要素がなくても、文具とか含めて大好きなので、新しいことにいろいろ取り組んでみたいです。

渡邉：最近は「ものづくりとものがたり」に関係する仕事が多くなっています。プロジェクトの一構成要素として扱うこともあれば、単体としてのワークショップやレクチャーを行う機会もあり、どちらもおもしろいなと思っています。これは続けていきたいです。あと、これは少し唐突に聞こえるかもしれませんが、僕は香水が好きなんです。個人的に収集もしていますが、自分でも香水を作ってみたい。香りだけではなくて、背景のストーリーや名前を考えるところからやってみたいですね。もっと抽象的な分野では、企業やプロダクトのブランディングをやってみたい。一見バラバラのようですが、抽象的な部分から考えて、最終的にいろいろなものごとにお話を与えていく、という点ではすべて同じようなことかもしれません。

田川：こんな感じで、ひとりひとりが情熱を注げる先を持つことを、会社としてもエンカレッジしていきたい。ここにいないスタッフもどんどんリーダー級（takramではシニアと呼ぶ）になっていくんですけど、ひとりひとり全然違う興味・関心を持っているので、それをどういうふうにきちんとひとりひとりが個を保ちつつ、だけどチームとしてのシナジーというか、シェアできるところをどうやって作っていくか。少し相反するようなところをうまくやっていくかが、僕らのテーマの1つになっています。

畑中：プロダクトの業界だけでもいろいろな広がりがありますが、たとえば建築のスキルを持っている人を入れて空間や建物、都市というスケールでいく可能性もありますし、バイオの分野だっていいかもしれない。それは本当にわからないですし、そこがまたおもしろいと思っています。自分たちだけで製品開発の会社と

定義してしまうと固まってしまいますから。ミッションに共感してくれて、コアバリュー（価値観）の面で好奇心の強い人、向上心の強い人、自由に活動することに魅力を感じる人。自由であるということは責任を持つことでもあるんですけど、そのあたりをきちんと共感できる人が集まってきて、自分1人ではできないものが生まれてくる会社にしたい。触発されて、自分ももっとおもしろいものを作りたいと自然に思える会社ですね。作るだけじゃないかもしれないですが、そういう広がりをおもしろいと思っていますし、そういう柔軟性を保つことで会社の継続性を保ちたいです。たとえばUIの業界が冷え込んでしまったら他の業界にいかなければいけない。いろいろな人がいろいろな業界をカバーしていれば、UIをやっていた人もうまく他にシフトすることができます。

外から見ると「takramって何やってるかわからない」と言われるんですが、私たちも、もので定義しないでくださいと思っています。もちろん得意分野があることはよいと思います。たとえば文房具を突き詰めたい人がいるかもしれない。ただ、私たちはそういうふうにジャンルを決めて突き詰めていくというよりは、考え方であったり、お互いに刺激することであったり、新しいこと、楽しいことを楽しむ、そのあたりを軸にしていきたいと思っていて、ものは最終目的にはなっていないんですよね。

田川：それはほんとにそうだね。ターゲットを決めると、ターゲットに向かって効率的なストラクチャを目指す、スタッフをそろえてという雰囲気の会社づくりになるけど、僕らの場合、そんな感じはない。

畑中：そういう意味で、さっき申し上げた40〜50人のスケールというのは、柔軟に体制を変えるのに適した人数だと思っています。せいぜい100人までででないと柔軟にできないと思うんですね。現状に最適化した業務フローやシステムを固定的に作って、継続的に回していくという部門を作ってしまうと、効率はよいですが、なかなか身動きが取れなくなると思います。会社の体制は常に柔軟に保ちたいですね。

それから、先ほどは仕事の面で何を作りたいという話をしましたが、やはりメソッド、ものづくりの手法を作っていくということにも大きな魅力を感じています。もともとは必要に応じて、必要に迫られてやっていただけなんです。ところがOVERTUREをやっていて、ものがたりが大事だなということに気付いて、そこに手法を見い出して、いまはそれが「ものがたりものづくりワークショップ」という形で1つのビジネスとしても歩き始めている。このような知識化、手法化についての議論も社内ではだいぶ盛り上がります。

プロジェクトをやったらやりっぱなしではなくて、何がよかったんだろうと振り返って、暗黙知のところを明確に手法やワークショップに落とし込んでいくということですね。学者的なのかもしれないですけど、僕は研究者になり損ねたからこういうことをやりたがるのかもしれません（笑）。

渡邉：メソッドを完全に決めてしまわないようにしています。決めたことに縛られてしまっては本末転倒です。常にメソッド自体を作り変えて、プロトタイピングしていく。そして仕事を通して、働き方自体も常に変えていく。そういう部分にもモチベーションを持って取り組んでいます。

畑中：あくまでも最終的なミッションはデザインエンジニアリングで新しい価値を提供していくというところで、それは目的として常に存在します。そのためにどうしたらいいだろうというところで、メソドロジーが出てきたり、業界を移ったり、人を入れたりということだと思います。

取材を終えて

今回は、3時間に渡ってtakram design engineeringが取り組んでいる、まさに現在進行形のトピックを取材させていただきました。その中で強く感じたのは、彼らが「デザインエンジニア」という新しい職種を世の中に広めていきたい、という強い意志を持って、さまざまな活動を行っているということです。

従来であれば、分業することで効率を上げる、それぞれの職域を守る、といったメリットがあったかもしれません。一方、分業することにより、別の分野の人に渡す段階できちんと仕様を決める必要が出てきます（そうしなければ、工数が見積れないために見積りすらできないのです）。しかし、自分たちが実際に作るわけではないものに対して、頭の中と紙の上だけで考えても、どうしても見落としや勘違いが発生します。また、たとえデザインとエンジニアリングの両方ができ、美しい（あるいは使いやすい）プロトタイプを提案できたとしても、それだけではさまざまな立場の人が関わる大きなプロジェクトを突破していくことはできません。

takramのような取り組み方は特殊に映るかもしれませんが、従来の分業型のやり方が限界を迎えつつあるいま、新しいやり方を模索していく上でとても参考になるのではないかと感じました。

〔小林茂〕

2

TUTORIAL

ここでは、具体的に簡単なプロジェクトを作ってみることを通して、
Webブラウザの外に出るためにどんな方法があるのかを紹介していきます。
まずは身近なデバイスとしてマイクとカメラを、そして、
WiiリモコンやKinectといった新しいタイプのゲーム用コントロールデバイス、
プトロタイピング用のツールキットArduinoを取り上げます。

TUTORIAL
2.1
身近なデバイスを使う

　本章では、Webブラウザ（PC）の中にとどまらないインタラクションの実践方法としてのフィジカルコンピューティングについて、具体的な作例を使ってチュートリアルで解説していきます。フィジカルコンピューティングというと、すぐに思い浮ぶのは、WiiリモコンやKinectといったパワフルかつ独創的なデバイスやArduinoなどツールキットを使用した作例ではないでしょうか。これらのデバイスの登場は表現の可能性を広げ、より魅力的な作品を生み出すことを可能としました。しかし一方で、開発環境やデバイスのセットアップ、日本語ドキュメントの不足など、導入の難しさが存在することも事実です。

　まず本項では、比較的導入が容易なWebカメラとマイクを使用したチュートリアルを行います。使用する開発環境はFlashです。近年ではWebカメラおよびマイクは多くのノートPCに搭載され、より身近な存在となっています。また、以前からFlashはWebカメラおよびマイクとの接続が可能となっており、他のデバイスを使う場合と比べて割と手軽に開発をスタートすることができます。

　Webカメラやマイクといったシンプルで一見平凡なデバイスにも、ちょっとした工夫を加えると新たな表現の可能性が生まれます。たとえばWebカメラでは、ユーザーの動作を検出して作品に反映させることで作品にインタラクティブな要素を追加することができます。またマイクの場合は、ユーザーの音声を解析したり、エフェクトを加えたものを素材として作品内に取り込むなどが考えられます。

※本項を読み進めるにあたって、Webカメラおよびマイクが搭載されていないPCの場合は別途ご用意ください。なお、Adobe FlashおよびActionScript 3の詳細な情報は公式サイトを参照ください。

※参照ファイルとして同梱されている、Flashの実行ファイル（.swf）は最新のFlash Playerでご確認ください。

Webカメラを使う

Webカメラのデータの取得と加工

最初にWebカメラを使った簡単なサンプルを作ってみましょう。ここではWebカメラから取得した画像データに画像処理を施し、元データとともに表示するサンプルを制作します。すでにWebカメラを使ったFlashコンテンツ制作の経験がある場合は、この項目を飛ばして次へ進んでも大丈夫です。

［参照ファイル］WebCamTest.swf, WebCamTest.as

1. FlashからWebカメラを使用可能にする

FlashからWebカメラの取得は非常に簡単に実現できます。

Camera.getCamera()メソッドでCameraオブジェクトを取得し、Videoオブジェクトに渡します。Webカメラから送られる画像はVideoオブジェクトを介して取得することができます。

```
ActionScript    WebCamTest.as
32  private function initCam():void
33  {
34      //Webカメラの取得
35      _camera = Camera.getCamera();
36      //Videoオブジェクトにカメラを登録
37      _video = new Video(320,240);  ※1
38      _video.attachCamera(_camera);
39      //stageへ配置
40      addChild(_video);
41  }
```

1
Videoオブジェクトのコンストラクタではwidthおよびheightを指定でき、省略した場合はデフォルト値（width:320px、height:240px）が適用されます。

2. 画像処理の準備をする

今回は写真のネガフィルムのように、階調を反転させる画像処理を行います。まず、階調反転用のColorTransformオブジェクトを用意します。

```
ActionScript    WebCamTest.as
47  _color = new ColorTransform();
48  _color.redMultiplier   = -1;
49  _color.greenMultiplier = -1;
50  _color.blueMultiplier  = -1;
51  _color.redOffset       = 255;
52  _color.greenOffset     = 255;
53  _color.blueOffset      = 255
```

次に結果表示用のオブジェクトを用意します。

```
ActionScript    WebCamTest.as
56    _effect = new BitmapData(320,240);
57    _effectContainer = new Bitmap(_effect);
58    _effectContainer.x = 330
59    //stageへ配置
60    addChild(_effectContainer);
```

画像処理はBitamapDataオブジェクト_effectに対して行いますが、表示するためにBitmapオブジェクト_effectContainerに渡して配置します。

3. 描画する

それでは結果を表示してみましょう。まずイベントリスナー onEnterframe()メソッドを登録します。

```
ActionScript    WebCamTest.as
28    addEventListener(Event.ENTER_FRAME,onEnterframe);
```

onEnterframe()メソッドは、Flashが表示を更新する（Event.ENTER_FRAMEイベントを発行する）たびに実行されます。

次に、onEnterframe()メソッド内で_effectのdraw()メソッドを実行します。第1引数に描画対象の_videoを渡し、第3引数に画像処理用の_colorを渡します。

```
ActionScript    WebCamTest.as
64    private function onEnterframe(event:Event):void
65    {
66        //描画
67        _effect.draw(_video,null,_color);
68    }
```

fig.1 取得したWebカメラ画像の階調を反転

これで階調が反転したWebカメラ画像が得られました。

アプリケーションの制作

次に、コンテンツとしてWebカメラを使ったものを考えてみましょう。ここでは、簡易的に光学迷彩を行い、Webカメラに映った人物を隠すようなアプリケーションを作ることにします。

［参照ファイル］OpticalCamouflage.swf、OpticalCamouflage.as

光学迷彩とはアニメ『攻殻機動隊』でおなじみの、周囲の景色を自分の体に投影させ迷彩効果を得る手法です。同作の中では、完全に周囲と同一の画像を得られるものではなく、使用者の動きや諸条件により、若干の歪みが生じるように描写されています。実用化に向けて研究を進めている研究機関もあり、近未来的迷彩手法の代表例といえます。ただし、今回は本格的なロジックを踏襲するのは不可能なので、あくまでも光学迷彩風の効果を作ることを目的としています。

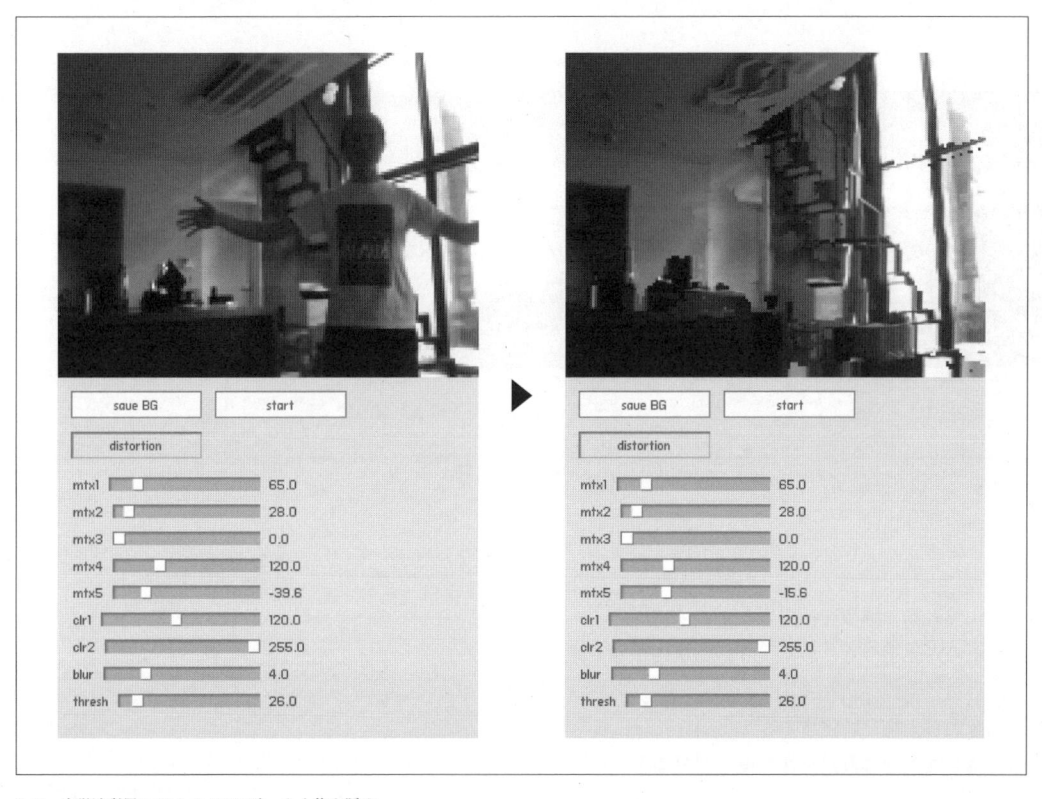

fig.2 光学迷彩風にWebカメラに映った人物を隠す

●アプリケーションの使い方

①swfファイルを実行するとWebカメラへのアクセスダイアログが表示されるので、アクセスを許可してください（fig.3参照）。アクセスが開始されるとWebカメラの画像がFlash内に表示されます（fig.4参照）。

②Webカメラに人物が写らないようにし、「save BG」ボタンを押して背景画像を取得します（fig.5参照）。

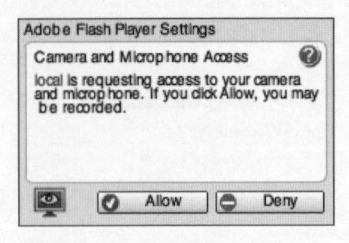

fig.3 Webカメラへのアクセスを許可

fig.4 Webカメラの画像を取得

fig.5 背景画像を取得

「start」ボタンを押すと、人物の範囲に光学迷彩をかけることができます（fig.6参照）。

fig.6 人物を隠す

●背景差分法で人物の画像を抽出

光学迷彩風の効果を得るために、今回は次の手順で処理を行います。

1. 画像から人物を特定する
2. 特定した部分に背景画像を貼り付ける

ここで「1. 画像から人物を特定する」というプロセス、これが今回のキモとなるポイントです。画像から人物を特定するにはいくつかの手法が存在しますが、今回は非常にシンプルな「背景差分法」を用います。

背景差分法とは、あらかじめ背景画像（人物がWebカメラに映っていない状態）を保存しておき、実行中の画像（人物がWebカメラに映っている状態）との差分を求める方法です。この結果から人物の特定が可能となり、1のプロセスが実現できます。背景差分法は非常にシンプルなロジックで画像解析が可能ですが、前述のように実行前に背景画像を保存する必要があります。また、カメラが動くとそのつど背景画像を保存する必要があり、実用

性は非常に低く、あくまでも今回のような簡単なサンプル向けといえます。

「2. 特定した部分に背景画像を貼り付ける」というプロセスでは、前述のように背景画像は保存済みなので「特定した部分」と差し替えるだけで迷彩効果が完成します。しかし、このままでは作品として非常に味気ないものになってしまうため、ゆがみやノイズを加えるなど、本来の迷彩効果にとって不必要な処理を加え、演出を加える必要があります。

それでは、実装を見ていきましょう。処理の流れは次のとおりです。

1. FlashからWebカメラを使用可能にする
2. ユーザーインターフェイスを配置する
3. 実行前に背景画像を保存する
4. 実行中の画像と3の画像から背景差分法で人物を抽出し、マスクを生成する
5. 3の画像に演出を加え、4のマスクで切り抜く
6. 5の画像をWebカメラ画像に重ね合わせる

1. FlashからWebカメラを使用可能にする

「Webカメラデータの取得と加工」（51ページ参照）と同様にWebカメラの画像を取得し、使用可能にします。

```
ActionScript    OpticalCamouflage.as
82  private function initCam():void
83  {
84      _camera = Camera.getCamera();
85      _video = new Video(320,240);
86      _video.attachCamera(_camera);
87  }
```

52ページではWebカメラのデータをそのまま表示させましたが、今回は画像処理を加えた結果を表示させるので、Webカメラのデータは取得するだけで直接表示はしません。

2. ユーザーインターフェイスを配置する

画像処理を実装する前にユーザーインターフェイスを配置します。ここでは「MinimalComps」[※2]を使用しています。光学迷彩のオン／オフおよび、画像処理の各種パラメータをコントロールするためのユーザーインターフェイスを配置します。

```
ActionScript    OpticalCamouflage.as
115 private function initUI():void
116 {
```

[2] ボタンやチェックボックスなど、GUIコンポーネントを簡単に作成するためのライブラリです。詳しくは公式サイトを参照してください。
・MinimalComps
http://www.minimalcomps.com/

```
117        var x:Number = 10;
118        var y:Number = 250;
119
120        //背景保存ボタン
121        _cacheButton = new PushButton(this,x,y,"save BG",saveBackground);
122
123        //迷彩効果オン/オフボタン
124        _startButton = new PushButton(this,x+110,y,"start");
125        _startButton.toggle = true;
           (中略)
158        _slider9 = new HUISlider(this,x,y+180,"thresh",updateParams);
159        slider9.maximum = 0xFF;
160        slider9.value = 0x1A;
161    }
```

3. 実行前に背景画像を保存する

それでは画像処理を実装していきましょう。

先ほど取得したWebカメラ画像をBitmapDataオブジェクトに保存します。BitmapDataオブジェクト_bgCacheを用意し、コンストラクタには先に紹介したVideoオブジェクトのデフォルト値と同じ、width:320px、height:240pxを指定します。

ActionScript　　OpticalCamouflage.as

```
92     _bgCache = new BitmapData(320,240);
```

draw()メソッドの引数に先ほどのVideoオブジェクト_videoを渡します。これで背景画像の保存ができるようになりました。

ActionScript　　OpticalCamouflage.as

```
225    private function saveBackground(e:Event):void
226    {
227        _bgCache.draw(_video);
228    }
```

4. 実行中の画像と3の画像から背景差分法で人物を特定し、マスクを生成する

それでは今回のキモとなる背景差分法で人物を特定を行います。最もシンプルな実装方法は背景画像と実行画像を1pxずつ比較し、特定する方法です。しかし、今回はFlashならではの手法として、フィルタ処理やブレンドモードを駆使した実装を行います。これはPhotoshopでのレイヤー操作やフィルタ処理などの画像処理に近い方法です。

まずBitmapDataオブジェクトeffectに、先ほど保存した背景画像のクローンを生成します。

ActionScript	OpticalCamouflage.as

```
235    var effect:BitmapData = _bgCache.clone();
```

次に、effectに対してフィルタ処理やブレンドモードの変更といった画像処理を行い、人物を特定していきます。背景画像の上に実行画像を重ねて描画します。

ActionScript	OpticalCamouflage.as

```
241    effect.draw(_video,null,null,BlendMode.DIFFERENCE);
```

ここでブレンドモードを「BlendMode.DIFFERENCE」に指定することにより、2つの要素カラーのうち、明るいほうの値から暗いほうの値を差し引きした結果が表示されます。Photoshopにたとえると、レイヤーを重ねて描画モードを変更する処理とよく似ています。

次に、特定した範囲からマスクを生成します。このマスクは、後述する画像の切り抜きや演出を、特定の範囲にだけ適用する際に使用します。
先ほど得られた結果を2値化し、マスクを生成します。2値化のしきい値に2で配置したスライダーの値を利用します。

ActionScript	OpticalCamouflage.as

```
234    var thresh:uint = 0xFF << 24 ^ slider9.value << 16 ^ slider9.value << 8 ^ slider9.value;
```

画像を2値化します。

ActionScript	OpticalCamouflage.as

```
242    //しきい値以上のピクセルを白に塗りつぶし
243    effect.threshold(effect,effect.rect,pt,">",thresh,0xFFFFFFFF);
244    //白以外のピクセルを黒に塗りつぶし
245    effect.threshold(effect,effect.rect,pt,"!=",0xFFFFFFFF,0xFF000000);
```

これでマスクが完成しましたが、このままだとマスクのエッジが目立ち、滑らかな画像の切り抜きができません。そこで、さらにブラーフィルタを加え、エッジをぼかします。

| ActionScript | OpticalCamouflage.as |

```
247    effect.applyFilter(effect,effect.rect,pt,new BlurFilter(int(_slider8.value),int(_slider8.value)));
```

ここではブラーフィルタの大きさに2で配置したスライダーの値を利用します。

最後にもう一度画像を2値化し、マスクの完成です。

| ActionScript | OpticalCamouflage.as |

```
249    effect.threshold(effect,effect.rect,pt,">",0xFF000000,0xFFFFFFFF);
```

5. 3の画像に演出を加え、4のマスクで切り抜く

4で人物の特定と対応するマスクが完成したので、マスクをもとに背景画像を切り抜けば、機能としては一応完成となります。しかし、今回はあくまでも「光学迷彩風の効果」を得ることが目的なので、ここで演出用のエフェクト処理を追加します。

アニメ『攻殻機動隊』の作中では若干の歪みが生じるように描写されているので、置き換えマップフィルタ[※3]を使用し画像を歪ませることで、その状態を再現します。

背景画像のクローンを生成し、フィルタ処理を加えます。

| ActionScript | OpticalCamouflage.as |

```
252    var bg:BitmapData = _bgCache.clone();
253    applyDistortion(bg); ※4
```

次に、4のマスクの上に重ねて描画します。

| ActionScript | OpticalCamouflage.as |

```
256    effect.draw(bg,null,null,BlendMode.DARKEN);
```

ブレンドモードを「BlendMode.DARKEN」に指定することにより、マスクの白い部分にのみ描画されます。

さらに、マスクの黒い部分を透明化し、画像の切り抜きを行います。

| ActionScript | OpticalCamouflage.as |

```
259    effect.threshold(effect,effect.rect,pt,"==",0xFF000000,0);
```

3
置き換えマップフィルタに関しては、ActionScriptリファレンスを参照してください。
・**ActionScript 3.0 コンポーネントリファレンスガイド**
http://livedocs.adobe.com/flash/9.0_jp/ActionScriptLangRefV3/flash/filters/DisplacementMapFilter.html

4
applyDistortion()メソッドは長くなるのでここでは解説を割愛します。詳細はソースコードおよびActionScriptリファレンスを参照してください。
・**ActionScript 3.0 コンポーネントリファレンスガイド**
http://livedocs.adobe.com/flash/9.0_jp/ActionScriptLangRefV3/Function.html#apply()

6. 5の画像をWebカメラ画像に重ね合わせる

最後に、5の画像とWebカメラの画像を重ね合わせて完成です。

ActionScript	OpticalCamouflage.as

```
271    //videoを描画
272    _result.draw(_video);
273    //videoを描画した上に結果を描画
274    _result.draw(effect,null,_color);
```

なお、debug()メソッドのコメントアウトを外すことで、保存した背景画像や切り抜いた画像などを表示することができます。

ActionScript	OpticalCamouflage.as

```
66    public function OpticalCamouflage()
67    {
          (中略)
72        /*デバッグ*/
73        debug();
          (中略)
79    }
```

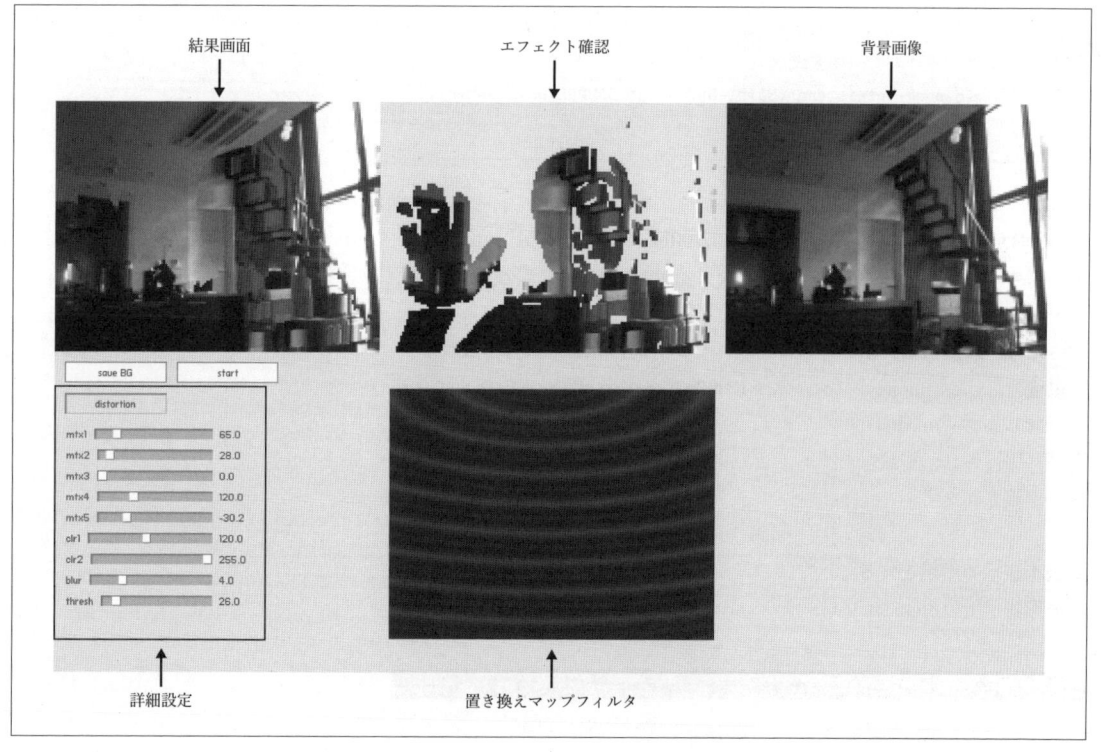

fig.7 デバッグ表示

マイクを使う

サウンドデータの取得と波形表示

　まず、マイクを使った簡単なサンプルを作ってみましょう。この項目ではマイクから取得したサウンドデータを波形データとして表示します。すでにマイクを使ったFlash制作の経験がある場合は、この項目を飛ばして次へ進んでも大丈夫です。

［参照ファイル］MicTest.swf, MicTest.as

1. Flashからマイクを使用可能にする

　Flashからマイクの取得は非常に簡単ですが、多少の設定変更が必要です。

　まずMicrophone.getMicrophone()メソッドでMicrophoneオブジェクトを取得し、各設定を調整します。

```
ActionScript     MicTest.as
41  private function initMic():void
42  {
43      //マイクの取得
44      _mic = Microphone.getMicrophone();
45      //サンプリングレートを44.100Hzに設定
46      _mic.rate = 44;
47      //サイレントレベルに0を指定し常時アクティブに設定
48      _mic.setSilenceLevel(0);
49
50      //マイクにイベントを登録
51      _mic.addEventListener(SampleDataEvent.SAMPLE_DATA,onMic);
52  }
```

　今回は、サンプリングレートを44,100Hzとするため、rateプロパティに44を設定します。次に、常にマイクがアクティブになるように、setSilenceLevel()メソッドに0を設定します。デフォルトでは10となっているため、入力音量が小さい場合、マイクが一時停止状態になります。

　最後に、Microphoneオブジェクトにイベントハンドラ onMic()メソッドを登録します。onMic()メソッドは、一定のサウンドデータが蓄積されるたびに実行され、引数にサウンドデータを含むSampleDataEventオブジェクトが渡されます。

2. 波形表示の準備をする

　波形表示用のShapeオブジェクト_scopeを配置します。

```
ActionScript     MicTest.as
33  _scope = new Shape();
34  addChild(_scope);
```

次に_scopeの描画設定を初期化します。

```
ActionScript    MicTest.as
77  private function initScope():void
78  {
79      _scope.graphics.clear();
80      _scope.graphics.lineStyle(1,0xAA3333);
81      _scope.graphics.moveTo(0,100);
82      //波形データ表示用x軸座標をリセット
83      _scopeX = 0;
84  }
```

ここでは、えんじ色のラインを1pxで描画するように設定しています。

3. サウンドデータを取得して描画する

それではサウンドデータを取得して波形表示を行います。

先ほど登録したイベントハンドラonMic()メソッド内で、データの取得・描画を行います。onMic()メソッドは、一定のサウンドデータが蓄積される（SampleDataEvent.SAMPLE_DATAイベントが発行される）たびに実行され、引数にサウンドデータを含むSampleDataEventオブジェクトが渡されます。SampleDataEventオブジェクトのdataプロパティにサウンドデータが格納されていますが、生のバイナリデータ（ByteArrayオブジェクト）のままなので、データを取り出し、波形を描画します。

```
ActionScript    MicTest.as
55  private function onMic(e:SampleDataEvent):void
56  {
57      //サウンドデータ
58      var data:ByteArray = e.data;
59
60      //バイナリデータの読み込み
61      while(data.bytesAvailable){
62          //配列に格納
63          var sample:Number = data.readFloat();
64
65          //波形の描画
66          _scopeX += SCOPE_WIDTH/SCOPE_LENGTH;
67          _scope.graphics.lineTo(_scopeX,sample*100+100);
68      }
69
70      //一定サイズを超過すると波形データ表示オブジェクトを初期化
71      if(_scopeX >= SCOPE_WIDTH){
72          initScope();
73      }
74  }
```

ここでは波形が右端に達すると描画をクリアし、もう一度描画を開始します。

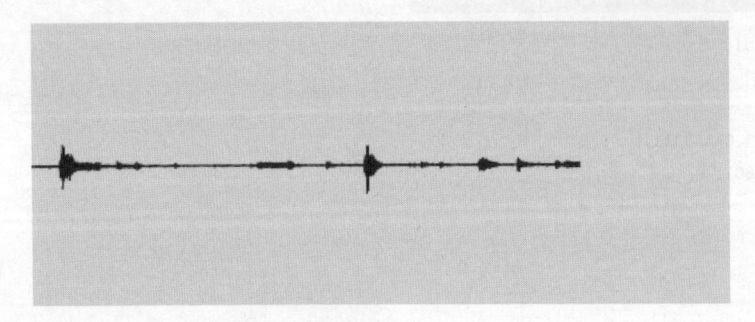

fig.8　マイク入力から波形を取得し描画する

アプリケーションの制作

マイクを使ったコンテンツとして、次のようなアプリケーションを作ります。サウンドデータを録音し、5パートに分割、エフェクトを加えた後、スクラッチDJのように再生します。録音する際は、波形を見ながら5パート均等に録音するようにすると、より効果的です。

［参照ファイル］HumanBeatboxSeq.swf, HumanBeatboxSeq.as

fig.9　ヒューマンビートボックス・マシーン

●アプリケーションの使い方
①swfファイルを実行するとマイクへのアクセスダイアログが表示されるので、アクセスを許可してください（fig.10）。

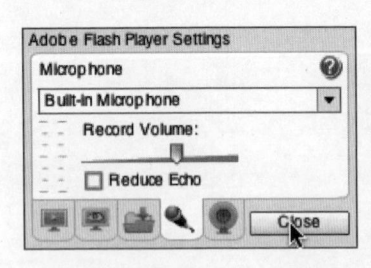

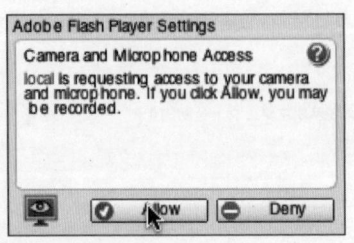

fig.10　使用するマイクおよび基本設定を確認し、Flashからのアクセスを許可

② 「recordボタン」を押すと、録音が開始され波形データが表示されます（fig.11）。

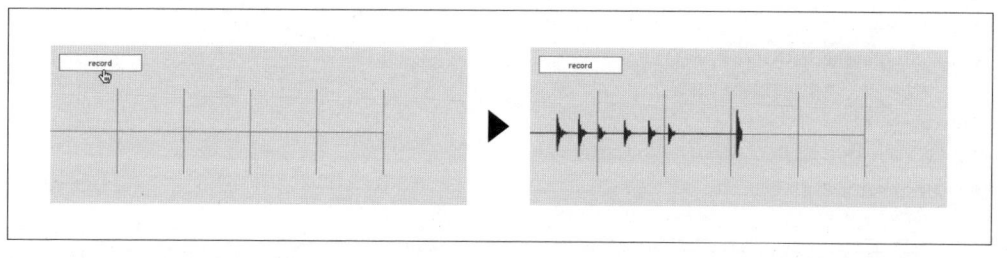

fig.11　録音を開始すると波形データが表示される

　録音終了後、5パートに分割され、エフェクトを加えて再生されます。一定時間が経過すると、分割パートとエフェクトの組み合わせがシャッフルされ、もう一度再生されます。

● **Flashでのサウンド処理**

　Flash Player 10から動的な音の生成がサポートされ、10.1でマイクのサウンドデータへのアクセスがサポートされました。しかしながら、現状では最低限の機能しかサポートされておらず、開発者自身が複雑な処理を実装する必要があります。今回はこうした処理を回避し、より直感的にサウンド処理を行うため、サウンドライブラリ「SiON（サイオン）」[5]を利用して制作を進めます。

　Flashでのサウンド処理やサウンドアプリケーションの歴史は前述のとおり比較的浅く、Flash本来のアニメーションやグラフィック処理、また近年目覚ましく発展している3Dなどと比較すると、マイナーな分野といえます。しかし、Audiotool[6]など、非常に完成度の高い、ブラウザベースのサウンドアプリケーションも存在し、今後、更なる発展を期待できる分野でもあります。

　処理の流れは次のようになります。

1. Flashからマイクを使用可能にする
2. 動的サウンドを準備する
3. ユーザーインターフェイスを配置する
4. サウンドデータを録音する
5. サウンドデータを分割し、エフェクトを加える
6. 再生する

1. Flashからマイクを使用可能にする

　「サウンドデータの取得と波形表示」（60ページ参照）と同様にマイクを取得、使用可能にします。

5
Flash Player 10上で動作するソフトウェア音源、ライブラリです。詳しくは公式ページを参照してください
・Keim/SiON - Spark project
http://www.libspark.org/wiki/keim/SiON

6
・Audiotool
http://www.audiotool.com/

```
ActionScript    HumanBeatboxSeq.as
54  private function initMic():void
55  {
56      //マイクの取得
57      _mic = Microphone.getMicrophone();
58      //サンプリングレートを44.100Hzに設定
59      _mic.rate = 44;
60      //サイレントレベルに0を指定し常時アクティブに設定
61      _mic.setSilenceLevel(0);
62  }
```

60ページでは、サウンドデータを取得するためイベントハンドラを登録しましたが、今回はユーザーインターフェイスが加わるので、ここでは登録しません。

2. 動的サウンドを準備する

前述のサウンドライブラリSiONをセットアップします。SiONには多数の機能やオブジェクトが存在していますが、今回はSiONDriverオブジェクトのみを使用します。SiONDriverオブジェクトを介して音源の再生を行います（SiONについて詳しくは公式ページを参照してください）。

まずSiONDriverオブジェクトを生成し、一定時間ごとにメソッドを実行するように設定します。

```
ActionScript    HumanBeatboxSeq.as
65  private function initAudio():void
66  {
67      //SiONの生成
68      _driver = new SiONDriver();
69      //一定時間ごとにメソッドを実行
70      _driver.setTimerInterruption(2, onTimerInterruption);
71  }
```

setTimerInterruption()メソッドに、第1引数にインターバルの長さ2拍を渡し、第2引数に実行する関数onTimerInterruption()メソッドを渡します。これで2拍ごとにonTimerInterruption()メソッドが実行されます。onTimerInterruption()メソッドは再生処理（後述）の部分で詳細を説明します。

3. ユーザーインターフェイスを配置する

サウンド処理を実装する前に、録音ボタンおよび波形を表示するためのユーザーインターフェイスを配置します。

「record」ボタンを配置し、第5引数にボタンクリック時に実行する関数startRecording()メソッドを設定します（startRecording()メソッドは録音処理の部分で説明します）。

```
ActionScript    HumanBeatboxSeq.as
77   _recordButton = new PushButton(this,10,10,"record",startRecording);
```

波形データ描画用のShapeオブジェクトを配置します。

```
ActionScript    HumanBeatboxSeq.as
80   _scope = new Shape();
81   addChild(_scope);
```

波形データ表示用のグリッドを描画します。サウンドデータを5分割するので、グリッドも同様に5分割で描画します。

```
ActionScript    HumanBeatboxSeq.as
84   graphics.lineStyle(1,0xAAAAAA);
85   var len:int = 5;
86   graphics.moveTo(0,100);
87   for(var i:int=1;i<=len;i++){
88       var x:Number = SCOPE_WIDTH/len*i
89       graphics.lineTo(x,100);
90       graphics.moveTo(x,50);
91       graphics.lineTo(x,150);
92       graphics.moveTo(x,100);
93   }
```

4. サウンドデータを録音する

それではいよいよサウンド処理の実装を行います。

まずはじめに、先ほど取得したMicrophoneオブジェクトからサウンドデータを取得します。3で配置した「record」ボタンがクリックされたタイミングで、60ページと同様にMicrophoneオブジェクトにイベントハンドラonMic()メソッドを登録します。

```
ActionScript    HumanBeatboxSeq.as
97   private function startRecording(e:Event=null):void
98   {
         （中略）
114      //マイクにイベントを登録
115      _mic.addEventListener(SampleDataEvent.SAMPLE_DATA,onMic);
116  }
```

次に、60ページと同様にonMic()メソッドに渡されるSampleDataEventオブジェクトを介してサウンドデータを取得し、波形の描画、配列データ

への格納を行います。

```
ActionScript    HumanBeatboxSeq.as
119  private function onMic(e:SampleDataEvent):void
120  {
121      //サウンドデータ
122      var data:ByteArray = e.data;
123
124      //バイナリーデータの読み込み
125      while(data.bytesAvailable){
126          //数値の取得
127          var sample:Number = data.readFloat();
128
129          //波形の描画
130          _scopeX += SCOPE_WIDTH/REC_LENGTH;
131          _scope.graphics.lineTo(_scopeX,sample*100+100);
132
133          //配列に格納
134          _data.push(sample);
135      }
         (後略)
```

5. サウンドデータを分割し、エフェクトを加える

サウンドデータの取得・保存ができたので、さらに加工へと進みます。サウンドデータを5分割し、それぞれにエフェクトを加えます。表のとおり、音源数は合計5個になります。

エフェクト	音源数
1オクターブ低音に変換	2
1オクターブ高音に変換	2
逆再生および5オクターブ高音に変換	1

エフェクトの種類と音源数

今回実装するエフェクトは高度な計算を必要としない、非常に簡単なエフェクトのみです。

はじめに音源を格納する配列を定義します。

```
ActionScript    HumanBeatboxSeq.as
176  private function generateSound():void
177  {
178      //1オクターブ低音に変換
```

```
179        var strech:Vector.<Number> = new Vector.<Number>();
180        var strech2:Vector.<Number> = new Vector.<Number>();
181        //1オクターブ高音に変換
182        var compless:Vector.<Number> = new Vector.<Number>();
183        var compless2:Vector.<Number> = new Vector.<Number>();
184        //逆再生及び1オクターブ高音に変換
185        var reverse:Vector.<Number> = new Vector.<Number>();
           (後略)
```

1オクターブ低音に変換にする場合は、サウンドデータを二重に取得し、配列に格納します。ループ処理のステップを0.5にすることで同じデータを重複させます。

```
ActionScript    HumanBeatboxSeq.as
203   for(i;i<len;i+=0.5){
204       sample = Math.min(0.5,_data[int(i)]*3);
205       strech.push(sample);
206   }
```

1オクターブ高音に変換にする場合は、サウンドデータを1つスキップし、配列に格納します。ループ処理のステップを2にすることで1つずつデータをスキップさせます。

```
ActionScript    HumanBeatboxSeq.as
211   for(i;i<len;i+=2){
212       compless.push(_data[int(i)]);
213   }
```

逆再生および5オクターブ高音に変換する場合は、サウンドデータを逆順に取得し、配列に格納します。ループ処理のステップをマイナスにすることで逆順に取得します。

```
ActionScript    HumanBeatboxSeq.as
235   for(i;i>len;i-=5){
236       reverse.push(_data[int(i)]);
237   }
```

取得した音源データを2で用意したSiONDriverオブジェクトに登録します。setSamplerData()メソッドの第1引数に識別番号、第2引数に音源データを渡し、登録します。

```
ActionScript   HumanBeatboxSeq.as
240  _driver.setSamplerData(0,strech);
241  _driver.setSamplerData(1,compless);
242  _driver.setSamplerData(2,strech2);
243  _driver.setSamplerData(3,compless2);
244  _driver.setSamplerData(4,reverse);
245  _driver.setSamplerData(5,_data);
```

6. 再生する

最後に再生を行います。

まず、SiONDriverオブジェクトのplay()メソッドを実行します。

```
ActionScript   HumanBeatboxSeq.as
144  _driver.play();
```

play()メソッドを実行すると、2で設定した関数onTimerInterruption()メソッドが一定時間ごとに実行されます。5で登録した音源はonTimerInterruption()メソッド内で再生されます。

onTimerInterruption()メソッドは実行回数をカウントし、128回周期と8回周期のカウンタを用意します。これらのカウンタを使用して、一定のリズムを刻んだり、ループの処理を行います。

```
ActionScript   HumanBeatboxSeq.as
149  private function onTimerInterruption():void
150  {
151      //128周期
152      _loop = (++_loop)%128;
153      //8周期
154      var i:int = _loop%8;
```

音源の再生は、SiONDriverオブジェクトのplaySound()メソッドに識別番号を指定して実行します。次のコードでは、8回に1回の頻度で「1オクターブ低音に変換」した音源を再生します。

```
ActionScript   HumanBeatboxSeq.as
157  if(i==0) _driver.playSound(0);
```

同様に次のコードでは、17回以上かつ8回に1回の頻度で「1オクターブ高音に変換」した音源を再生します。先ほどのコードと同様に、8回に1回の再生ですが、条件式がi==0ではなくi==4となっているため、4回分ず

れて再生されます。

```
ActionScript    HumanBeatboxSeq.as
158  if(_loop > 16 && i == 4) _driver.playSound(1);
```

実行回数が増えるに従い、音源数を増やすことで楽曲に展開を加えます。また、乱数による再生を加えることにより、アドリブ的な要素を追加します。

```
ActionScript    HumanBeatboxSeq.as
165  var rand:int = Math.random()*10;
166  if(_loop > 8  && rand == 1) _driver.playSound(2);
```

最後に音源の再生成を行い、新たな楽曲を生成します。

```
ActionScript    HumanBeatboxSeq.as
172  if(_loop == 127) generateSound();
```

どうでしょうか？　うまく音が再生されましたか。

本項ではWebカメラおよびマイクを利用した、シンプルな作品を紹介しました。近年、Webカメラを使った一番の成功例はAR（拡張現実）の作品ではないでしょうか。また、サウンドに関しても前述のAudiotoolなど、かなり完成度の高いWebアプリが登場しています。これらの身近なデバイスでも、アイデア次第でいままでにない作品を生み出せることを実感していただけたら幸いです。

（山上健一）

TUTORIAL
2.2
Wiiリモコンを使う

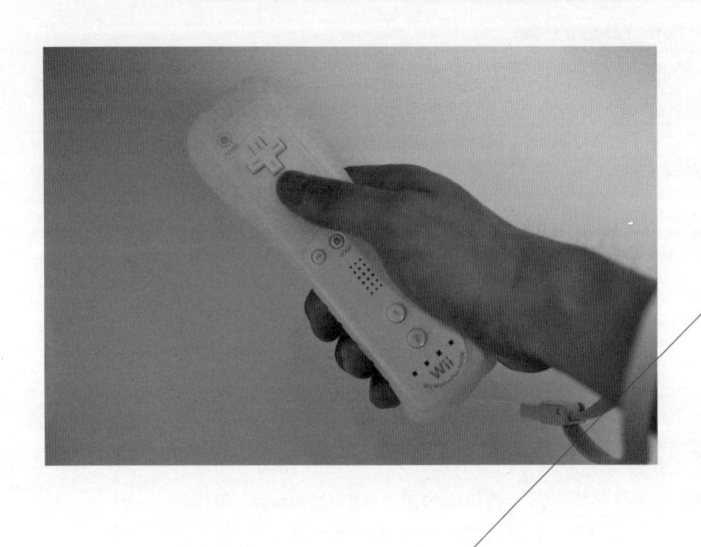

　Wiiリモコンは、みなさん一度は目にしたことがあるかと思います。長さ15cmほどの、手になじみやすい形をした、あのコントローラです。2006年にWiiとWiiリモコンが登場したことで、これまでのゲーム体験が一変しました。Wiiリモコンを振り回したり、画面に向けたりすることでゲームを楽しむことができるようになりました。これまでのコントローラにはない楽しみ方ができるようになったことで、対象となるプレイヤーも自然と幅広くなりました。

　Wiiリモコンは、簡単に手に入れることができます。Wii本体のセットに含まれていますし、Wiiリモコン単体で買うこともできます[1]。開発が趣味のような人から「Wiiは持ってないけどWiiリモコンなら持ってるよ」というセリフを聞くことも珍しくありません。

　ここでは、Wiiリモコンが持つ機能を説明し、それを使ったインタラクティブコンテンツの作り方を解説します。最後には手旗信号を入力できる作品を作って終わりたいと思います。

1
量販店などで3,000円前後で入手することができます。

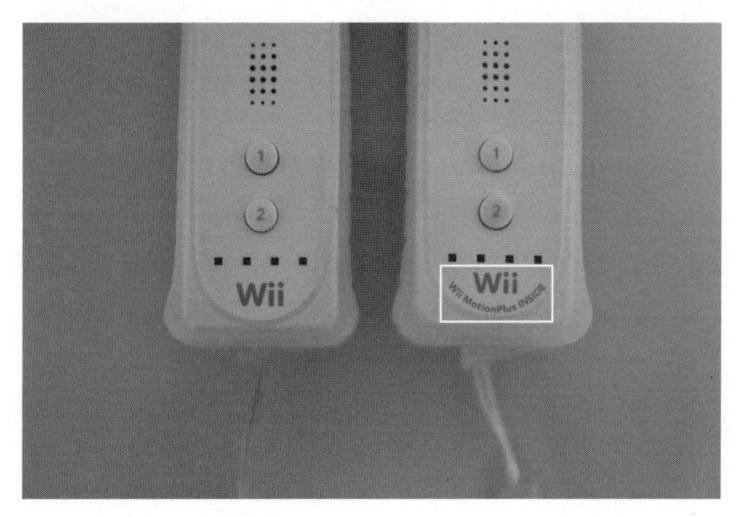

何を測れるか ─ Wiiリモコンの機能

Wiiリモコンとその周辺機器

　現在販売されているWiiリモコンは正確には「Wiiリモコンプラス」です。2010年11月から、それまでのWiiリモコンに新しいセンサであるWiiモーションプラス[*2]を内蔵したものに変更されました。Wiiリモコンプラスが発売されるまでは、WiiリモコンにWiiモーションプラスを組み合わせて使っていました。WiiリモコンとWiiリモコンプラスの違いは、リモコン下部を見ればわかります。Wiiリモコンプラスでは、Wiiのロゴを囲むように「Wii MotionPlus INSIDE」という文字が書かれています（fig.1参照）。

2
2009年に登場したWiiモーションプラスはジャイロセンサを搭載しています。

fig.1　WiiリモコンとWiiリモコンプラス

　Wiiモーションプラスが内蔵されたことで、Wiiリモコンの向きをさらに詳しく把握することが可能となりました。Wiiが発売された当初は、『Wii Sports』が代表的なゲームでしたが、Wiiモーションプラスが登場すると同時に、これを活用した『Wii Sports Resort』が発売されました。『Wii Sports Resort』では、初期のWiiリモコンを使ったゲームよりも、より繊細な操作が可能になっています。

● ヌンチャク

　拡張コントローラを使えば、さらにできることが広がります。拡張コントローラにはいくつか種類がありますが、その中でも特徴的なのはヌンチャクでしょう。Wiiリモコンにヌンチャクをつなげば、両手にそれぞれコントローラを持って操作することができるようになります。ヌンチャクもWii本体のセットに含まれていますので、これを持っている人は多いのではないかと思います。

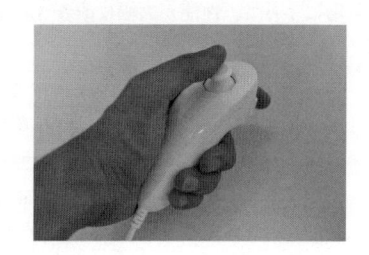

fig.2　ヌンチャク

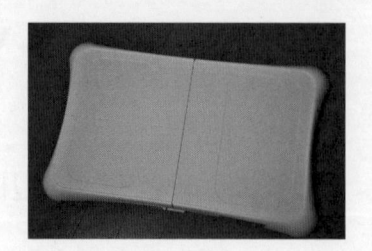

●バランスWiiボード

バランスWiiボードも特徴的なコントローラです。これは、拡張コントローラとは異なり、Wiiリモコンを介さず、単体でWiiにつないで使うことができます。ボードの四隅には重さを測るセンサが付いており、上に乗っている人の体重だけでなく、どの方向に重心が傾いているかを測ることができます。

fig.3 バランスWiiボード

Wiiリモコンでの直感的な操作は、以下のセンサや機能によって実現されています。

- ・モーションセンサ
- ・ポインタ
- ・いくつかのボタン
- ・振動機能
- ・スピーカー

これらをうまく活用することで、いままでにないユーザー体験を作り出すことができるようになりました。これまでのゲームコントローラでは何かを選択する場合にボタンの上下で選択するのが一般的でした。しかし、Wiiリモコンの登場によって、画面に表示された選択肢を直接Wiiリモコンで指して選択することが可能となりました。この変化は、昨今の携帯電話が、ボタンを押して操作する形からタッチで操作する形に進化しているのに近いと思います。

幸運なことに、私たちはWiiリモコンとその周辺機器をPCから利用することができます。Wiiリモコンを使ってインタラクティブコンテンツを作るために、まずWiiリモコンが持っている機能を把握しましょう。

モーションセンサ

モーションセンサによって、Wiiリモコンの傾きや回転を検出することができます。公式にはモーションセンサという言葉で呼ばれているこのセンサ、その実体は加速度センサとジャイロセンサです。昔のWiiリモコンには、加速度センサしか搭載されておらず、うまく検出できない動作がありました。しかし、ジャイロセンサを搭載したWiiモーションプラスの登場によって、性能が大幅に改善されました。

加速度センサだけで足りる場合とそうでない場合の例として、Wiiリモコンを立てて、ひねるように回転させた操作を考えてみます。
Wiiリモコンが立っているという状態は、加速度センサで検出することができます。加速度センサは、fig.4のようにX、Y、Zの3軸の方向にかかる加速度を検出できます。Y軸のプラス方向だけに1Gの加速度がかかっていれば、Wiiリモコンが立った状態といえます。

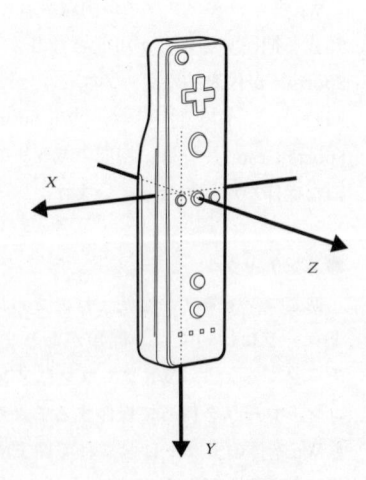

fig.4 Wiiリモコンが立っている状態

次にfig.5を見てください。これは、Wiiリモコンを立てた状態で少し回転させたところを示しています。加速度センサの値さえ見ていればどんな姿勢でも検出できそうに思えますが、このように回転させた場合（fig.5）と回転していない場合（fig.4）のどちらの状態に対しても、加速度センサはY方向に1Gという同じ値を返します。これでは、どちらの状態を示しているのか区別ができないことになってしまいます。

加速度センサが検出する加速度は、安定状態での重力加速度だけではありません。Wiiリモコンを振り回したときにかかる遠心力も検出できます（加速度センサにとっては、重力加速度も遠心力も、等しく加速度なのです）。それでは、Wiiリモコンをひねったときにかかる遠心力で回転角度を検出することはできないのでしょうか。

この問題、原理的には解決できそうですが、現実的には非常に困難です。加速度センサは、先ほどあげた重力加速度や遠心力だけではなく、手ぶれによる振動も検出します。これらをすべてバラバラに分解し、回転角度が測れるまでに持っていくのは大変です。また、回転の軸がどこにあるかによってもかかる遠心力が異なってくるので、さらに計算を困難にします。

この事態を解決してくれるのが、ジャイロセンサです。ジャイロセンサは、加速度ではなく、角速度を検出することができます。角速度は角度の変化です。つまり、これを積算することで角度そのものを得ることができるのです。ジャイロセンサを積んだWiiモーションプラスによって、Wiiリモコンの力は格段に上昇しました。

ジャイロセンサによって計測できるのは、fig.6に示すように3方向の回転角度です。X軸を軸とした回転をPitch（ピッチ）、Y軸を軸とした回転をRoll（ロール）、Z軸を軸とした回転をYaw（ヨー）と呼びます。Wiiリモコンを立てて回したときには、Rollの値が変化します[※3]。

こんなにすばらしいセンサなら加速度センサなど不要なのではないか？と思われるかもしれませんが、ことはそう単純でもないようです。Wiiモーションプラスの開発インタビューの記事[※4]によると、ジャイロセンサで計測したデータが抜け落ちて徐々にずれていったときに、加速度センサの値を使って修正しているのだそうです。

このインタビューでは、ジャイロセンサが常に同じ値を返すとは限らないという問題についてもふれられています（ここが加速度センサと違うところで、加速度センサは安定した状態であればいつでも同じ値を返します）。その原因は、センサの温度であったり、センサに作用した力であったりするそうです。こういった問題があるので、ジャイロセンサで取得した値からのみ、単純に角度が求まるというわけではありません。

ポインタ

モーションセンサと並んでWiiリモコンの特徴となっているのがポインタです。ポインタによって、Wiiリモコンが画面上のどこを指しているの

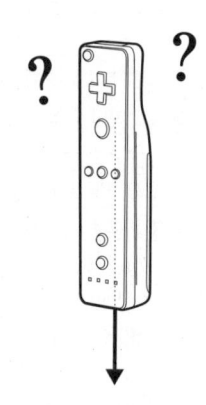

fig.5 Wiiリモコンが立っていて、かつ回転させた状態

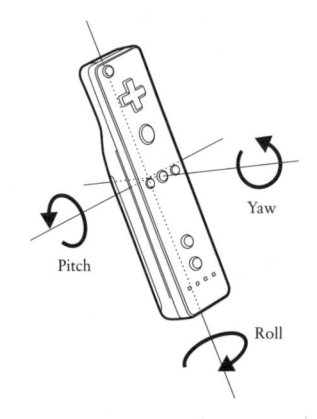

fig.6 3方向の回転

3
Wiiモーションプラスには、インベンセンスのジャイロセンサが搭載されています。
・MEMSジャイロ｜ジャイロセンサ｜モーションプラス｜プロセシング - MEMSジャイロセンサのアプリケーション—ゲーム
http://invensense.com/jp/mems/gaming.html

4
・社長が訊く『Wiiモーションプラス』
http://www.nintendo.co.jp/wii/interview/wii_motion_plus/vol1/index.html

かがわかります。WiiとWiiリモコンを接続したあと、まず最初にお世話になるのが、このポインタなのではないでしょうか。

この機能は、Wiiリモコンとセンサーバーの組み合わせによって実現されています。センサーバーは、その名前に反して、センサではありません。実際のセンサはWiiリモコン側に仕込まれています。バーの両端から赤外線が出ていて、これをWiiリモコン前面のカメラで検出します。検出された2点から、Wiiリモコンがどこを指しているかを算出することができます。

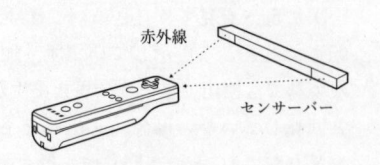

fig.7 ポインタ機能はWiiリモコンとセンサーバーの組み合わせで実現されている

Wiiリモコンとセンサーバーの組み合わせでできることは、場所の指示だけではありません。2点の赤外線を結ぶ線の傾きから、Wiiリモコンのひねりもわかるのです。ただし、このひねりはWiiリモコンがセンサーバーのほうを向いているときだけ検出できるものなので、モーションセンサの代わりになるほどではありません。

その他の機能

モーションセンサやポインタはWiiリモコンを特徴付ける機能ですが、他にもいくつかの機能があります。その中から、ボタンと振動機能について紹介します。

●ボタン

Wiiリモコンには、意外とたくさんのボタンがあります。十字ボタン（上、下、右、左）、A、B、+、−、HOME、1、2で、合計11個あります（電源ボタンは特殊なものなのでカウントしていません）。中でもよく使われるのはA、Bボタンでしょう。これらのボタンは、Wiiリモコンを握ったときに押しやすい場所にあります。特に、Bボタンは握ったときにちょうど人差し指が引っかかり、トリガーとして使うにはもってこいです。

●振動機能

他の多くのゲームコントローラと同じく、Wiiリモコンにも振動機能が備わっています。振動というフィードバックは、Wiiリモコンにおいて特別な意味を持ちます。Wiiのメニュー画面などで、Wiiリモコンで画面を指して項目を選んだときに振動することがあります。この振動で、選択したということをより強く感じることができます。もし振動がなかったら、選択したという感覚はあまり得られないでしょう。

Wiiリモコンを使ったプログラミング

開発環境とライブラリ

今回は、開発環境の構築が容易なことやコードが短いことからProcessingを使ったチュートリアルを行います。Processingは、インタラクティブコンテンツをすばやく作るのに適した開発環境です。初心者でも比較的簡

単にグラフィカルな作品を作ることができます。また、同梱されているサンプル数がとても多く、困ったときに助けになってくれます。

・**Processing**

http://processing.org/

ProcessingとWiiリモコンの中継にはWiiFlashというライブラリを使います。WiiFlashはもともとFlashでWiiリモコンを使うためのライブラリですが、その仕組み上、Flash以外から使うこともできます。Windows、Macの両方で使うことができます。

・**WiiFlash : Wiimote and Flash**

http://wiiflash.bytearray.org/

WiiリモコンのシミュレーションがProcessingに伝わるまでの全体像は、fig.8のような形になっています。WiiFlashサーバがWiiリモコンと通信を行い、向きの情報や振動の信号を取得しています。Processingは、19028番のポートで待ち受けているWiiFlashサーバと通信することで、間接的にWiiリモコンと通信しています。

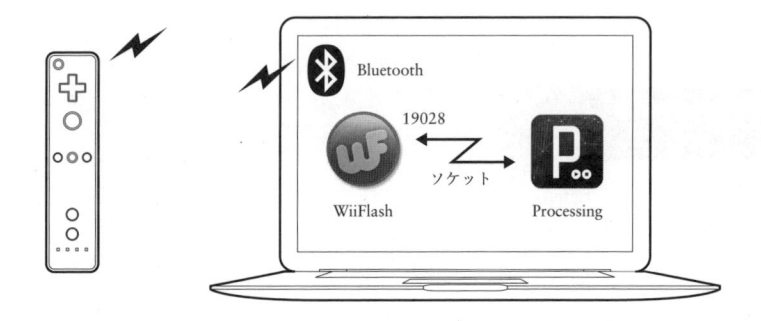

fig.8　ProcessingからWiiFlashを経由してWiiリモコンを使うイメージ

もちろん、ここで紹介する開発環境以外でWiiリモコンを使うこともできます。よく目にするライブラリを以下の表に示します。

ライブラリ	言語・環境	サイトURL
WiimoteLib	.NET Framework	*http://wiimotelib.codeplex.com/*
WiiYourself!	C++	*http://wiiyourself.gl.tter.org/*
WiiFlash	Flashなど	*http://wiiflash.bytearray.org/*

Wiiリモコンを使うための主なライブラリ

冒頭であげたように、Wiiリモコンには魅力的な機能や周辺機器が多数存在しますが、ライブラリによって対応状況はまちまちです。特に、最も新しい機能であるWiiモーションプラスについては、その違いが顕著です。比較的対応が進んでいるのはWiiYourself!でしょう。WiimoteLibではベータ版として対応されていますが、WiiFlashでは全く対応されていません。Wiiモーションプラスの機能を使いたい場合には注意が必要です。

Processingを使った制作

いよいよ、Wiiリモコンを使ったプログラミングにとりかかります。最初に、Wiiリモコンを振ったら画像が入れ替わるだけの、シンプルな作品を作ってみましょう。この作品で使う機能は、モーションセンサ（加速度センサ）だけです。Wiiリモコンをつなぐ部分や開発環境について重点的に説明したいので、作品自体はシンプルなものにしておきます。

●開発環境の準備

まずは、Processingのダウンロードです。Processingのサイトの「Download Processing」をクリックするとダウンロードページが開くので[5]、OSに合わせたものをダウンロードします。最新バージョンは1.5.1です。以降では1.5.1で解説を進めます。なお、Windowsについては、特に理由がないかぎり「Without Java」ではないほうをダウンロードすることをおすすめします。

5
・Download \ Processing.org
http://processing.org/download/

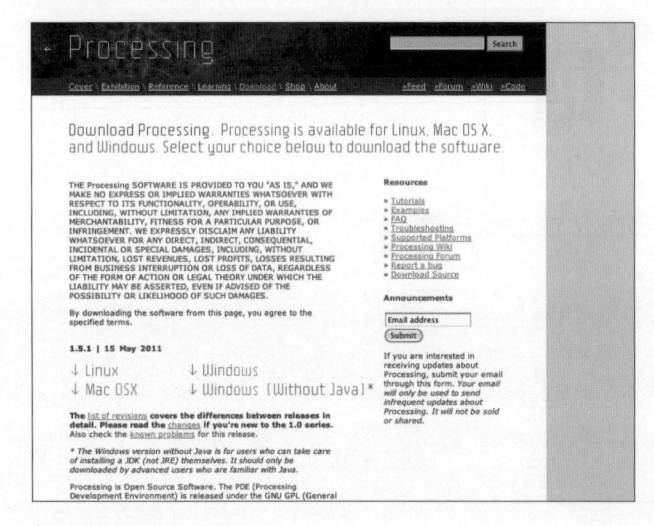

fig.9 Processing.org

ダウンロードしたZIPファイルを解凍したフォルダから実行ファイル（Windowsの場合はprocessing.exe、Mac OS Xの場合はprocessing.app）をダブルクリックすれば、Processingが起動します。プログラミングしている画面は次のようになります（fig.10参照）。

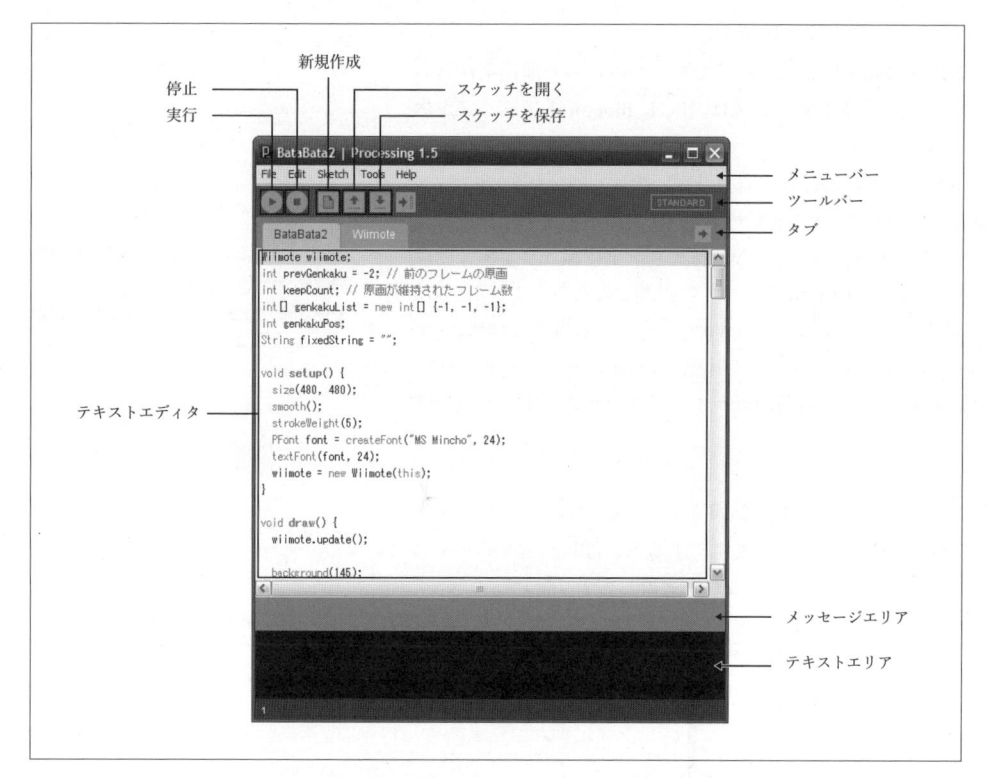

fig.10 Processingの画面

　真ん中に簡単なテキストエディタがあります。エディタはある程度賢くて、キーワードなどをハイライトしてくれたり、自動でインデントしてくれたりします。ここでコードを書いて、上にあるボタンでコードを保存したり、実行したりします。実行した結果は、別のウィンドウに表示されます。

　コード自体は、Javaを簡単にしたようなものとなっています。JavaといえばオブジェクトFC指向の言語なので、クラスがないことには始まりませんが、Processingはそうではありません。書きたいところから書き始めることができるので、初心者にとって最初に覚えることが少なくて済みます。

　なお、Processingでは制作物のことを「スケッチ」と呼びます。そのため、本書の中でもスケッチという言葉を使います。

● デバイスの準備

　ここから先の作業は以下の順序で進めていきます。

1. BluetoothでPCとWiiリモコンを接続する
2. WiiFlashでWiiリモコンを認識させる

　煩雑な手続きに見えるかもしれませんが、数分程度の作業です。ただし、初回だけはアプリケーションをダウンロードする必要があるので、少し時間がかかります。

1. BluetoothでPCとWiiリモコンを接続する

　WiiリモコンとPCはBluetoothでつなぎます。そのため、前提条件としてPCにBluetooth機能が必要です。最近は、PCにBluetoothアダプタが内蔵されていることも多いのですが、もしそうでない場合は、別途USB接続などのBluetoothアダプタが必要となります（内蔵のBluetoothアダプタがWiiリモコンを認識しない場合もそうなります）[※6]。

　Bluetoothアダプタが準備できたら、Wiiリモコンを認識させます。認識させる方法は、一般的なBluetoothデバイスの認識と大差ありません。Wiiリモコンを検索可能な状態にするには、Wiiで認識させる場合と同様、1ボタンと2ボタンを同時に押します。この状態でBluetoothデバイスを検索すると「RVL-CNT-01」という名前のデバイスが見つかるので、それを登録してください。

　ここでは、Windows 7での接続例を紹介します。まず、スタートメニューを開いてBluetoothと打ち込みます。すると、「Bluetoothデバイスの追加」という項目が現れる[※7]ので、これを選択します（fig.11）。

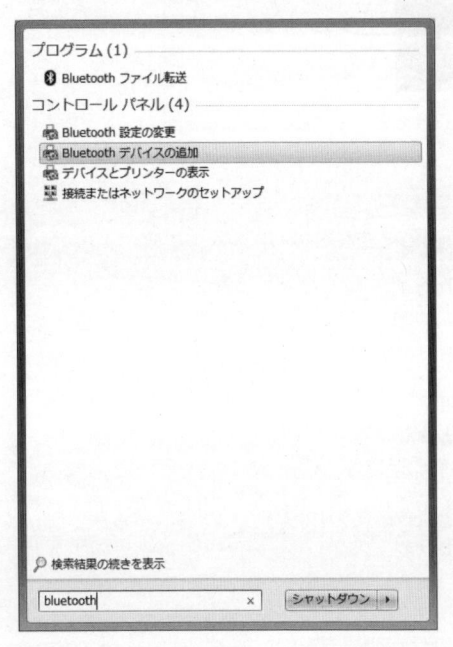

fig.11　Bluetoothデバイスの追加

　メニューを選択すると、追加するデバイスを選択する画面が現れます。ここでWiiリモコンの1ボタンと2ボタンを同時に押して、青色LEDをピカピカと光らせ[※8]、しばらく待ちます。すると、選択肢の中に「Nintendo RVL-CNT-01」というデバイスが現れます（fig.12）。これがWiiリモコンです。

　もしうまく検出されない場合は、電池カバーを開いた中にある赤いSYNCボタンを押してみてください。

6
　WiiリモコンとBluetoothアダプタの相性問題については、Web上に多くの情報が公開されています。必要に応じて、検索してみることをおすすめします。

7
　「コントロールパネル」から「ハードウェアとサウンド」を選択しても、「Bluetoothデバイス」という項目を見つけることができます。

8
　余談ですが、1と2を押したときに光っているLEDの数は、Wiiリモコンの電池残量を表しています。

2.2 Wiiリモコンを使う

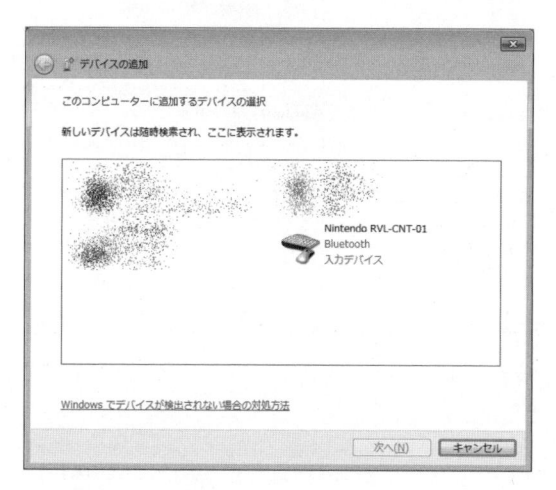

fig.12 Wiiリモコンの検出

検出されたらデバイスを選択して「次へ」を押してください。すると、ペアリングオプション[*9]を選択する画面になります。Wiiリモコンでは、最後の「ペアリングにコードを使用しない」を選択します（fig.13）。すると、Wiiリモコンとのペアリング処理が始まり、うまくいけば数秒後には完了画面が表示されます（fig.14）。

9
Bluetooth機器を使用する際、初回時に必要となる、接続相手を特定するための操作のこと。PINと呼ばれるセキュリティコードを使って、適切な接続先であることを保証します。Wiiリモコンの場合はただのコントローラなので、PINは設定されていません。

fig.13 ペアリング

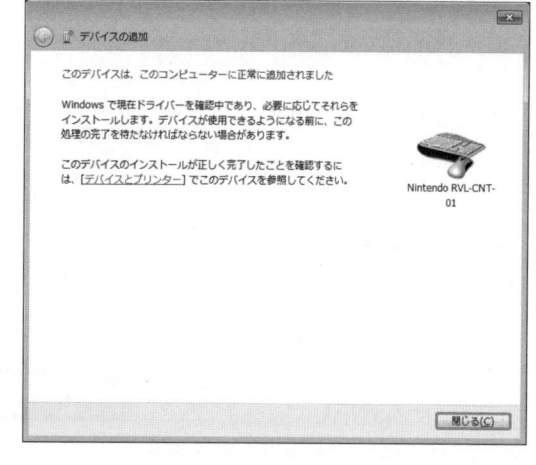

fig.14 ペアリングの完了

おめでとうございます。これでBluetoothを使ってWiiリモコンを認識することができました。ここでドライバのインストールを示すポップアップが出るかと思いますが、ドライバのインストールにそう長い時間はかかりません。

ここではWindows 7の例を紹介しましたが、Macの場合は内蔵のBluetoothモジュールで問題なくWiiリモコンを認識します。

2. WiiFlashでWiiリモコンを認識させる

まず、WiiFlashのサイトからWiiFlashをダウンロードします[10]。ダウンロードしたZIPファイルを展開すると、いくつかのフォルダが現れます。

フォルダ	概要
Core	WiiFlashをFlashから使うためのActionScript3プログラム
Documentation	ドキュメントファイル（をZIPで固めたもの）
Examples	サンプルのFlash(.swfファイル)とそのソース（.flaファイルなど）
Servers	WiiFlashサーバ

WiiFlashフォルダの構成

ProcessingからWiiリモコンを使うときに重要なのはServersフォルダです。Serversフォルダの中にはWindows用のWiiFlashServer 0.4.5.exeとMac用のWiiFlashServerJ.appの両方のサーバプログラムが入っています（さらに、それらのソースコードまで入っています）。

それでは、WiiFlashサーバを起動してみましょう。Bluetooth接続された状態のWiiリモコンを手に持ったまま、WiiFlashServer 0.4.5.exe（あるいはWiiFlashServerJ.app）を起動してみてください。すると、fig.15のような画面が表示されます。同時にWiiリモコンが振動します。つながったということがとてもわかりやすいですね。

これでWiiFlashからWiiリモコンを使う準備ができました。

10
・WiiFlash : Download
http://wiiflash.bytearray.org/?page_id=50

fig.15　WiiFlashサーバの起動

●Snow LeopardでのWiiFlashサーバの起動

Mac OS XがSnow Leopardの場合、WiiFlashサーバをそのまま起動すると異常終了してしまいます。これを防ぐためには、WiiFlashサーバを32ビットモードで起動させるように設定する必要があります[11]。

WiiFlashServerJ.appを選んだ状態で［ファイル］→［情報を見る］から「"WiiFlashServerJ.app"の情報」を表示し、「32ビットモードで開く」にチェックマークを入れます。

fig.16　WiiFlashサーバを32ビットモードで起動する

11
・WiiFlash : WiiFlash Server on MacOS - Snow Leopard
http://wiiflash.bytearray.org/?p=213

●ProcessingからWiiリモコンを使う

いよいよProcessingからWiiリモコンを使います。

ここではWiimoteクラスを使います。このファイルは、少ないコードでスケッチからWiiリモコンが使えるよう、筆者が書いたものです。WiiFlashを通してWiiリモコンと通信し、加速度の値やボタンの状態などを取得したり、Wiiリモコンを振動させたりすることができます。また、Wiiリモコン以外にもヌンチャクやバランスWiiボードに対応しています。

Google Codeの以下のページよりダウンロードできます。ページ右側に「View raw file」リンクがあるので、そのリンク先を保存してください。ダウンロード先は適当な場所でかまいません。

・Wiimote.pde

http://code.google.com/p/wiimedia/source/browse/trunk/Processing/wiimote/Wiimote.pde

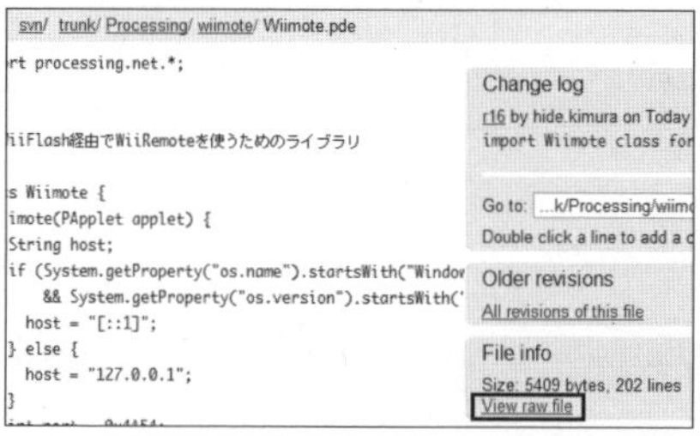

fig.17　Wiimote.pdeの保存（ダウンロード）

ダウンロードしたら、Wiimoteを使いたいスケッチに読み込みます。Processingを起動すると新しいスケッチが開きますので、［Sketch］メニューから［Add File］でWiimote.pdeを選択します。すると、新しいタブが作られWiimoteが読み込まれます。

タブができたら、空白のタブに戻り、次のコードを書いて実行してみましょう（もちろんWiiFlashを起動し、Wiiリモコンを認識させておいてください）。

［参照ファイル］FlipImage0/FlipImage0.pde

Processing　FlipImage.pde

```
1   Wiimote wiimote;
2   
3   void setup() {
4       size(480, 480);
5       wiimote = new Wiimote(this);
6   }
7   
8   void draw() {
9       wiimote.update();
10      background(145);
11      ellipse(240 + 240 * wiimote.x, 240 + 240 * wiimote.y, 20, 20);
12  }
```

Wiiリモコンを画面のほうに向けて傾けたときに、傾きに従って画面上の丸が動けば成功です！　このスケッチを「FlipImage」という名前で保存しておきましょう。

　スケッチの中身を見ていきます。Wiimoteというのが、先ほど追加したWiiリモコンを使うためのクラスです。大まかな使い方としては、まずsetupの中でnewを使って初期化します。その後、drawの中でupdateして、モーションセンサなどの値を取り込みます。取り込んだ後は、加速度の値やボタンの状態にアクセスすることができます。

　このスケッチでは、円を描く位置の計算にWiiリモコンが計測した加速度の値を使っています。加速度の値は、wiimote.xやwiimote.yといった形で得ることができます。この値は、激しく動かさなければだいたい−1から1の範囲で変化します。その結果、画面中心から加速度の値に応じてずらした位置に円が描画されます。

　ここで1つWiiFlashを使うときに注意しなければならない大事なことを説明します。それは、WiiFlashが返す加速度の値は、Wiiリモコン本来の値と符号が逆であるということです。Wiiリモコンを右側に倒すと、加速度センサはマイナスの値として検出します。しかし、このスケッチを実行してみると、右に倒したときにX軸の値が大きくなっています。これは、Y軸、Z軸についても同じことがいえます。WiiFlashの仕様ということで覚えておきましょう。

●Wiiリモコンを振ると画像が入れ替わるスケッチ

　さて、このスケッチ（FlipImage）を使って、次はWiiリモコンを振ったら画像が入れ替わるようにします。まず、表示するための画像を2枚用意します。絵の大きさは480×480、それぞれPNG形式かJPEG形式で、スケッチがあるフォルダに保存してください。フォルダの中には次の4つのファイルがあるはずです。

・FlipImage.pde
・Wiimote.pde
・画像ファイルその1
・画像ファイルその2

fig.18　画像ファイルその1

fig.19　画像ファイルその2

そして、FlipImage を次のように書き換えます。

［参照ファイル］FlipImage1/FlipImage1.pde

```
Wiimote wiimote;
PImage image1;              ─┐
PImage image2;              ─┘── 追加

void setup() {
    size(480, 480);
    wiimote = new Wiimote(this);
    image1 = loadImage("image01.jpg");  ─┐
    image2 = loadImage("image02.jpg");  ─┘── 追加
}

void draw() {
    wiimote.update();
    float a = mag(wiimote.x, wiimote.y, wiimote.z);  ─┐
    if (a <= 1.0) {                                   │
        image(image1, 0, 0);                          │── 追加
    } else {                                          │
        image(image2, 0, 0);                          │
    }                                                 ─┘
}
```

それでは再度実行してみましょう。最初は、1枚目の画像が表示されていますね。Wii リモコンを振ると2枚目の画像に切り替わります。

このスケッチでは、関数 mag を使って Wii リモコンが振られていることを検出しています。関数 mag は、引数として受け取った2つまたは3つの数値をベクトルとして考え、その長さを返します。Wii リモコンの状態が安定している場合は、X方向やY方向という違いはあれど、ベクトルの長さは1程度です。その値が大きくなったときに、別の画像を表示するようにしています。

これで、最初の作品の制作が終わりました。接続するまでにやることがいくつかあって難しいかもしれませんが、慣れれば何も見なくてもできるようになります。つながってしまえば、Processing でのプログラミングはとてもシンプルです。

次の項では、もう少し Wii リモコンを活用した作品にトライします。

手旗信号を認識させる

　Wiiリモコンを使ったインタラクティブコンテンツの作り方について考えてみます。Wiiリモコンを使うときには、ボタンを押すだけのコントローラとは異なり、腕を自由に動かすことができます。つまり、全身でのアクションを使った操作が可能です。これを使って、何かおもしろい作品が作れそうですが、どういったところからアイデアを出したらよいのでしょうか。

　まずは既存の例から考えてみましょう。Wiiリモコンの利用例として多いのは、Wiiリモコンを何かに見立てて使うことです。バットや剣に見立てて使った場合には、Wiiリモコンを両手や片手で握って、タイミングよく振り回して使います。また、銃に見立てる場合は、振り回すような大きな操作から一転し、画面に表示される的に狙いを定めてBボタンで弾を撃ったりします。また、ハンドルをイメージして横にして持ち、Wiiリモコンを左右に傾けて操作するという例もあります。

　いろいろなアイデアが出てきそうですが、ここでは、Wiiリモコンを旗に見立てて、手旗信号を打つことができる作品を作ることにします。手旗信号は、両手に持った旗を使って五十音を表すものです。右手にWiiリモコン、左手にヌンチャクを持つ形をイメージしています。腕を大きく動かして、その向きに合わせて画面上に文字が出てくるような形にできればよいでしょう。

※この作品では、拡張コントローラのヌンチャクを使います。ヌンチャクがない場合は、残念ながらこの作品を使うことができないので、ご了承ください。

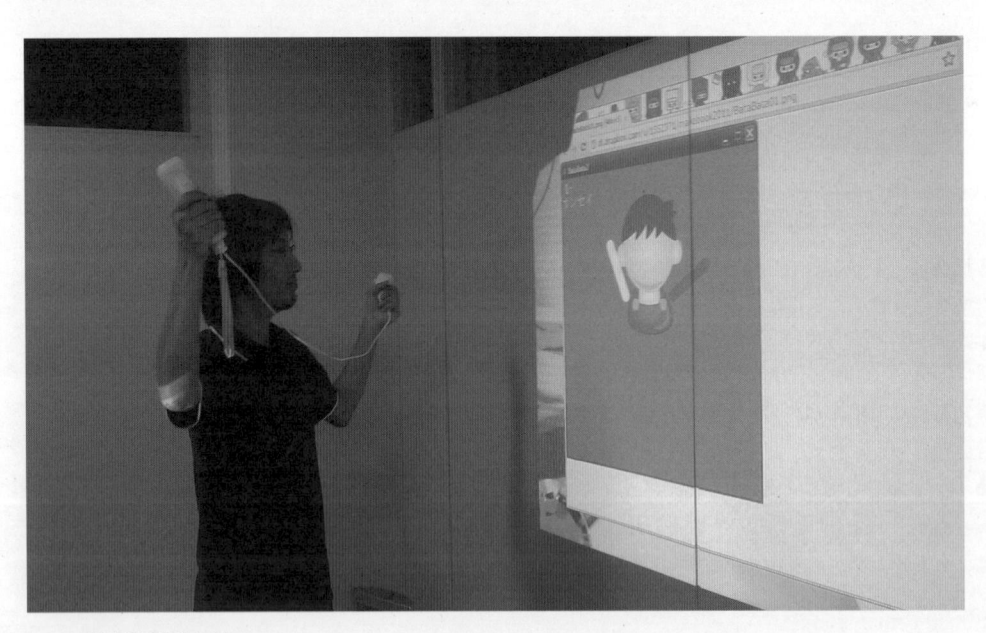

fig.20　手旗信号を認識させる

● 手旗信号について

　手旗信号について知っている方はあまりいないのではないでしょうか。もしかすると、モールス信号のほうが有名かもしれません。手旗信号は、モールス信号と同じように、文字を通信する手段の1つです。Wikipediaにこのように書かれています。

　　"手旗信号（てばたしんごう）は、紅白一組の旗を使い遠方（望遠鏡・双眼鏡で見える可視範囲。視覚・聴覚どちらも範囲外の場合は無線通信の出番）への通信を行う手段。おもに音響が届きにくい海での活動で用いられ、現在でも海上自衛隊や海上保安庁などで使用される。"
　　http://ja.wikipedia.org/wiki/手旗信号

　では、実際にどうするのかというと、原画（ゲンガではなくゲンカクと読みます）と呼ばれるポーズをいくつか組み合わせてカナ1文字を表し、それをいくつもつないで文章にします。たとえば、「ア」の場合はこうです。

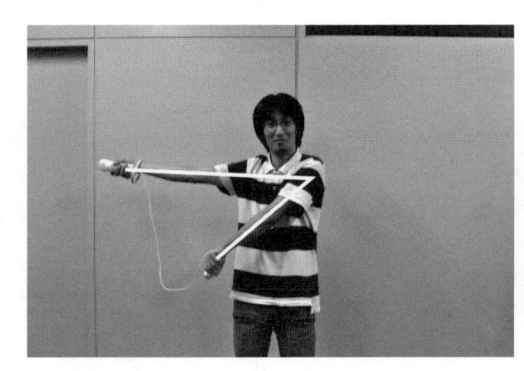

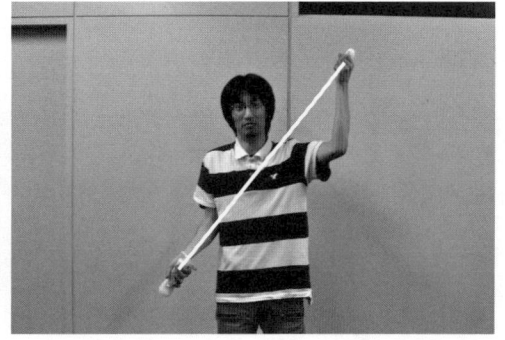

fig.21　手旗信号の「ア」

　まず、右手を右に、左手を右下にします。次に、右手を右斜め下に、左手を左斜め上にします。この2つの写真を交互に見ていると何か気づきませんか？　これらのポーズ、実は重ねると「ア」の字になるのです。このように、手旗信号ではポーズを重ねるとそのカナになるというパターンが多数あります（正面から見て「ア」になるので、本人から見ると逆になっている点に注意してください）。

　原画は、第0原画から第14原画まで、全部で15種類あります。これらの中には濁点や半濁点を表す原画もあるので、すべてを頻繁に使うというわけではありません。それぞれの原画における旗の向きは、基本的に縦、横、斜めのいずれかで、中途半端な向きはありません。そのため、Wiiリモコンでの判別も簡単にできることが予想されます。

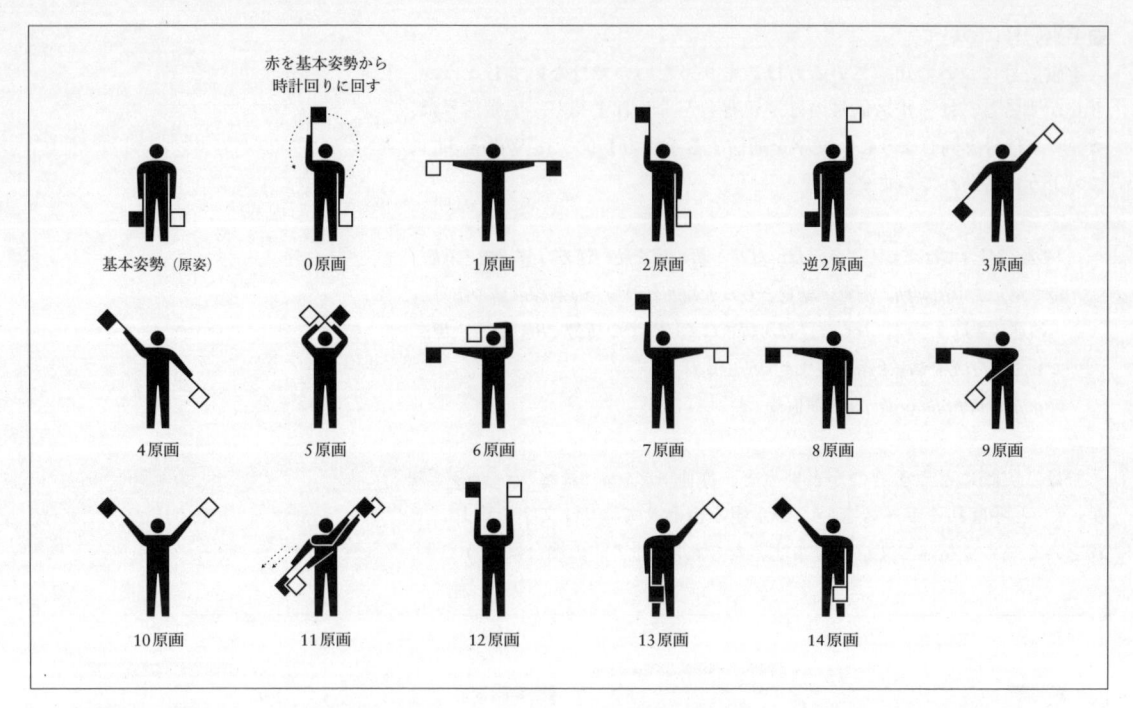

fig.22 手旗信号の原画

カナ1文字は、1つから3つの原画の組み合わせで表されます（濁点や半濁点を使う場合には4つまで使われます）。アからオまでの原画の組み合わせをfig. 23に示します。

fig.23 手旗信号の「アイウエオ」

ウは少し形が違いますが、それでもほとんどの原画のポーズとカナの形が一緒なのがわかるかと思います。これなら覚えやすそうですね。すべてのカナについて画像付きでリストアップすると紙面が足りないので、以下の表に五十音と対応する原画の番号をまとめました。

ア	9, 3	イ	3, 2	ウ	6, 9	エ	1, 逆2, 1	オ	1, 2, 3
カ	8, 3	キ	6, 2	ク	11	ケ	7, 3	コ	8, 1
サ	1, 12	シ	5, 7	ス	1, 2, 5	セ	9, 7	ソ	5, 3
タ	11, 5	チ	7, 逆2	ツ	12, 3	テ	6, 3	ト	2, 5
ナ	1, 3	ニ	6	ヌ	9, 4	ネ	9, 2, 1	ノ	3
ハ	10	ヒ	1, 7	フ	9	ヘ	4	ホ	1, 2, 10
マ	9, 5	ミ	6, 1	ム	7, 5	メ	3, 5	モ	6, 7
ヤ	8, 4			ユ	9, 1			ヨ	8, 6
ラ	5, 9	リ	12	ル	3, 7	レ	7	ロ	7, 8
ワ	2, 9	ヰ	6, 12	ヱ	9, 3, 1	ヲ	1, 9	ン	5, 1

手旗信号の五十音

　文を作るときには、文字と文字の間に区切りとなる姿勢を挟みます。これは、「原姿」と呼ばれているポーズで、両手を下ろした「気を付け」の姿勢です。他にも、信号を始めるときのポーズや、受け取ったときのポーズなどもあるのですが、これらについては今回は省略します。

腕の向きを表示する

　さて、ここからは少しずつProcessingのスケッチを書いていきます。スケッチの名前は「BataBata」とします。テバタシンゴウのバタという音を使いつつ、バタバタと腕を動かしている様子が想像できる名前です。
　まずは、両腕の動きを簡単な形で表示するところから始めます。下準備として、Wiiリモコンの外部拡張コネクタにヌンチャクをつないでおいてください。そして、WiiリモコンをWiiFlashから認識させてください。
　もう1つの準備として、旗を振る人の絵を描いておきましょう。サンプルではこのような画像としていますが、オリジナルで絵を描いてもかまいません。肩から先はProcessingで描きますので、新規に起こす場合、肩の位置はだいたいこの画像と合っているとよいでしょう。ずれていたとしても、コード側で腕を描画する座標を調整することで対応できます。

　ヌンチャクを装着した状態でWiiFlashからWiiリモコンを認識できたら、次のスケッチを実行してみてください。

fig.24　旗を振る人のイラスト

```
Processing    BataBata0.pde
1   Wiimote wiimote;
2   PImage bgimage;
3
4   void setup() {
5       size(480, 480);
6       smooth();
7       strokeWeight(20);
8       bgimage = loadImage("bgimage.png");
9       wiimote = new Wiimote(this);
10  }
11
12  void draw() {
13      wiimote.update();
14      image(bgimage, 0, 0);
15      line(300, 200, 300 + 100 * wiimote.x, 200 + 100 * wiimote.y);
16      line(180, 200, 180 + 100 * wiimote.nunchuk.x, 200 + 100 * wiimote.nunchuk.y);
17  }
```

　右手にWiiリモコンを、左手にヌンチャクを持って両腕を動かしてみましょう。画面上の線が、腕が向いている方向と同じような方向を指します。もし腕の動きと画面上の線の向きが違う場合には、Wiiリモコンやヌンチャクの裏面が、自分の正面の方向を向くようにしてみてください。

［参照ファイル］BataBata0/BataBata0.pde

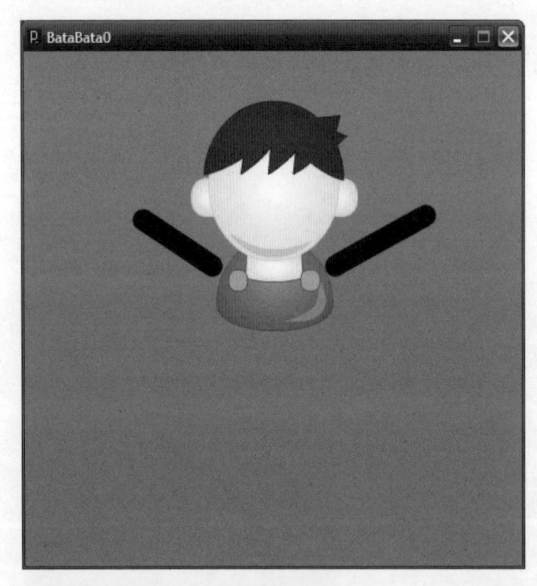

fig.25　画面上の線が腕の向きと同じ方向を指す

　たったこれだけのスケッチですが、手旗信号アプリを作れそうな気がしてきましたね。このように手早くプロトタイプを作れるのがProcessingの魅力です。何かを作るとき、このように小さなところから始めていくと何かとよいことがあります。たとえば、アイデアを実現することが技術的に

難しい場合、早い段階でそれに気づくことができます。もしここで画面上の線が腕の向きとは無関係にバラバラな方向を指していたら、Wiiリモコンで手旗信号を実現するのは難しいと判断できるでしょう。また、こうやってものが動いているのを見ながら開発するのは気分がよいのではないでしょうか。

● Wiiリモコンの動きと加速度

ここで、これだけのスケッチでなぜうまく腕と同じ方向に線を描けるのか考えてみましょう。Wiiリモコンを上下左右に向けたときのX軸、Y軸の加速度はfig.26のようになります。

X軸の加速度は、右を向くとプラスに、左を向くとマイナスになります。Y軸の加速度は、上を向くとマイナスに、下を向くとプラスになります（繰り返しますが、ここでの加速度はあくまでWiiFlashが返す値のことで、Wiiリモコン自体の加速度と符号が逆になっています）。この値の増減する方向が、たまたまProcessing上での座標系と一致しているのです。

ただし、この関係はWiiリモコンを回転させてしまうと崩れてしまいます。Wiiリモコンを右に向けているときに腕をひねると、本来X軸の加速度として検出されるべきところがZ軸の加速度として検出されてしまいます。そのため、手旗信号を入力するときの動作には多少の制約が伴います。上下方向を向いているときには問題ありません。

せっかくなので旗の絵を描いて見た目を良くしたいところですが、スケッチがかなり複雑になってしまうのでここでは割愛します。ここから先は、ここで書いたスケッチにどんどん書き足していく形で進めます。

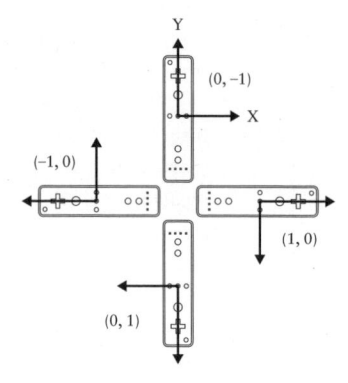

fig.26　Wiiリモコンの動きと加速度

原画を判定する

次は、手旗信号の重要なポイントとなる、原画の判定に挑戦します。原画での腕の角度は、縦横斜めの45度区切りです。これをヒントに、原画を判定するスケッチを書いてみましょう。Wiiリモコンの向きから原画を判定する関数genkakuを作ります。

［参照ファイル］BataBata1/BataBata1.pde

```
Processing    BataBata1.pde
27  int genkaku(float rx, float ry, float lx, float ly) {
28      // 安定した状態かチェックします
29      if (mag(rx, ry) < 0.7 || mag(lx, ly) < 0.7) {         ─┐
30          return -2;                                          ├─ ①
31      }                                                     ─┘
32      float ra = degrees(atan2(ry, rx));  ─┐
33      float la = degrees(atan2(ly, lx));   ├─ ②
34      if (neq(ra, 90) && neq(la, 90)) return -1;
35      // 0 は難しいので非対応
36      if (neq(ra, 0) && neq(la, 180)) return 1;
```

```
37        if (neq(ra, -90) && neq(la, 90)) return 2;              ③
38        if (neq(ra, 90) && neq(la, -90)) return 22; // 2逆
39        if (neq(ra, 45) && neq(la, -135)) return 3;
40        if (neq(ra, -45) && neq(la, 135)) return 4;
41        if (neq(ra, -135) && neq(la, -45)) return 5;
42        if (neq(ra, 0) && neq(la, 0)) return 6;
43        if (neq(ra, -90) && neq(la, 180)) return 7;
44        if (neq(ra, 0) && neq(la, 90)) return 8;
45        if (neq(ra, 0) && neq(la, 45)) return 9;
46        if (neq(ra, -45) && neq(la, -135)) return 10;
47        // 11 は難しいので非対応
48        if (neq(ra, -90) && neq(la, -90)) return 12;
49        if (neq(ra, 90) && neq(la, -135)) return 13;
50        if (neq(ra, -45) && neq(la, 90)) return 14;
51        return -2;
52    }
```

　この関数は、Wiiリモコンとヌンチャクの向きから原画の種類を返します。引数に渡す値は、それぞれのX軸、Y軸の加速度です。これをもとに原画の種類を数字で返します。基本的には原画の番号がそのまま戻り値になっていますが、いくつか特殊なものがあります。原姿には番号がないので–1、第2原画の逆パターンでは22を返しています。また、でたらめな方向を向いているなど、どの原画にも該当しない場合は–2を返しています。第0原画と第11原画は、姿勢だけでなく動作も関係してくる複雑もの なので、今回は対応していません。

　原画の判定では、まず最初にWiiリモコンがきちんとどこかの方向を指していることを確認します。①で、X軸、Y軸それぞれの加速度の大きさが0.7未満のときはWiiリモコンの向きが不安定ということにしています。たとえば、Wiiリモコンを普通に置いた状態なら加速度の値は0になり、不安定と判定されます。

　次に、腕が向いている方向を計算します。まずはfig.27を見てください。この図はWiiリモコンが右斜め上を向いた状態を表しています。Wiiリモコンが安定した状態であれば、作用している加速度は下向きの重力加速度だけです。これをX方向とY方向に分解すると、X方向の成分が0.4、Y方向の成分が–0.8程度になります。

　ここで得られた加速度を角度に変換してくれるのが関数atan2です。引数にYとX方向それぞれの値を渡すと、その方向への角度をラジアン単位で返してくれます。ラジアン単位ではわかりにくいと思うので、関数degreeで度に変換しましょう。degree(atan2(–0.8, 0.4))の結果は、–63となります。XY平面で考えると、一般的には、X軸の正方向を0度として、そこから反時計回りに角度が増えていきますが、今回の計算結果は角度が減っています。なので、今後はその点に注意して進めていきます。

　このルールで考えると、X軸の負方向が180度で、そこから反時計回り

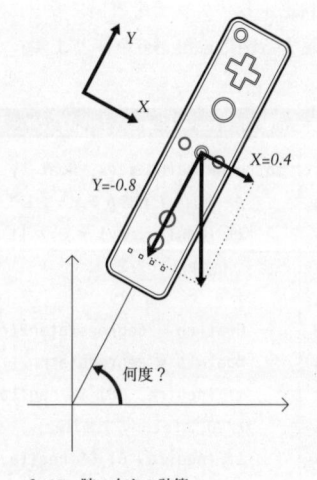

fig.27　腕の向きの計算

にY軸の負方向が90度、X軸の正方向が0度、Y軸の負方向が−90度、そしてX軸の負方向に戻って−180度となります（fig.28参照）。左については180度と−180度が重複してしまうので、特殊な処理が必要となりますが、対応方法は後述します。

　実際にatan2を使って計算しているのは②の部分になります。加速度をラジアン単位の角度に変換し、関数degreeで度に変換してから値をra、laに入れています。raが右腕の角度、laが左腕の角度となります。この結果を使って、原画の姿勢と合っているかどうかを判定します。たとえば、右手を上に、左手を下にした第2原画と合っているかどうかを判定しているのは③になります。右手の角度raがおよそ−90度、左手の角度laがおよそ90度の方向を指している場合は2を返しています。neqとは、引数に指定された2つの値がほぼ同じかどうかを確認する自作の関数です[※12]。

　これと同じような行を、他の原画についても書いていきます。先ほど問題になると指摘した、180度か−180度になるケースでは、180を指定してください。こう書いておけば、関数neqがうまく処理してくれます。

　関数はneq、次のとおりシンプルな関数です。

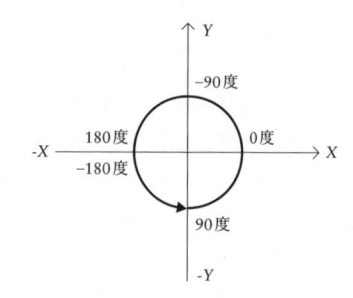

fig.28　回転の向き

12
「nearly equals」を略してneqという名前にしましたが、「not equals」と紛らわしいかもしれませんね。

```
Processing    BataBata1.pde
54  boolean neq(float a, int b) {
55      final float RANGE = 10.0;
56      if (b - RANGE < a && a < b + RANGE) return true;
57      b -= 360;
58      if (b - RANGE < a && a < b + RANGE) return true;
59      return false;
60  }
```

　ここまで書けたら、原画の判定ができるかどうか試してみましょう。関数drawの最後に、次の1行を書き足して実行してみてください。

```
Processing    BataBata1.pde
20  println(genkaku(wiimote.x, wiimote.y, wiimote.nunchuk.x, wiimote.nunchuk.y));
```

　すると、Processingの画面下部に原画判定の結果が出力されます。

原画を組み合わせてカナを作る

　原画が判定できたので、これらを組み合わせてカナを作ります。スケッチの全体像はダウンロードしたサンプルファイルを参照してください。

　ここでは、関数drawの内容を大幅に追加しています。追加した内容は、一言で言えばカナの判定なのですが、ここでは次のような処理に分けて考

［参照ファイル］BataBata2/BataBata2.pde

えています。

1. 姿勢のキープを判定して原画を確定する
2. 検出した原画を配列に保存する
3. 原姿を検出したらカナを判定する
4. 検出した原画やカナを表示する

また、原画や原姿を検出したら、それをユーザーに伝えるためにWiiリモコンを振動させるようにします。

1. 姿勢のキープを判定して原画を確定する

まずは、原画の姿勢がキープされていることを判定する部分について説明します。

```
Processing    BataBata2.pde
29      int g = genkaku(wiimote.x, wiimote.y, wiimote.nunchuk.x, wiimote.nunchuk.y);
30
31      // 同じ原画をちょうど15フレーム保ったとき以外はgを-2にする
32      if (g >= -1 && prevGenkaku == g) {
33          keepCount++;
34          if (keepCount != 15) {
35              g = -2;
36          }
37      } else {
38          prevGenkaku = g;
39          g = -2;
40          keepCount = 0;
41      }
```

まず、判定した原画をgとします。そして、原画が有効なもの（−1以上）で、かつ前のフレームで検出した原画と同じである場合に、姿勢をキープしたことを表すカウンタkeepCountを1増やします。このカウンタがちょうど15になったとき以外は、gを−2とします。逆にいうと、原画がキープされてからちょうど15フレーム目にだけ、gに原画の番号が入ります。

なお、Processingでは何も指定しなかった場合フレームレートは60fpsとなっています。ということは、15フレームは0.25秒となります。これぐらいの値だと、気持よく手旗信号を入力できると思います。

この後に、WiimoteのsetRumbleを呼び出している行があります。これは、Wiiリモコンの振動状態を停止するためのものです。さらに、Wiiリモコンを振動させるところがあります（後述）が、そこで振動状態になった後、処理が一周して再び関数drawが呼ばれ、ここに戻ってきたときに振動が停止します。

2. 検出した原画を配列に保存する

さて、原画が15フレーム続いたら、その情報を配列に保存します。この条件はgが0以上、というように書くことができます。

```
Processing      BataBata2.pde
44     if (g >= 0) {
45       if (genkakuPos == 3) {
46         g = -1; // カナ終了
47       } else {
48         if (genkakuPos == 0 || genkakuList[genkakuPos - 1] != g) {
49           genkakuList[genkakuPos] = g;
50           genkakuPos++;
51         }
52       }
53       wiimote.setRumble(true);
54     } else if (g == -1) {
(後略)
```

　配列に保存する前に、genkakuPosが3のときに特別な処理をしています。genkakuPosは検出中の原画の番号で、0からスタートします。これが3ということは、4つ目の原画が入力されているということですが、手旗信号のカナを構成する原画は最大でも3つです（濁点や半濁点を使う場合には4つまで使われますが、今回は扱いません）。そのため、4つ目の原画が入力された場合にはカナとして判定することができないため、gを−1にしてカナの入力が終わったことにします。

　genkakuPosが3でなかった場合には原画を保存……といきたいところですが、まだ条件があります。その条件とは、同じ原画が連続して検出された場合に無視するためのものです。この条件文をクリアしたら、配列genkakuListに原画を保存します。

　これらの処理が終わったら、wiimote.setRumble(true)を呼び出して、Wiiリモコンを振動させます。原画が検出されたことは視覚だけでもわからなくはないですが、振動というフィードバックをプラスすることで、ユーザーにより強く印象づけることができます。

3. 原姿を検出してカナを判定する

　原画の中でも、原姿は特別なものです。原姿を検出した場合はそこでカナの入力が終わったということになります。その場合は、それまで検出した原画の組み合わせがカナかどうかを調べ、カナだったら結果の文字列に追加します。

```
Processing    BataBata2.pde
44      if (g >= 0) {
            (中略)
54      } else if (g == -1) {
55          String kana = readKana();
56          if (kana != null) {
57              fixedString += kana;
58          }
59          wiimote.setRumble(true);
60      }
```

　原画が原姿を表す値であることを条件としたelse ifの中に書かれているのは、たった5行です。関数readKanaを使ってカナを判定し、カナが入力されていた場合には、検出されたカナを記録する文字列fixedStringに書き足します。そして、カナだったかどうかに関わらず、Wiiリモコンを振動させています。カナの判定を行っている関数readKanaは次のようになっています。

```
Processing    BataBata2.pde
78    String readKana() {
79        int g0 = genkakuList[0];
80        int g1 = genkakuList[1];
81        int g2 = genkakuList[2];
82        if (g0 ==  9 && g1 ==  3 && g2 == -1) return "ア";
83        if (g0 ==  3 && g1 ==  2 && g2 == -1) return "イ";
          (中略)
126       if (g0 ==  1 && g1 ==  9 && g2 == -1) return "ヲ";
127       if (g0 ==  5 && g1 ==  1 && g2 == -1) return "ン";
128       return null;
129   }
```

　この関数は、検出した原画が保存されているgenkakuListの内容を見て、それに応じた文字を返すだけの関数です。どれにもマッチしなかったらnullを返します。やっている処理は非常に単純で退屈なものですが、それぞれのカナにつき1行あるので内容がとても長く、紙面では省略しています。省略した部分については、手旗信号の資料を参考に書いてみてください。ちなみに、−1は原画が存在していないことを表す値です。

4. 検出した原画やカナを表示する

　検出した原画やカナの表示は、通常のProcessingのスケッチでやっているようなことです。文字の表示に関する処理は関数drawTextにまとめ、関数drawから呼び出しています。

```
Processing        BataBata2.pde
70   void drawText() {
71       for (int i = 0; i < genkakuPos; i++) {
72           text(genkakuList[i] + "-", 10 + i * 30, 25);
73       }
74       text(fixedString, 0, 50);
75   }
```

ここで使用するフォントは、関数setupで設定しているものです。

```
Processing        BataBata2.pde
9    void setup() {
         (中略)
14       PFont font = createFont("MS Mincho", 24);
15       textFont(font, 24);
         (中略)
17   }
```

理想的には、フォントファイル（*.vlw）を作り、それを関数loadFontで読み込むべきですが、ここでは説明を簡単にするため関数createFontを使っています。読み込めるフォントは環境によって違うので、フォント名は適宜設定してください。

以上で手旗信号ゲームの完成です。スケッチを実行して試してみてください。手旗信号のカナを入力し、最後に両手を下げて原姿に戻ると、カナが表示されます。

fig.29　手旗信号を入力するアプリの完成

さらに制作の幅を広げるために

　手旗信号アプリの制作過程を追うことで、WiiリモコンとProcessingで簡単にアプリを作れることがわかったと思います。他にもさまざまなWiiリモコンの機能を使うことができます。今回は、原画を入力したときのフィードバックに振動を使いました。その他にも、音声によるフィードバックも可能です。

　ProcessingからJavaのライブラリも使えるので、たとえばTwitter4J[*13]を使えば、入力されたカナをTwitterに投稿することもできます。その場合は、終信信号（通信文の送信終了を示します）を使って投稿するようにしてみたいものです。終信信号は第12原画と同じ両手を上げた形なので、この姿勢が一定時間キープされたら投稿にするというのが1つの実装の形として考えられます。

　もちろん、Processing以外の環境での開発のほうが得意だという方は、ぜひご自分が得意とする環境でWiiリモコンを使った作品を作ってみてください。Wiiリモコンを活用するプログラミングについて専門の書籍[*14]も出ていますので、参考にするとよいでしょう。

　また、一風変わった使い方として、Wiiのインターネットチャンネル（Webブラウザ）上でWiiリモコンを使ったコンテンツを作ることができます[*15]。この場合は、JavaScriptを使って書くことになります。ただし、取得できる情報には限りがあるので注意してください。

13
Twitter APIと連携するためのJavaのライブラリです。
・Twitter4J - A Java library for the Twitter API
http://twitter4j.org/ja/index.html

14
『WiiRemoteプログラミング』白井暁彦ほか著／オーム社／2009年／定価2,940円／ISBN：978-4-274-06750-1

15
・Q&A - Wii（インターネットチャンネルでの利用について書かれたページ）
http://www.nintendo.co.jp/wii/q_and_a/093.html

16
モーションコントローラと専用USBカメラを使用することにより、上下左右の動きだけでなく手首の角度などの動きにも反応するゲーム体験が実現できるPlayStation 3用の新しいデバイスです。
・PlayStation Move (PS Move)｜プレイステーション オフィシャルサイト
http://www.jp.playstation.com/ps3/move/

17
コントローラなしに、ジェスチャーや音声で直感的に遊べるというXbox 360用のデバイスです。本書でもチュートリアルで紹介していますので、詳しくは「2.3 Kinectを使う」を参照してください。

18
・任天堂 E3 2011情報
http://www.nintendo.co.jp/n10/e3_2011/02/index.html

● Wii U ── Wiiの後継機

　Wiiが発売されてから5年が経とうとしています。最初はWiiリモコン、それからバランスWiiボード、Wiiモーションプラスと、コントローラはどんどん進化していきました。Wiiが切り拓いた「身体を用いるゲーム体験」は、PlayStation Move[*16]やXbox 360のKinect[*17]のように広がりを見せています。さて、そろそろWiiの後継機が……という期待が高まってきたところ、E3 2011で大きな発表がありました[*18]。

　Wii Uと名付けられたその後継機は、Wii同様、そのコントローラに最大の特徴があります。Nintendo DSの下半分を取り外して大きくしたようなそのコントローラは、タッチスクリーン、加速度センサ、ジャイロセンサ、カメラ、マイク、スピーカーなどが備えられた、いままでにないリッチなインターフェイスを持つコントローラとなっています。このコントローラがゲームのプレイスタイルを広げることは明らかです。公開されているコンセプト映像には、このコントローラを使ったさまざまな応用例があげられていますので、ぜひチェックしてみてください。

　このコントローラが、Wiiリモコンと同じようにプログラムで制御できるものかどうかはわかりませんが、Wii Uが発売されたらすぐに世界中でコントローラの解析が始まると思います。Wii

と比べて、コントローラと本体の間で、タッチスクリーン上に表示される映像やカメラの映像などが高速で通信されるものと予想されます。解析は困難かもしれませんが、ホビープログラマーが何かしら遊べるコントローラだといいですね。2012年の発売が楽しみです。

（木村秀敬）

TUTORIAL
2.3

Kinectを使う

Kinect

Xbox 360 Kinectセンサー（以下、Kinect：キネクト）はMicrosoftのゲーム機Xbox 360の専用ゲームデバイスです。このデバイスの最大の特徴は、コントローラを手に持ったり装着することなしに、自分自身の身体や声を使って直感的に遊べることです。

　Xbox 360に同梱されているパッケージだけでなく、Kinectセンサー単体でも販売されています[※1]。

fig.1　Xbox 360 Kinectセンサー

　KinectにはRGBカラー映像認識用カメラ、奥行き測定用赤外線センサ（深度センサ）、マルチアレイマイク、および専用ソフトウェア[※2]を動作させるプロセッサを内蔵したセンサがあります。空間の奥行きを測定する深

1
Kinectセンサー単体の価格は14,800円（希望小売価格）です。

2
Kinectには、プレイヤーの顔や動き、声を正確に認識するためのソフトウェア類が搭載されています。また、奥行きカメラなどから取得したプレイヤーの動きと、あらかじめ内蔵された人体（骨格）モデルをつき合わせることでモーション認識を行います。音声認識ソフトも各言語版が搭載されており、ノイズキャンセルプロセッサやカメラからの情報でプレイヤーの位置を計算するソフトウェアによってプレイヤーの声だけを拾うことが可能になっています。センサに加え、これら専用ソフトを使うことでモーション認識・音声認識が可能となっているのです。

度センサによって、カメラだけでは難しかったプレイヤーの奥行き方向の移動や身振りを正確にとらえること（モーション認識）が可能です。また、マルチプレイヤーにも対応しているので、特に設定しなくても複数人を同時に認識することができます。

　チルト角度は±27度、カメラの視野は水平方向に57度、垂直方向に43度で、深度センサの幅は1.2〜3.5mとされています。使用にあたって、プレイヤー1人の場合は約1.8m、プレイヤー2人の場合は約2.5mと、かなり広いスペースが必要です。

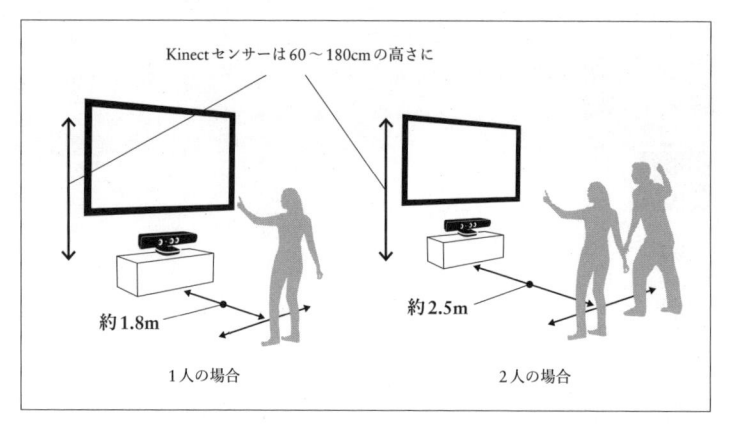

fig.2　Kinectを使う際のプレイスペース

　Xbox 360本体とはUSBで接続します。新型Xbox 360では背面のUSB端子に接続することでそのまま給電されますが、旧型Xbox 360には給電可能なUSB端子がないため、別途、電源をとる必要があります（そのため、単体売りのKinectにはUSBケーブルの他、電源アダプタが同梱されています）。

Kinectをハックする

　PCともUSB接続が可能となっているため、KinectハックはKinect発売直後から盛んに行われ、現在インターネットで公開されているライブラリやフレームワークを使えば、PCからでも簡単に、Kinectを経由してユーザーの位置や動き、空間情報を読み取り、体験者のジェスチャーや音声を入力することができます。

　コントローラを介さず、ジェスチャーや音声でコントロールするためのインターフェイスはNatural User Interfaceと呼ばれ、以前から研究されている分野です。Kinectを使うことで実現できるNUI、NUIを使うことでコンテンツの可能性が広がる、それが、世界中の多くの開発者がKinectハックに夢中になった理由でしょう。

　筆者が所属するソフトディバイスは、ユーザーインターフェイスデザインの会社として、ジェスチャー操作による先進的なインターフェイスの開発に取り組んできました。そのうちいくつかの案件については、最後に簡単に紹介します（134ページ参照）。ここでは、OpenNIというフレームワー

クを使ったKinectハックのチュートリアルを行います。

　OpenNIはKinectのセンサ部分を開発しているイスラエルのPrime Senseが公開したフレームワークで、スケルトン情報を読み取ることができます[※3]。スケルトン情報とはモーションキャプチャシステムのようにユーザーの動きを3次元的にデータ化したもので、正確にジェスチャーを認識するのに不可欠な情報です。いわば、Kinectのキモといえるところです。OpenNIの他にもOpenKinectやCL NUIなどさまざまなライブラリが公開されており、スケルトン情報は読み取れませんが、それぞれ特色があります。

[3]
Microsoftの「Kinect for Windows SDK beta」が出るまでは、唯一スケルトン情報を読み取ることのできるフレームワークでした。

fig.3　Introducing OpenNI（*http://www.openni.org/*）

　また、2011年6月にはMicrosoftから公式の開発キット「Kinect for Windows SDK beta」の公開が始まりました。対象プラットフォームはWindows 7、対象の開発環境・言語はC++、C#、Visual Basic + Visual Studio 2010です。Kinect for Windows SDKは、Kinectに搭載された各種センサのRAWデータへアクセスするAPI、同時に6人までのマルチプレイヤーの認識、同時に2人までの骨格のフルトラッキング機能など、原則的にXbox 360のゲーム開発者に提供されているものと同等のライブラリ（その他サンプルコード、ドキュメント類など）が含まれています。無料で公開されており、利用は非商用アプリの開発に制限されています。

fig.4　Kinect for Windows SDK from Microsoft Research（*http://research.microsoft.com/en-us/um/redmond/projects/kinectsdk/*）

OpenNIを使ったKinectハック

本項では、実際にOpenNI経由でKinectからユーザーのスケルトン情報を読み取り、コンテンツ制作が得意なFlashに送って、ユーザーの動きを利用するコンテンツを作ります。

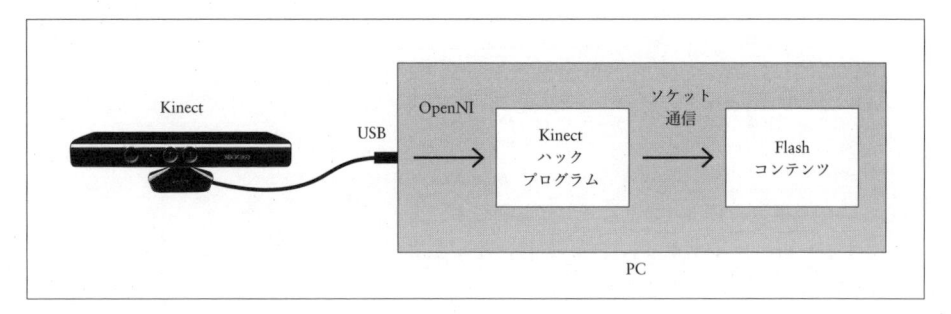

fig.5　OpenNI経由でKinectとFlashコンテンツを接続

Flashとの情報をやり取りするにはソケット通信を使います。ソケット通信は同じPC内で動いているプログラム間だけでなく、ネットワークでつながっているPC間でも通信が可能な通信形式で、Flashの他にも多くのプログラム言語で利用可能です。

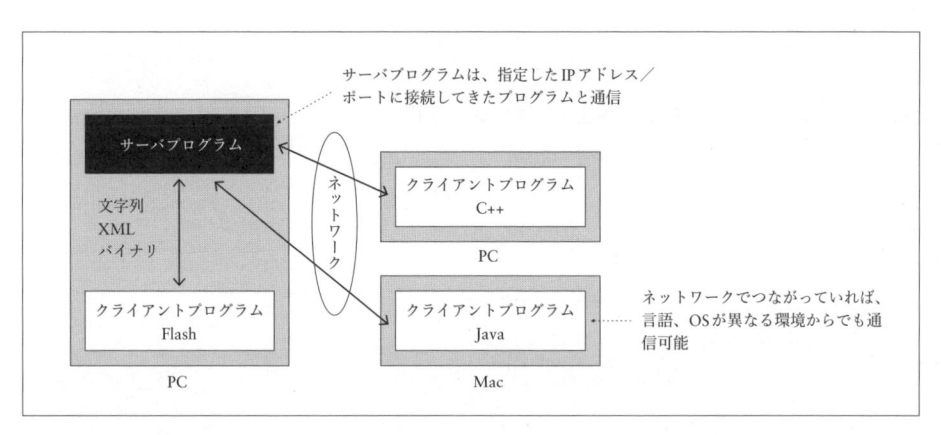

fig.6　ソケット通信のイメージ図

情報をやり取りするには、サーバ用とクライアント用2つのプログラムが必要なので、今回はKinectをハックするプログラムをサーバ、Flashをクライアントとしてプログラムします。

ここではまず、Kinectをハックするプログラムを作成します。
完成したプログラムをすぐに試したい方は参照ファイルを確認してください。

［参照ファイル］KinectHack_sample.zip

なおKinect単体版にはUSB接続ケーブル／電源アダプタが付属してい

ますが、Xbox 360同梱版の場合は電源アダプタは付属していないため、別途用意する必要があります。

開発環境の構築

今回使用する開発環境は次のとおりです。

OS：Windows XP / Vista / 7（32bit版）
使用ソフト：Visual C++ 2008 Express
使用言語：C++

OpenNIを使うにはC++の開発環境やKinectのドライバが必要です。また、骨格をトラッキングするためのライブラリNITEが必要になります（NITEライブラリはOpenNIのミドルウェアとして動作します）。
なお、以降ではWindows 7の場合の導入方法を紹介します。

●C++の開発環境

C++の開発環境にはマイクロソフトから無償で配布されているVisual C++ 2008 Express Edition（以下、VC++2008 Express）を使います。下記よりセットアップファイルをダウンロードし、インストールします。合わせて、Microsoft Platform SDKもダウンロード＆インストールしておきます。C++の開発環境がすでにある場合は、このステップは飛ばしてください。

・Visual Studio 2008 Express Edition with Service Pack 1 のダウンロード
http://www.microsoft.com/japan/msdn/vstudio/2008/product/express/

・Download Details - Microsoft Download Center - Windows Server 2003 SP1 Platform SDK Web Install
http://www.microsoft.com/downloads/en/details.aspx?FamilyId=A55B6B43-E24F-4EA3-A93E-40C0EC4F68E5&displaylang=en/

●OpenNIの導入

次にOpenNI、およびNITEをインストールします。
OpenNIのサイトより、Downloads → OpenNI Module → OpenNI Binariesと進んで、OpenNIのバイナリを入手します。ここでは、「Build for Windows x86 (32-bit) v1.3.2.1 Development Edition」[※4]をダウンロードし、インストールします。正常にインストールが終わると、Program FilesにOpenNIフォルダができます（fig.7参照）。

・Introducing OpenNI
http://www.openni.org/

4
ソフトウェアのバージョンは執筆時点の最新バージョンです。更新されている可能性がありますので、ご了承ください（以下も同様です）。なお、ダウンロードページはStable（安定版）、Latest Unstable（開発版）に分かれています。特に理由がなければStableをおすすめします。

fig.7 OpenNIフォルダ

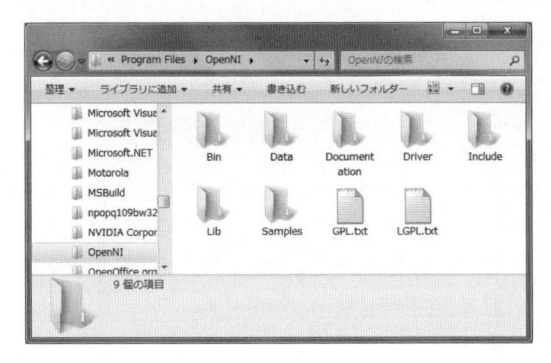

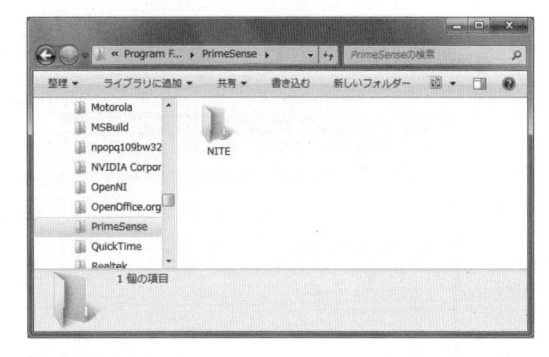

fig.8 PrimeSenseフォルダ

また同じくOpenNIのサイトより、Downloads→OpenNI Module→OpenNI Compliant Middleware Binariesと進んで、「PrimeSense NITE Build for Windows x86 (32-bit) v1.4.0.5 Development Edition」をダウンロードします。なお、インストールの際にライセンスキーを求められますが、ダウンロードページに載っているライセンスキーを入力してください。正常にインストールが終わるとProgram FilesにPrimeSenseフォルダができます（fig.8参照）。

● ドライバのインストール

Kinectのドライバを下記よりダウンロードして、解凍します。執筆時の最新バージョンは5.0.3.3です。

・**avin2/SensorKinect at master - GitHub**
https://github.com/avin2/SensorKinect/tree/master

すると、avin2-SensorKinect-*******というフォルダができます[5]。この中のPlatform/Win32/Driver内にKinectのドライバが入っています。

ここでPCにKinectを接続します。KinectのUSBケーブルをPCに接続すると「ドライバーソフトウェアのインストール」ウィンドウが出ますが[6]、ドライバが見つからずインストールに失敗するので、先ほど入手したドライバを手動でインストールします（次ページの手順を参考にしてください）。

正常にインストールが完了すると、デバイスマネージャーにKinect Motor、Kinect Camera、Kinect Audioの3種類が表示されます。

その後、Windows環境でKinectを使うために必要なモジュールをインストールします。ドライバを解凍してできたフォルダ内のBin/SensorKinect-Win-OpenSource32-5.0.3.3.msiを実行します[7]。

5
「*******」にはランダムな英数字が入ります。

6
ウィンドウが出ない場合は、Kinectの電源ケーブルやUSBケーブルが正常にささっているか確認してください。

7
SensorKinect-Win-***.msiをインストールする前にOpenNIがインストールされている必要があります。

TUTORIAL

● Windows 7 での Kinect ドライバのインストール

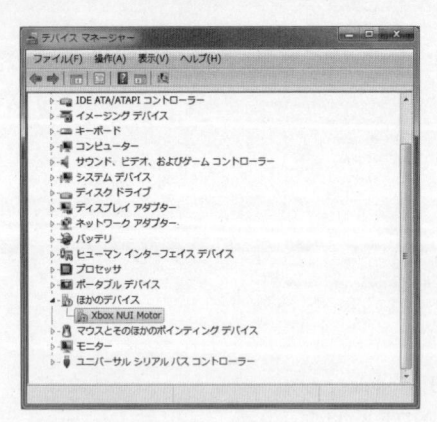

1. ［スタートメニュー］→［コントロールパネル］→［デバイスマネージャー］を選択し、デバイスマネージャーを開きます。すると、「ほかのデバイス」の下に「Xbox NUI Motor」と表示されているので、右クリックし、［プロパティ］を選択します。

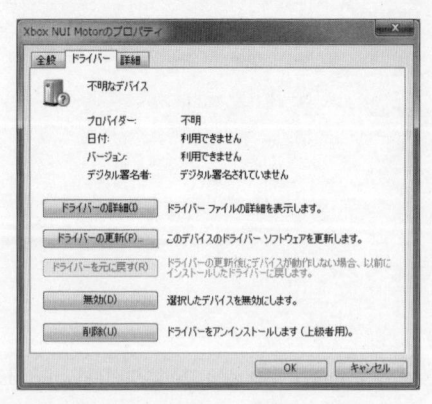

2. プロパティウィンドウの［ドライバー］タブを開き、［ドライバーの更新］を選択します。

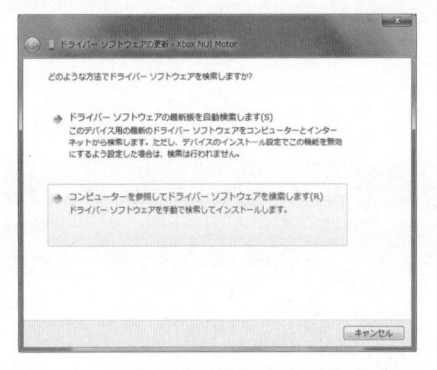

3. ドライバーソフトウェアの更新ウィンドウが表示されるので、［コンピューターを参照してドライバーソフトウェアを検索します］を選択します。

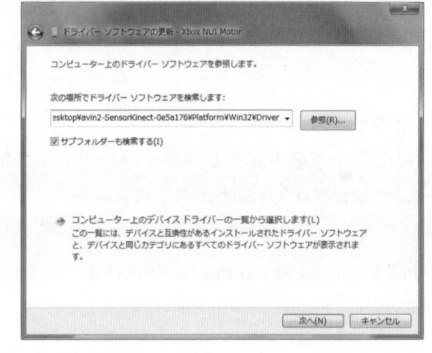

4. ドライバの検索場所に先ほどの「avin2-SensorKinect-*******」/Platform/Win32/Driver」を入力し、次へ進みます。

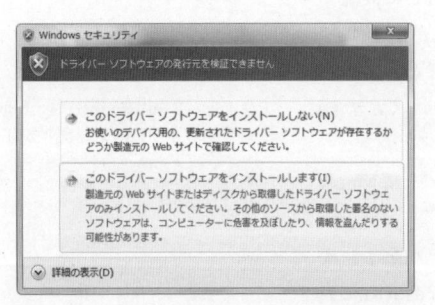

5. Windows セキュリティによる警告が表示されますが、［このドライバーソフトウェアをインストールします］を選択します。

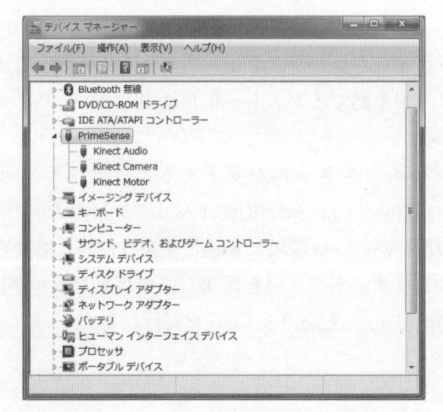

6. 正常にインストールが完了すると、デバイスマネージャーに Kinect Motor、Kinect Camera、Kinect Audio の 3 種類が表示されます。

2.3 Kinectを使う

●サンプルで動作確認

　OpenNIのサンプルを実行し、Kinectが正常に動くかどうかを確認します。サンプルはProgram Files/OpenNI/Sample/Bin/Release/にあります。カメラと深度センサの画像を表示するシンプルなものからプレイヤーのスケルトンを表示するものなど、多数あります。

　今回は、プレイヤーのスケルトンを表示するサンプル（NiUserTracker）を見てみましょう。以降で、このサンプルをもとにハックプログラムを作っていきます。

　NiUserTracker.exeを実行すると、fig.9のようなカメラ画像が表示されるはずです。カメラから2mほど離れたところに立つとプレイヤーとして認識されシルエットに色がつきます（fig.10）。

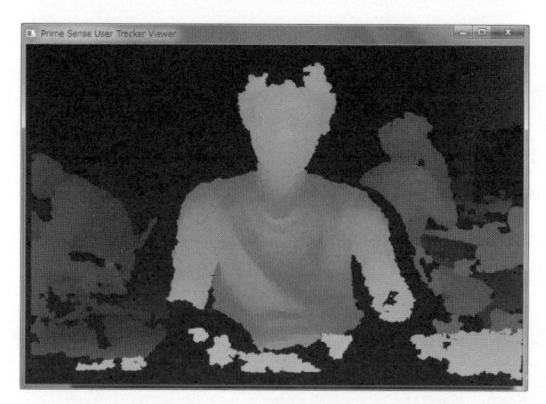

fig.9　最初に表示される画像

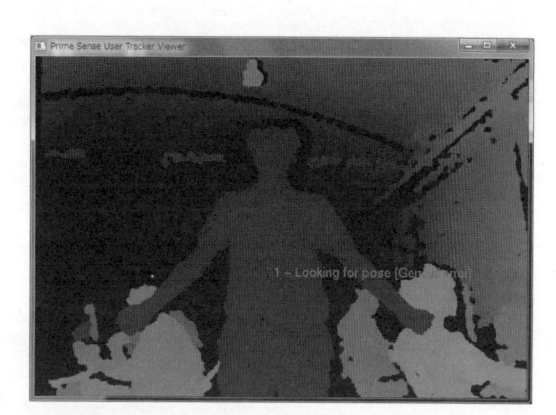

fig.10　プレイヤーとして認識された状態

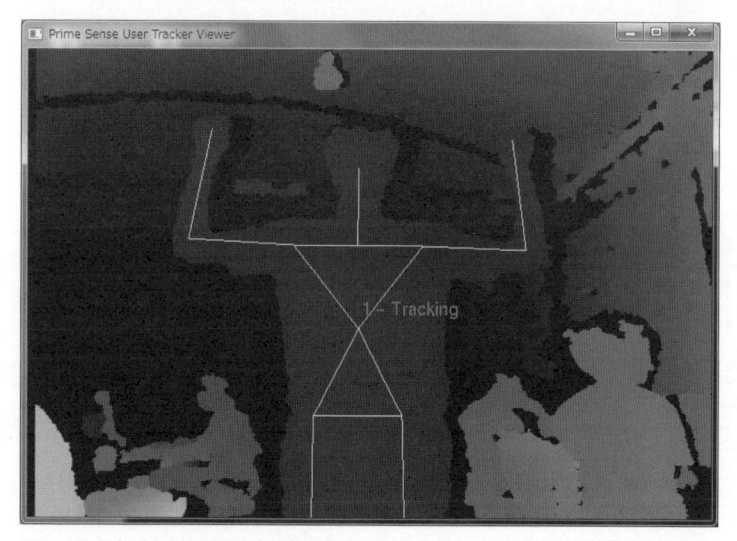

fig.11　スケルトンの表示

　その状態でガッツポーズをするように両腕を上に90度に曲げるとキャリブレーションが始まるので、そのまま身体を数秒静止します。キャリブレーションが終わるとシルエット上にスケルトンが表示されます（fig.11）。

スケルトンがうまく表示されない場合は、全身がカメラに収まるようにすると認識されやすくなります。また、服装によっては認識されない場合があります。帽子などは脱ぎ、身体のラインがはっきり出る服装で試してみてください。

● サンプルをビルドしてみる

次に、開発環境がうまく動作するかどうかを確認します。

先ほどのサンプルをVC++2008 Expressでビルドしてみましょう。C:¥Program Files/OpenNI/Samples/Build/All_2008.sln をVC++2008Expressで開き、「NiUserTracker」プロジェクトを右クリックし、[ビルド]を選びます。

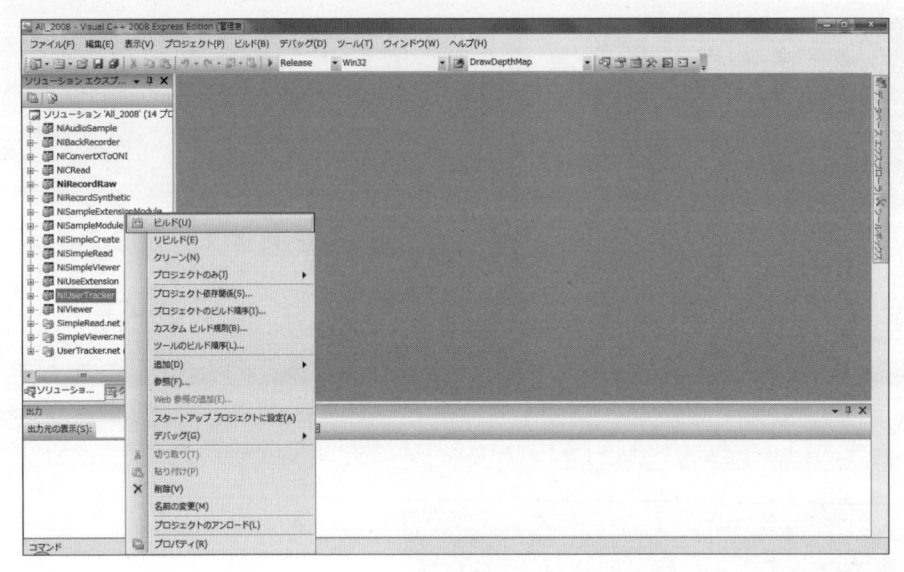

fig.12　VC++2008 Expressでビルド

エラーが出てビルドに失敗する場合は、エラーの原因になっているファイル参照を削除します。ソリューションエクスプローラ上で「ソリューション'All_2008'」を右クリックし、[プロパティ]を選択します。[共通プロパティ]→[デバッグソースファイル]を選択し、ソースコードを含んでいるディレクトリをすべて削除します。

これで、正常にビルドができるようになったはずです。再度、ビルドして先ほどと同じように動作するか確認してみましょう。

以上でセットアップは終了です。

Kinectからスケルトン情報を取得する

まず、サンプルのコードを開いて、どのようにスケルトン情報を読み取るかを確認してみましょう。NiUserTrackerには、Main.cpp と SceneDrawer.

8
C++では、クラス定義はヘッダーファイル（.h）とソースファイル（.ccp）に分けられます。ヘッダーファイルは通常、変数や関数の宣言などを記述したファイルです。ソースファイルはヘッダーファイルで定義された変数や関数の実装部を記述したファイルです。クラスを使用するには、ソースファイルにヘッダーファイルをインクルードします。

cpp、SceneDrawer.hの3つのファイルがあります。SceneDrawer.hがヘッダーファイル、SceneDrawer.cppが実装コードが書かれたソースファイルです[※8]。

プレイヤーのスケルトンを描画しているのは、SceneDrawer.cppのDrawLimb()です。

```cpp
// C++    SceneDrawer.cpp-DrawLimb()
135  void DrawLimb(XnUserID player, XnSkeletonJoint eJoint1, XnSkeletonJoint eJoint2)
136  {
137      if (!g_UserGenerator.GetSkeletonCap().IsTracking(player))
138      {
139          printf("not tracked!\n");
140          return;
141      }
142
143      XnSkeletonJointPosition joint1, joint2;
144      g_UserGenerator.GetSkeletonCap().GetSkeletonJointPosition(player, eJoint1, joint1);
145      g_UserGenerator.GetSkeletonCap().GetSkeletonJointPosition(player, eJoint2, joint2);
146
147      if (joint1.fConfidence < 0.5 || joint2.fConfidence < 0.5)
148      {
149          return;
150      }
151
152      XnPoint3D pt[2];
153      pt[0] = joint1.position;
154      pt[1] = joint2.position;
155
156      g_DepthGenerator.ConvertRealWorldToProjective(2, pt, pt);
157  #ifndef USE_GLES
158      glVertex3i(pt[0].X, pt[0].Y, 0);
159      glVertex3i(pt[1].X, pt[1].Y, 0);
160  #else
161      GLfloat verts[4] = {pt[0].X, pt[0].Y, pt[1].X, pt[1].Y};
162      glVertexPointer(2, GL_FLOAT, 0, verts);
163      glDrawArrays(GL_TRIANGLE_FAN, 0, 2);
164      glFlush();
165  #endif
166  }
```

（144-145行目：①）

DrawLimb()では、Kinectからプレイヤーの関節ごとの3D座標を取得し、それぞれの関節をつなぐ線を描画しています。「頭と首」、「首と左肩」、「左肩と左肘」……というように関節座標どうしを線でつなぐことで、最終的にスケルトンの形にしています。

つまり、スケルトン情報というのは関節座標の集まりだとわかります。そこで関節座標の取得方法を見てみましょう。関節座標を取得しているのは①の部分です。ここで使用されているGetSkeletonJointPosition()は、次

2.3 Kinectを使う

の引数を指定することでプレイヤーの関節の3D座標が取得できます。

ユーザーID：認識したプレイヤーから順に割り振られた番号
関節ID：プレイヤーの関節に対応した番号[※9]

関節座標の中には値が正確でないものがあるので、有効な値の関節だけをまとめるとfig.13のようになります。

[※9] XnSkeletonJointオブジェクトに定義されています。

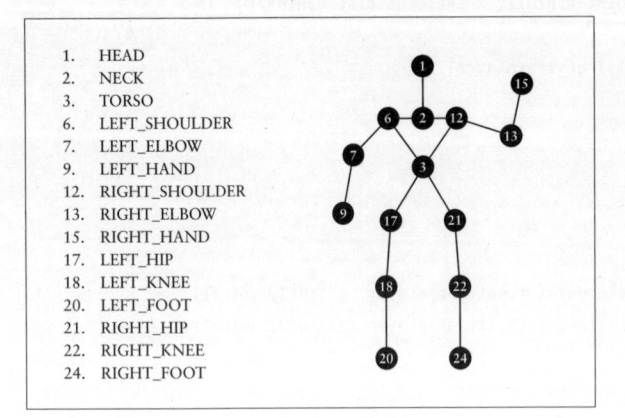

```
1.  HEAD
2.  NECK
3.  TORSO
6.  LEFT_SHOULDER
7.  LEFT_ELBOW
9.  LEFT_HAND
12. RIGHT_SHOULDER
13. RIGHT_ELBOW
15. RIGHT_HAND
17. LEFT_HIP
18. LEFT_KNEE
20. LEFT_FOOT
21. RIGHT_HIP
22. RIGHT_KNEE
24. RIGHT_FOOT
```

fig.13　有効な関節座標

これを参考に関節座標を取得する関数GetJointPosition()を作りましょう。DrawLimb()の後に次のコードを追加します。

［参照ファイル］page_sample/cpp/SceneDrawer_108.cpp

C++　SceneDrawer.cpp-GetJointPosition()

```cpp
//========================================
//関節の位置を取得する
//========================================
int player_status[10][24];
void GetJointPosition(XnUserID player, XnSkeletonJoint e_joint)
{
    XnPoint3D pt[1];
    int id = (int) player;
    int joint_id = (int)e_joint;
    char _id[4] = "";
    char _joint[4] = "";
    char _status[10] = "";
    char _px[10] = "";
    char _py[10] = "";
    char _pz[10] = "";

    if(id > 10)
    {
        return;
    }
```

2.3 Kinectを使う

```
184        sprintf( _id, "%d", id);
185        sprintf( _joint, "%d", joint_id);
186
187        //ユーザーが認識されているかチェック
188        if (!g_UserGenerator.GetSkeletonCap().IsTracking(player))
189        {
190            //すでに認識されてる関節かチェック
191            if (player_status[id-1][joint_id-1] < 0.5 )
192            {
193                return;
194            }else{
195                player_status[id-1][joint_id-1] = 0;
196                sprintf( _status, "%s", "remove");
197            }
198        }else{
199            //Kinectから関節座標を取得
200            XnSkeletonJointPosition joint;
201            g_UserGenerator.GetSkeletonCap().GetSkeletonJointPosition(player, e_joint, joint);
202
203            //関節が認識されているかチェック
204            if (joint.fConfidence < 0.5 )
205            {
206                //関節が認識されていない
207                if (player_status[id-1][joint_id-1] >= 0.5 )
208                {
209                    player_status[id-1][joint_id-1] = 0;
210                    sprintf( _status, "%s", "remove");
211                }else{
212                    return;
213                }
214            }else{
215                //関節が認識されている
216                pt[0] = joint.position;
217                g_DepthGenerator.ConvertRealWorldToProjective(1, pt, pt);
218
219                //新しく認識した関節かチェック
220                if(player_status[id-1][joint_id-1] == 0)
221                {
222                    sprintf( _status, "%s", "add");
223                }else{
224                    sprintf( _status, "%s", "update");
225                }
226                player_status[id-1][joint_id-1] = joint.fConfidence;
227                sprintf( _px, "%.3f", pt[0].X);
228                sprintf( _py, "%.3f", pt[0].Y);
229                sprintf( _pz, "%.3f", pt[0].Z);
230            }
231        }
232    }
```

また、GetJointPosition()では関節座標の他に、次の関節の認識状態も調べています。

状態	概要
add	新しく関節を認識した状態
update	すでに認識された関節が動いた状態
remove	関節を見失った状態

GetJointPosition()が取得する関節の状態

これがFlashへ情報を渡した際にイベントの代わりとなります。

この関数をカメラ画像が更新されるたびに実行します。カメラ画像を更新する関数 DrawDepthMap() に②のコードを追加します。

```
C++    SceneDrawer.cpp-DrawDepthMap()
491            DrawLimb(aUsers[i], XN_SKEL_LEFT_HIP, XN_SKEL_RIGHT_HIP);
492    #ifndef USE_GLES
493            glEnd();
494    #endif
495            //関節の位置を調べる
496            GetJointPosition(aUsers[i],XN_SKEL_HEAD);
497            GetJointPosition(aUsers[i],XN_SKEL_NECK);
498            GetJointPosition(aUsers[i],XN_SKEL_TORSO);
499            GetJointPosition(aUsers[i],XN_SKEL_LEFT_SHOULDER);
500            GetJointPosition(aUsers[i],XN_SKEL_LEFT_ELBOW);
501            GetJointPosition(aUsers[i],XN_SKEL_LEFT_HAND);
502            GetJointPosition(aUsers[i],XN_SKEL_RIGHT_SHOULDER);
503            GetJointPosition(aUsers[i],XN_SKEL_RIGHT_ELBOW);
504            GetJointPosition(aUsers[i],XN_SKEL_RIGHT_HAND);
505            GetJointPosition(aUsers[i],XN_SKEL_LEFT_HIP);
506            GetJointPosition(aUsers[i],XN_SKEL_LEFT_KNEE);
507            GetJointPosition(aUsers[i],XN_SKEL_LEFT_FOOT);
508            GetJointPosition(aUsers[i],XN_SKEL_RIGHT_HIP);
509            GetJointPosition(aUsers[i],XN_SKEL_RIGHT_KNEE);
510            GetJointPosition(aUsers[i],XN_SKEL_RIGHT_FOOT);
```

以上でKinectからスケルトン情報を取得することができました。

Flashへスケルトン情報を送るソケットサーバ

次に、Flashへスケルトン情報を送るプログラムを作ります。今回はNiUserTrackerをサーバにしますので、サーバ用のソースファイルとヘッ

ダーファイルを追加します。

Windowsのソケット APIである WinSock APIを利用します。まずは次の手順で WinSock APIライブラリをインポートします。

● **WinSock APIライブラリをインポートする**

ソリューションエクスプローラ上で［NiUserTracker］を右クリックし、［プロパティ］から［構成プロパティ］→［リンカ］→［コマンドライン］を選択します。追加のオプションに「ws2_32.lib」を追加します。

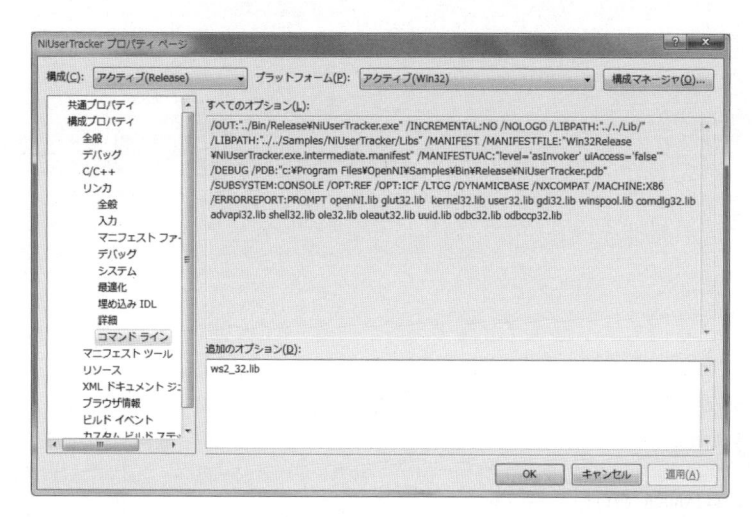

fig.14　ws2_32.libの追加

● **サーバ用のソースファイルの追加**

新規C++ファイルを作り、コードを記述していきます。

［NiUserTracker］→［Source Files］を右クリックし、［追加］→［新しい項目］を選択します。テンプレートに［C++ファイル］を選択し、ファイル名に「SocketServer.cpp」と入力し、新規ファイルを作成します。

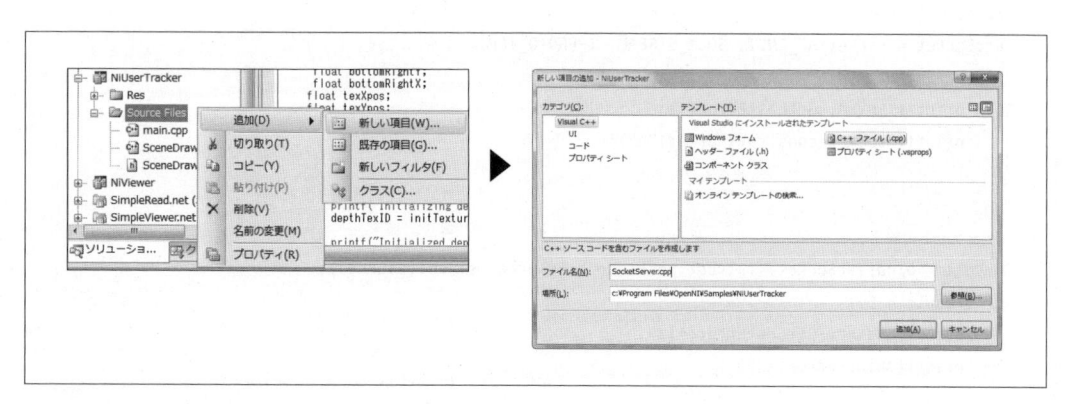

fig.15　新規ファイルの作成

SocketServer.cppは次のようになります。

```cpp
#include <stdio.h>
#include <winsock2.h>

SOCKET srcSocket, dstSocket;

//======================================
//接続
//======================================
int connect(){

    //ポート番号、ソケット
    unsigned short port = 3000;
    int result;
    struct sockaddr_in source;

    //パラメータ
    int len;
    char ans[] = "success";

    //sockaddr_inの構造体設定
    memset(&source, 0, sizeof(source));
    source.sin_port = htons(port);
    source.sin_family = AF_INET;
    source.sin_addr.s_addr = htonl(INADDR_ANY);

    //通信準備
    WSADATA data;
    result = WSAStartup(MAKEWORD(2, 0), &data);
    if (result < 0){
        printf("%d\n", GetLastError());
        printf("ready error!\n");
    }

    //ソケットの生成
    srcSocket = socket(AF_INET, SOCK_STREAM, IPPROTO_TCP);
    if (srcSocket < 0){
        printf("%d\n", GetLastError());
        printf("socket constract error!\n");
    }

    //ソケットの設定
    result = bind(srcSocket, (struct sockaddr *)&source, sizeof(source));
    if (result < 0){
        printf("%d\n", GetLastError());
        printf("bind error!\n");
    }

    //接続キュー作成
```

```
49        result = listen(srcSocket, 1);
50        if (result < 0){
51            printf("listen error!\n");
52        }
53        printf("connect waiting...\n");
54
55        //接続の受け入れ
56        dstSocket = accept(srcSocket, NULL, NULL);
57        if (dstSocket   < 0){
58            printf("accept error!\n");
59        }else{
60            printf("connect start\n");
61        }
62        len = sizeof(source);
63        accept(dstSocket, (struct sockaddr *)&source, &len);
64        return 0;
65    }
66    //======================================
67    //メッセージ送信
68    //======================================
69    int send(char str[]){
70        int result;
71        result = send(dstSocket, str, strlen(str)+1, 0);
72        return result;
73    }
```

ここでは、ソケット通信のための接続設定をしています。connect()で通信に使うポート番号を指定し、クライアントからの接続要求を待ちます。接続要求が来ると接続を開始し、send()を使ってデータを送信できるようになります。通常のソケット通信では、複数のクライアントとデータをやり取りするための処理や例外処理が必要ですが、コードが複雑になるので、ここでは省略しています。

［参照ファイル］Sample_openNI/source/SocketServer.cpp

● サーバ用のヘッダーファイルの追加

新規ヘッダーファイルを作り、コードを記述していきます。

［NiUserTracker］→［Source Files］を右クリックし、［追加］→［新しい項目］を選択します。テンプレートに［ヘッダーファイル］を選択し、ファイル名に「SocketServer.h」と入力し、追加します。

SocketServer.hは次のようになります。

C++   SocketServer.h

```
1    int connect();
2    int send(char str[]);
```

［参照ファイル］Sample_openNI/source/SocketServer.h

これでソケットサーバが追加できました。

ポート	ポート番号
TCP ポート	3000

ソケットサーバのポート番号

メソッド	概要
connect()	ソケット通信の準備をし、クライアントが接続してくるまで待機する
send(char)	現在接続しているクライアントに引数の文字列を送信する

ソケットサーバのメソッド

スケルトン情報をクライアントへ送る

ソケットサーバを使って、先ほど取得したスケルトン情報をクライアントへ送ります。main.cpp と SceneDrawer.cpp に次のコードを追加します。

［参照ファイル］page_sample/cpp/main_114.cpp

C++　main.cpp
```
28  #include "SceneDrawer.h"
29  //ソケットサーバ           ┐
30  #include "SocketServer.h"  ┘ ── 追加
```

C++　main.cpp
```
325  int main(int argc, char **argv)
326  {
327      connect(); ──────────── 追加
```

C++　SceneDrawer.cpp
```
25   #include "SceneDrawer.h"
26   //ソケットサーバ            ┐
27   #include "SocketServer.h"   ┘ ── 追加
     (中略)
170  void GetJointPosition(XnUserID player, XnSkeletonJoint e_joint)
     (中略)
231              sprintf( _pz, "%.3f", pt[0].Z);
232          }
233      }
234      //クライアントに情報を送信                                              ┐
235      char str[50]= "";                                                      │
236      sprintf_s(str,"%s,%s,%s,%s,%s,%s,%s","joint",_id,_joint,_status,_px,_py,_pz); │── 追加
237      send(str);                                                             │
238  }                                                                          ┘
```

また、次のユーザーの状態も取得できるので、同様の方法でクライアントへ送ります。

［参照ファイル］page_sample/cpp/SceneDrawer_114.cpp

2.3 Kinectを使う

状態	概要
add	新しいユーザーを認識した状態
remove	ユーザーを見失った状態

ユーザーの状態

main.cppに次のコードを追加します。　　　　　　　　　　　　　　　　［参照ファイル］page_sample/cpp/main_115.cpp

```cpp
103  void XN_CALLBACK_TYPE User_LostUser(xn::UserGenerator& generator, XnUserID nId, void* pCookie)
104  {
105    printf("Lost user %d\n", nId);
106  
107        //クライアントに情報を送信
108        int id = (int) nId;
109        char _id[4] = "";
110        sprintf( _id, "%d", id);
111        char str[50]= "";
112        sprintf_s(str,"%s,%s,%s","user",_id,"remove");
113        send(str);
114  }
     (中略)
151  void XN_CALLBACK_TYPE UserCalibration_CalibrationComplete(xn::SkeletonCapability& capability,
     XnUserID nId, XnCalibrationStatus eStatus, void* pCookie)
152  {
     (中略)
156        printf("Calibration complete, start tracking user %d\n", nId);
157        g_UserGenerator.GetSkeletonCap().StartTracking(nId);
158  
159        //クライアントに情報を送信
160        int id = (int) nId;
161        char _id[4] = "";
162        sprintf( _id, "%d", id);
163        char str[50]= "";
164        sprintf_s(str,"%s,%s,%s","user",_id,"add");
165        send(str);
166  }
```

（107〜113行目、159〜165行目が追加）

　スケルトン情報はユーザー、関節ごとに送ります。次のようなカンマ区切りのストリングになります（デリミタはFlashの通信仕様に合わせてNull文字にしています）。

・関節の情報
"joint","ユーザーID","関節ID","状態","X座標値","Y座標値","Z座標値" (Null)

```
"joint,1,1,add,100.223,600.032,1534,302"
```

・ユーザーの情報
```
"user","ユーザーID","状態"(Null)
"user,1,add"
```

以上で、Kinectからユーザーのスケルトン情報を取得し、クライアントに送信するプログラムが完成しました。ビルドして、fig.16のような接続待機状態になるか確認してみましょう。

fig.16 接続待機の状態

このプログラムに次の項で作成するFlashコンテンツから接続すると、サンプルと同じようにKinectのカメラ画像が表示されます（105ページ参照）。

●exeファイルを移動する際の注意

今回のプログラムはOpenNI/Data/SamplesConfig.xmlを参照しているので、exeファイルを違うディレクトリに移動させると参照エラーで動かなくなります。エラーを回避するには、SamplesConfig.xmlをexeと同じディレクトリにコピーして、main.cpp内のSAMPLE_XML_PATHを次のように変更します。

C++　main.cpp

```
333  #define SAMPLE_XML_PATH "SamplesConfig.xml"
```

FlashでKinectを使う

　ここからは、Kinectハックプログラムから受け取ったスケルトン情報を使って、Flashでコンテンツを作成していきます。まずはスケルトンを表示し3D回転させる簡単なデモを、次にジェスチャー操作で写真を拡大縮小するサンプルに挑戦します。

　デモ制作に当たって、すべてをゼロから構築するのは時間がかかるので、テンプレートとライブラリを用意しました。ダウンロードしたサンプルファイルを参照してください。また、先に動作結果を確認したい方は、完成データをご覧ください。

　なお、テンプレートに含まれているライブラリは以下のGoogle Codeにもアップしてあります。

・**sd-tech-blog-as3-library - Google Code**
http://code.google.com/p/sd-tech-blog-as3-library/

使用するのは次のライブラリです[10]。

10
ライブラリの詳細については下記のドキュメントをご覧ください。なお、ライブラリの使用にはFlash CS4以上が必要になります。
http://sd-tech-blog-as3-library.googlecode.com/svn/trunk/doc/index.html

Kinect→Flash通信用ライブラリ（com.sdtech.kinect）	KinectManager	Kinectから情報を受け取り、ユーザーを管理するクラス
	KinectUserEvent	ユーザー情報が更新されたときにKinectManagerから発行されるイベント
	KinectUser	KinectManager内で生成される、ユーザーの情報を管理するクラス
	KinectUserParts	KinectUser内で生成される、各パーツ座標を格納しているクラス
	SkeletonStage	ユーザーの関節情報からスケルトンを描画するクラス
	SkeletonUser	SkeletonStage内で生成／描画される各ユーザーのスケルトン
マルチポインティング用ライブラリ（com.sdtech.pointer）	MultiPointer	マルチポインティングをMouseEventのように扱えるようにするクラス。複数のポインタを取り扱い「PointerEvent」を発行する
	PointerEvent	MultiPointerから発行されるイベント
	PointerHandlingObject	PointerEventを受け、マルチポインティングによる回転／移動／拡縮を実現するクラス

使用するライブラリ

スケルトンを3D回転させる

　まずは最初のデモです。スケルトン情報を受け取り、スケルトンを表示し、それを3D回転させます。

fig.17　表示されたスケルトンが回転する

　ダウンロードしたサンプルファイル中のsample1_skelton/templete/skelton.flaをテンプレートとして使います。flaファイルと、先ほどのライブラリが追加された状態になっています。デモを作り進めていくと、最終的には以下のようなファイル構成になります。

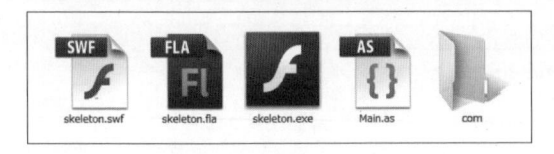

fig.18　ファイル構成

　それでは、デモを作っていきましょう。まずはドキュメントクラスとなるMain.asを作り、flaファイルのドキュメントクラスに「Main」を設定します。

fig.19　Mainクラスの作成

2.3 Kinectを使う

　Kinectハックプログラムとの接続を開始するためのボタンを作成します。コンポーネントからステージ上にButtonを配置し、インスタンス名を「connect_btn」にします（fig.20参照）。

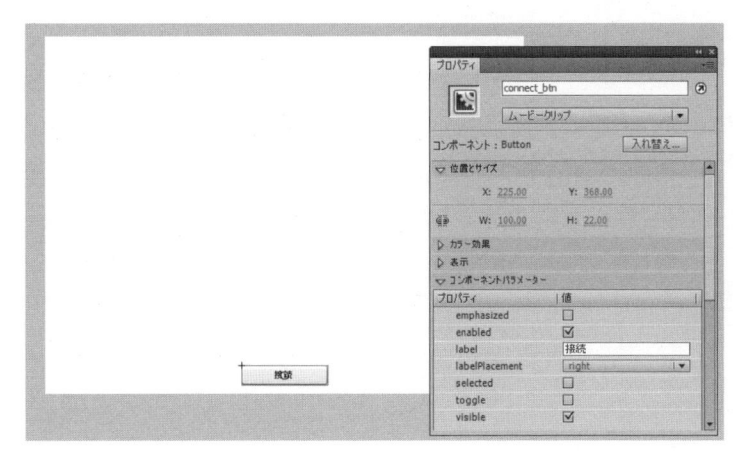

fig.20　ステージ上にボタンを配置する

●各クラスの初期化
　コンストラクタでスケルトン表示の用意をし、接続のための準備をします。次のようにコードを追加します。

［参照ファイル］page_sample/flash/Main_119.as

```
ActionScript    Main.as
 1  package {
 2
 3      import flash.display.*;
 4      import flash.events.*;
 5      import flash.ui.*;
 6      import flash.geom.*;
 7
 8      import com.sdtech.kinect.*;
 9      import com.sdtech.kinect.user.*;
10      import com.sdtech.kinect.skeleton.*;
11
12      public class Main extends Sprite{
13
14          //==========================
15          //vars
16          //==========================
17          private var km:KinectManager;
18          private var ss:SkeletonStage;
19
20          //==========================
21          //コンストラクタ
```

```
22          //========================
23          public function Main():void{
24
25              //ユーザー管理用
26              km=new KinectManager();
27
28              //スケルトン描画用
29              ss=new SkeletonStage();
30              ss.mouseEnabled=ss.mouseChildren=false;
31              ss.offsetX=stage.stageWidth/2;
32              ss.offsetY=stage.stageHeight/2;
33              ss.offsetZ=2000;
34              addChild(ss);
35
36              //接続開始
37              connect_btn.addEventListener(MouseEvent.CLICK, connectStart);
38
39              //焦点距離を調整
40              this.transform.perspectiveProjection.focalLength=3500;
41
42          }
43
44      }
45
46  }
```

　ユーザー管理用のKinectManagerクラスと、スケルトン描画用のSckeltonStageクラスを初期化します。KinectManagerはKinectハックプログラムと通信し、送られてくるスケルトン情報の解析／管理をするクラスです。SckeltonStageは、KinectManagerが解析した情報をもとにスケルトンを描画するクラスになります。送られてくる各関節情報はx、y、zの値を持っているので、3D回転させると違う角度からスケルトンを見ることができます。今回はスケルトンの表示にFlashの3D機能を使用します。そのまま回転させてしまうと画面左上を中心にして回ってしまうので、SckeltonStageの中心点をoffsetX、offsetY、offsetZプロパティを使ってステージ中央に移動させています。

　また、先ほど設定したconnect_btnにイベントリスナを追加しています。この接続ボタンを押した後にKinectハックプログラムとの通信を開始するようにします。

●Kinectハックプログラムとの接続

　接続ボタンが押されたときの処理を記述します。Main()の後に、次の関数を追加します。

[参照ファイル] page_sample/flash/Main_121.as

```
ActionScript     Main.as
47   private function connectStart(e:MouseEvent):void{
48
49       //接続処理
50       km.connect("localhost", 3000);
51   }
```

　KinectManager.connect()で接続を開始します。もし、Kinectハックプログラムと Flash コンテンツが違う PC で動作する場合は、KinectConnectorの接続先を "localhost" ではなく、Kinectハックプログラムが動いている端末にします（IPアドレスで指定します）。

●スケルトンの描画

　Kinectハックプログラムと接続するとKinectManagerにスケルトン情報が送られます。KinectManagerはスケルトン情報を受け取ると情報を解析し、次のイベントを発行します（KinectUserEvent のイベントタイプとプロパティ参照）。解析した情報はKinectUserクラスに格納されています。

　ここで出てくるKinectUserには次のプロパティとメソッドがあり、さらに各パーツの情報はKinectUserPartsクラスに格納されています。

イベントタイプ	概要
ADD	ユーザーが認識されたときに発行されるイベントタイプ
UPDATE	ユーザー情報が更新されたときに発行されるイベントタイプ
REMOVE	ユーザーが消失されたときに発行されるイベントタイプ

プロパティ名	概要
user	更新されたユーザー（型はKinectUser）

KinectUserEventのイベントタイプとプロパティ

プロパティ名	概要
id	現在認識されているユーザー数
x	ユーザーのx座標（腰の位置）
y	ユーザーのy座標（腰の位置）
z	ユーザーのz座標（腰の位置）

メソッド名	概要
update()	各パーツの座標を更新（Kinect Managerから呼ばれる）
getPartsByID()	Idからパーツを取得（型はKinect UserParts）

KinectUserのプロパティとメソッド

　今回はそれぞれのイベントを受け取り、SckeltonStageクラスを用いてスケルトンの描画を行います。各イベントを受け取るために、①、②のコードを追加していきます。

ActionScript　Main.as

```
47    private function connectStart(e:MouseEvent):void{
48
49        //接続処理
50        km.connect("localhost", 3000);
51
52        km.addEventListener(KinectUserEvent.ADD, addUser);
53        km.addEventListener(KinectUserEvent.UPDATE, updateUser);      ──①
54        km.addEventListener(KinectUserEvent.REMOVE, removeUser);
55
56    }
57
58    //========================
59    //ユーザー認識
60    //========================
61    private function addUser(e:KinectUserEvent):void{
62        ss.addUser(e.user);
63    }
64
65    //========================
66    //ユーザー情報更新
67    //========================
68    private function updateUser(e:KinectUserEvent):void{              ──②
69        ss.updateUser(e.user);
70    }
71
72    //========================
73    //ユーザー削除
74    //========================
75    private function removeUser(e:KinectUserEvent):void{
76        ss.removeUser(e.user);
77    }
```

　イベントリスナを追加し（①）、ユーザーの認識／更新／消失イベントが発生するたびにSckeltonStageを使ってスケルトンを描画しています。SckeltonStageにはaddUser、updateUser、removeUserの3種類のメソッドがあり、それぞれにユーザー情報を渡すとスケルトンが描画されます。

［参照ファイル］page_sample/flash/Main_122.as

●スケルトンの回転

　描画が完了したので、Flashの3D機能を使って、スケルトンを回転させます。SckeltonStage自体を回転させるために、次のように③、④のコードを追加します。

ActionScript　Main.as

```
47    private function connectStart(e:MouseEvent):void{
48
```

2.3 Kinectを使う

```
49        //接続処理
50        km.connect("localhost", 3000);
51
52        km.addEventListener(KinectUserEvent.ADD, addUser);
53        km.addEventListener(KinectUserEvent.UPDATE, updateUser);
54        km.addEventListener(KinectUserEvent.REMOVE, removeUser);
55
56        //スケルトンを回転する
57        addEventListener(Event.ENTER_FRAME, rotateSkeleton);——③
58
59    }
     (中略)
85    private function rotateSkeleton(e:Event){
86            ss.rotationY+=.25;                            ——④
87    }
```

　接続を開始した後、毎フレームSckeltonStageのY軸を0.25度ずつ3D回転させています。

［参照ファイル］page_sample/flash/Main_123(final).as

　これで、Kinectからスケルトン情報を取得し、Flashコンテンツから利用するという一通りのプログラムは完了です。exeをパブリッシュして、スケルトンが表示され、回転することを確認してみましょう[※11]。

11
swfはセキュリティエラーによって通信できない場合があるので、必ずexeを使用してください。

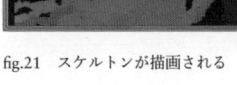

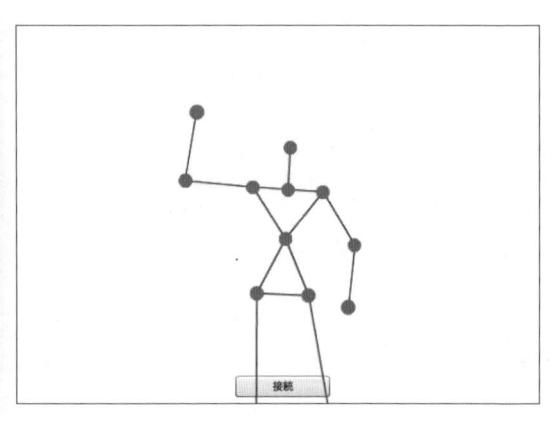

・起動方法
①　Kinectハックプログラムを開いて接続待機状態とする
②　skeleton.exeを開いてKinectハックプログラムと接続する
③　開いたKinectハックプログラムのカメラウィンドウでキャリブレーションを行う
④　キャリブレーションが完了するとskeleton.exeにスケルトンが表示され、3D回転する

fig.21　スケルトンが描画される

ジェスチャー操作で写真を操作する

ここからはスケルトン表示のデモをもとに、画面に表示された写真を手でドラッグ、両手で拡縮／回転させていきます。

fig.22　ジェスチャー操作で写真を拡大縮小する

sample2_pointer/templeteフォルダをテンプレートとして使います。テンプレートではスケルトンを表示するところまでできていて、ジェスチャーで操作するための写真もステージに配置してあります。デモを作り進めていくと、最終的には以下のようなファイル構成になります。

fig.23　ファイル構成

● マルチタッチ ≒ マルチポインティング

タッチパネルでは2本以上の指で操作することをマルチタッチといいますが、Kinectは空中で操作するので、厳密にはマルチタッチとは違います。
マルチタッチのようなダイレクトポインティングは指の位置を表示する必要はありませんが、Kinectの場合は手と画面が離れているので手の位置を表示するポインタが必要になります。そのため、Kinectの操作はマルチタッチではなくマルチポインティングになります。細かい話になるかもしれませんが、UIを設計していく上で、ここは大事なポイントとなります。
マルチポインティングのUIではポインタを介して操作するため、インタラクションのフィードバックが必要になります。また、手が画面から外

れることもあるので、その状態も必要になります。さらに、空中操作では手のダウン判定が難しく、Kinectのゲームではボタン選択のアクションにロールオーバーが使われるものが多いようです。今回はあえて、Z座標を利用した手の前後移動によるダウン判定に挑戦しています。

　ここからはマルチポインティングを簡単に扱えるようにしたライブラリ、MultiPointerを使います。MultiPointerを使うと、ユーザーの手の動きに合わせてポインタを動かすだけで、ポインタの下にあるDisplayObjectContainerがマウスカーソルと同じようにダウン／アップなどのイベントを受け取れるようになります。

　MultiPointerで定義されているポインタの状態と、ポインタを動かすメソッドは次の表のとおりです。

定義名	状態
detect	手を認識した状態
move	手が移動した状態
down	手がオブジェクトをダウンした状態
up	手がオブジェクトをアップした状態
over	手がオブジェクト上にロールオーバーした状態
out	手がオブジェクトからロールアウトした状態
lost	手を見失った状態

ポインタの状態

メソッド名	概要
detect()	ポインタを追加する
move()	ポインタを移動させる
down()	ポインタをダウンさせる
up()	ポインタをアップさせる
lost()	ポインタを削除する

MultiPointerのメソッド

　ポインタが動いたときにポインタの下にDisplayObjectContainerがあれば、そのDisplayObjectContainerに次のPointerEventが発行されます。

イベントタイプ	概要
POINTER_OVER	オブジェクトにポインタがロールオーバーした
POINTER_DOWN	オブジェクト上でポインタがダウンした
POINTER_MOVE	オブジェクト上でポインタが移動した
POINTER_UP	オブジェクト上でポインタがアップした
POINTER_OUT	オブジェクトからポインタがロールアウトした
POINTER_OVER_FIRST	オブジェクトに最初のポインタがロールオーバーした
POINTER_OUT_LAST	オブジェクトから最後のポインタがロールアウトした
POINTER_DOWN_FIRST	オブジェクト上で最初のポインタがダウンした
POINTER_UP_LAST	オブジェクト上で最後のポインタがアップした

PointerEventの代表的なイベント

PointerEventを受け取るには、DisplayObjectContainerにイベントリスナを追加します。

ActionScript	PointerEventの使用例

```
1  mc.addEventListener(PointerEvent.POINTER_DOWN, func);
```

●マルチポインティングの実装

マルチポインティング部分を実装するため、コンストラクタにポインタ生成のスクリプト①を追加します。

［参照ファイル］sample2_pointer/finish/Main.as

ActionScript	Main.as

```
27  public function Main():void{
28
29      //ユーザー管理用
30      km=new KinectManager();
31
32      //スケルトン描画用
33      ss=new SckeltonStage();
34      ss.mouseEnabled=ss.mouseChildren=false;
35      ss.offsetX=stage.stageWidth/2;
36      ss.offsetY=stage.stageHeight/2;
37      ss.offsetZ=-2000;
38      addChild(ss);
39
40      //ポインタ生成
41      mp=new MultiPointer(-1, false);
42      mp.simulate=true;                              ①
43      mp.blob=true;
44      mp.depth=true;
45      addChild(mp);
46
47      //接続開始
48      connect_btn.addEventListener(MouseEvent.CLICK, connectStart);
49
50      //焦点距離を調整
51      this.transform.perspectiveProjection.focalLength=3500;
52
53  }
```

マルチポインティングを行うため、MultiPointerクラスをコンストラクタで初期化しています。

●ユーザーの両手をポインタにする

ユーザー情報が変化したときに関数を呼び出せるように、②〜④のコー

ドを追加し、その後に両手の座標や状態を取得する関数checkPointer()を作ります。

```
ActionScript    Main.as
68   //==========================
69   //ユーザー認識
70   //==========================
71   private function addUser(e:KinectUserEvent):void{
72       ss.addUser(e.user);
73       checkPointer();  ─────────────── ②
74   }
75
76   //==========================
77   //ユーザー情報更新
78   //==========================
79   private function updateUser(e:KinectUserEvent):void{
80       ss.updateUser(e.user);
81       checkPointer();  ─────────────── ③
82   }
83
84   //==========================
85   //ユーザー削除
86   //==========================
87   private function removeUser(e:KinectUserEvent):void{
88       ss.removeUser(e.user);
89       checkPointer();  ─────────────── ④
90   }
91
92   //==========================
93   //ポインタの状態チェック
94   //==========================
95   private function checkPointer():void{
96
97       var users:Array=km.getAllUsers();
98       for(var i:int=0 ; i<users.length ; i++){
99
100          //ユーザーを取得
101          var ku:KinectUser=users[i];
102          if(!ku)continue;
103
104          //両手を取得
105          for(var n:int=0 ; n<2 ; n++){
106
107              //一意のIDを作成
108              var pointer_id:int=int(String(i+1)+(n+1));
109
110              var hand:KinectUserParts;
111              if(n==0){
```

```
112                hand=ku.getPartsByID(KinectUserParts.R_HAND);
113            }else{
114                hand=ku.getPartsByID(KinectUserParts.L_HAND);
115            }
116
117            if(!hand){
118                mp.lost(0, 0, pointer_id);
119                continue;
120            }
121
122            //ローカル3D座標をグローバル2D座標に変換
123            var pos:Point=local3DToGlobal(new Vector3D(hand.gx, hand.gy, hand.gz));
124
125            //ポインタ認識
126            mp.detect(pointer_id, pos.x, pos.y);
127            //ポインタを動かす
128            mp.move(pointer_id, pos.x, pos.y);
129            if(hand.z<-180){
130                mp.down(pointer_id, pos.x, pos.y);
131            }else{
132                mp.up(pointer_id, pos.x, pos.y);
133            }
134
135        }
136    }
137 }
```

checkPointer()では、ユーザーの手が認識されたときにポインタを追加し、手が消失したときにポインタを削除しています。手を認識しているときは手の座標をポインタに反映させています。ユーザーの各パーツの情報はKinectUserPartsに格納されていて、次のように取得します。

ActionScript getPartsByIdの使用例

```
1  KinectUser.getPartsById("パーツID")
```

引数で指定するパーツIDはKinectUserPartsクラスに定義されていて、代表的なものでは次のものがあります。各パーツの座標を取得するにはKinectUserPartsのプロパティにアクセスします。

ID	部位
HEAD	頭
R_HAND	右手
L_HAND	左手
TORSO	胴
R_FOOT	右足
L_FOOT	左足

各パーツ ID

プロパティ	概要
x	ユーザーの腰を基準としたパーツの x 座標
y	ユーザーの腰を基準としたパーツの y 座標
z	ユーザーの腰を基準としたパーツの z 座標
gx	パーツのグローバル x 座標
gy	パーツのグローバル y 座標
gz	パーツのグローバル z 座標

KinectUserParts のプロパティ

　パーツの座標には腰を基準にしたローカル 3D 座標とステージを基準にしたグローバル 3D 座標があります。ここでは手のグローバル 3D 座標を 2D 座標に変換してポインタの X,Y 座標に反映させています。ポインタのダウン判定は、手のローカル Z 座標（腰からの距離）がしきい値をまたいだかどうかで判定しています。

● 写真のマルチポインティング操作

　マルチポインティングを受けてオブジェクトを操作する部分を作りましょう。まず、ステージに配置してある写真をシンボル化し、次のように設定します。クラスには、次で作成する Photo クラスを設定しています。

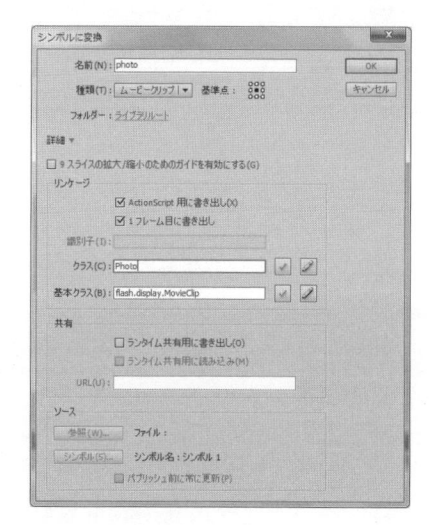

fig.24　シンボルに変換

　次に、マルチポインティング操作によるドラッグ、拡縮、回転をサポートする Photo クラスを作ります。ロールオーバーとダウン時には次のようなフィードバックを付けていきます。

2.3 Kinectを使う

fig.25 ロールオーバー（左）、ダウン（右）

Main.asと同じ階層にPhoto.asを作成し、以下のように記述します。　　　［参照ファイル］sample2_pointer/finish/Photo.as

```ActionScript
package {

    import flash.display.*;
    import flash.events.*;
    import flash.filters.*;
    import flash.geom.*;

    import com.sdtech.pointer.*;
    import com.sdtech.pointer.handling.*;

    public class Photo extends PointerHandlingObject{

        //==========================
        //コンストラクタ
        //==========================
        public function Photo():void{
            addEventListener(Event.ADDED_TO_STAGE, init);
        }

        //==========================
        //初期化
        //==========================
        private function init(e:Event):void{

            //最初のポインタがロールオーバーした時
            addEventListener(PointerEvent.POINTER_OVER_FIRST, feedback);
            //最後のポインタがロールアウトした時
            addEventListener(PointerEvent.POINTER_OUT_LAST, feedback);
```

```
29            //最初のポインタがダウンした時
30            addEventListener(PointerEvent.POINTER_DOWN_FIRST, feedback);
31            //最後のポインタがアップした時
32            addEventListener(PointerEvent.POINTER_UP_LAST, feedback);
33
34        }
35
36        //=========================
37        //フィードバック
38        //=========================
39        private function feedback(e:PointerEvent):void{
40
41            //フィードバック表現用
42            var glf:GlowFilter=new GlowFilter();
43            glf.blurX=glf.blurY=20;
44            glf.alpha=.3;
45            var clt:ColorTransform=null;
46            var b:Number=-(255/100)*15;
47
48            switch(e.type){
49                case PointerEvent.POINTER_OVER_FIRST:
50                    //最初のロールオーバー
51                case PointerEvent.POINTER_UP_LAST:
52                    //最後のアップ
53                    glf.color=0x00FFFF;
54                break;
55                case PointerEvent.POINTER_OUT_LAST:
56                    //最後のロールアウト
57                    glf=null;
58                break;
59                case PointerEvent.POINTER_DOWN_FIRST:
60                    //最初のダウン
61                    glf.color=0x00FFFF;
62                    clt=new ColorTransform(1, 1, 1, 1, b, b, b, 0);
63                break;
64            }
65
66            //ロールオーバー時に光彩がつく
67            if(glf){
68                filters=[glf];
69            }else{
70                filters=[];
71            }
72
73            //押下の時に写真が暗くなる
74            if(clt){
75                transform.colorTransform=clt;
76            }else{
77                transform.colorTransform=new ColorTransform();
```

```
78              }
79
80          }
81      }
82 }
```

　PhotoクラスのÂ本クラスには、MultiPointerのPointerHandlingObjectクラスを設定しています。このクラスはマルチポインティング操作によるドラッグ、拡縮、回転をサポートしているので、基本クラスに設定するだけで、これらの操作を実装できます。

　ただし、PointerHandlingObjectクラスだけではフィードバックが付かないので、PointerEventを受け取ってフィードバック処理をしています。

　マルチポインティングの場合、複数のポインタからロールオーバーやダウンのイベントが送られるので、POINTER_OVER_FIRSTやPOINTER_OUT_LASTを使って、重複するイベントを受け取らないようにしています。

　これでフィードバックも付き、デモは完成です。
　パブリッシュして動かしてみましょう。

fig.26　スケルトンで写真をドラッグ

　スケルトンの両手がポインタになっており、写真の上で手を突き出すと写真をつかんだ状態になってドラッグできるようになります。両手で写真をつかみ、右手と左手を離したり近付けたりすることによって写真が拡縮でき、そのまま円を描くように手を動かすと写真が回転します。

　MultiPointerには、デバッグ用にマウスとキーボードでマルチポインティング操作をシミュレートする機能がありますので、Kinectがなくても操作できます。実際の操作方法は次のとおりです。

行いたい行為	操作方法
ポインタを表示する	キーボード1～9を押す
ポインタの移動	マウスを移動
ポインタのダウン／アップ	マウスをクリック
ポインタを消す	Deleteキー／BackSpaceキーを押す

デバッグの操作方法

　1～9キーを押した時点でポインタとマウスがひも付けられます。ひも付けを解除するには、キーボードの0キーを押します。

　著者のブログにも今回使用したMultiPointerクラスについて解説をアップしていますので、参考にしてください。

・sd-tech:［Kinectハック］OpenNI+Flashでマルチユーザー・マルチタッチ Flash実装編
http://www.sd-tech-blog.com/2010/12/kinectopenniflashflash.html

終わりに

　このように、Kinectさえあれば手軽にジェスチャー操作をFlashの中に取り入れることができます。今回はスケルトン情報の中の手の情報だけを使ってインタラクションを作ってみましたが、すべてのスケルトン情報を使えば、もっとダイナミックなジェスチャーも認識できます。また、Papervision3Dなどを使って、3Dオブジェクトをユーザーの動きに合わせて動かすこともできるでしょう。
　Flash以外にもソケット通信をサポートしている開発環境であればスケルトン情報を受け取ることができます。ソケット通信が可能な言語・開発環境として、たとえばProcessingやJava、Unityなどが上げられます。自分の開発しやすい環境を選ぶことで、より簡単にコンテンツを作れるようになります。
　Kinectを使えば、一昔前ではとても簡単には用意できなかった環境が1万円台で整います。PCが普及して生活が変化したように、Kinectの登場によって映画でしか見れなかったような、未来的な操作が日常的なものに変わっていくかもしれませんね。

（福田伸矢／澤海晃）

ソフトディバイスのクライアントワーク

ユーザーインターフェイスデザインの会社であるソフトディバイスのクライアントワークを紹介します。紹介する作品はジェスチャー操作による先進的なインターフェイスを実現させていますが、いずれもパナソニック電工の距離画像センサ「D-IMager」を使用して、Kinect同様にユーザーの動きや姿勢を認識しています。

ライフウォール／上海万博日本館

壁一面をディスプレイにした未来のリビングの提案。ライフウォールにはジェスチャー操作によって楽しめるコンテンツが入っており、たとえば、壁に手を振って絵を描いたり、人の動きに合わせて見やすい位置に移動するテレビを呼び出すことができます。また、複数人でのジェスチャー操作も可能です。さらに152インチ、4k2k[12]大画面を3画面連動した超高解像度・高精細映像によって、まるでディスプレイの中に入り込んだかのような驚きの臨場感でコンテンツを楽しむことができます。

12
フルHD（1,920×1,080）の約4倍の画素数にあたる、およそ横4,000×縦2,000ピクセルの高解像度の映像・表示技術のこと。

fig.27 ライフウォール（Produce：パナソニック）

ライフィニティECOマネシステム／ミラノサローネ2010

2010年ミラノサローネで展示された電気使用量モニタリングシステム。来場者はコンソールの前に立つことで、ネットワーク化された住宅設備の状態をモニタリングできたり、ジェスチャー操作で会場の照明パターンを自由に切り替えることができます。照明を直接コントロールするかのような直感的な操作は、ユーザーの動きによってさまざまな機器とのインタラクションを可能とする未来を予見させます。

fig.28　ライフィニティECOマネシステム（Produce：パナソニック電工）

●距離画像センサ「D-IMager」

人のふるまいや空間の情報をリアルタイムに取得できるセンサです。リモコンやタッチパネルを使わず、ジェスチャー操作による容易で直感的な操作性を実現します。独自の測距方式を採用し、暗い場所や外乱光が強い場所でも優れたパフォーマンスを発揮するため、ゲームやデジタルサイネージ（電子看板）でのジェスチャー認識、セキュリティ用途における人体感知、人数カウントなど、さまざまな場面で使用できます。

fig.29　D-IMager（*http://panasonic-denko.co.jp/corp/news/1005/1005-8.htm*）

TUTORIAL 2.4
ツールキットを使う

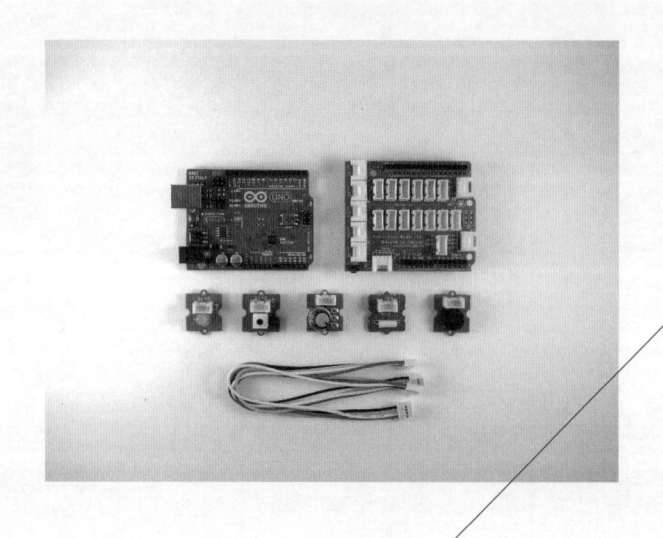

フィジカルコンピューティングとツールキット

フィジカルコンピューティング

　フィジカルコンピューティング（Physical Computing）は、ニューヨーク大学のITP[※1]でインタラクションデザインを教えるための方法の1つとして考案されたもので、『Making Things Talk』[※2]の著者としても知られるTom Igoeらが中心的な役割を果たしています。エンジニアリングの専門教育を受けていない人に対して、コンピュータや電子回路に関する原理原則を教えるところから始め、「人々がいかにコンピュータとコミュニケーションし得るか？」について考え直すことを提案します。

　通常のPCには、キーボード、マウス、ディスプレイといったデバイスが標準的に装備されています。こうしたプラットフォームがあることで、

1
Interactive Telecommu-nications Program・ITP | Tisch School of the Arts | NYU
http://itp.nyu.edu/

2
邦訳は『Making Things Talk - Arduinoで作る「会話」するモノたち』Tom Igoe著、小林茂監訳、水原文訳／オライリー・ジャパン／2008年／定価3,990円／ISBN：978-4-87311-384-5

Web上のさまざまな表現は、世界中の人に瞬時に体験してもらうことができます。一方で、標準入出力デバイスの世界で実現できるインタラクションには、どうしても制限がつきまといます。たとえば、画面上のGUIとして表示されたボタンやスライダなどのコントローラは、（たとえタッチパネルであったとしても）人間が直接ふれて感じることができません。こうした制約を飛び越えた体験を目指すのが、フィジカルコンピューティングです。

フィジカルな入力によってもたらされる体験のわかりやすい例は、ゲーム機のコントローラでしょう。たとえば、2006年に登場したWiiリモコンは、加速度センサなどを内蔵することにより、さまざまな身体の動きをゲームのコントロールに利用できるようにしています。その後に登場したバランスWiiボードを活用した『Wii Fit』などのタイトルも、従来のゲームユーザーの層を大きく拡大しました。それまでできなかった「体験」が実現されたのが最大の原因でしょう。2010年に登場したKinectも大きな話題になりましたが、これも同じく、コントローラを用いないで操作する、という全く新しい体験が実現されたことによるものでしょう。

日本でフィジカルコンピューティングというと「デバイス」という印象が強いかもしれませんが、必ずしもそうとは限りません。通常のWebブラウザ上のコンテンツとの組み合わせも現実的で有効なアプローチですし、iOS、Androidを搭載したスマートフォンやタブレットなどを活用したアプローチも考えられます。

普段、Webブラウザやflash、Illustrator、Photoshopといった便利ツールが動作する「プラットフォーム」として利用しているPCや、スマートフォンなどの製品群の下に隠れている原理原則を学ぶことで視野を広げることができます。そして、いったんさまざまな制約を外して考えた後、現実的にどうやって落とし込んでいくかを考える段階で、最適な手法を選択していけばいいのです。この本で紹介されているさまざまな実案件も、そうしたバランスを探りながら最終的な形態になったのです。

フィジカルコンピューティングでよく使われるツールキット

フィジカルコンピューティングでは、「ツールキット」と呼ばれるものを使うのが一般的です。ツールキットは、ハードウェア、開発環境、プログラミング言語、サンプルなどをセットにしたものです。世界的に普及しているものとしてはArduino（アルドゥイーノ）、国内でよく用いられているものにはGainer（ゲイナー）があります。

いずれも、ソフトウェアだけでなくハードウェアもオープンソースとなっているため、オリジナルの開発者によるハードウェアだけでなく、さまざまなバリエーションが入手できるようになっています。これにより、最初に学ぶときにはスタンダードなハードウェアで入門し、慣れてきたら目的に応じてバリエーションの中からより適したものを選んでいくこともできます。この後では、Arduinoを用いて説明していきます。

fig.1 Arduinoのバリエーション。左から現在スタンダードモデルであるArduino Uno（アルドゥイーノ・ウーノ）、『大人の科学マガジン Vol.27』の付録 Japanino（ジャパニーノ）、Seeed Studioがデザインした Seeeduino、米 SparkFun Electronics と共同でデザインした無線対応小型モデル Arduino Fio（アルドゥイーノ・フィオ）

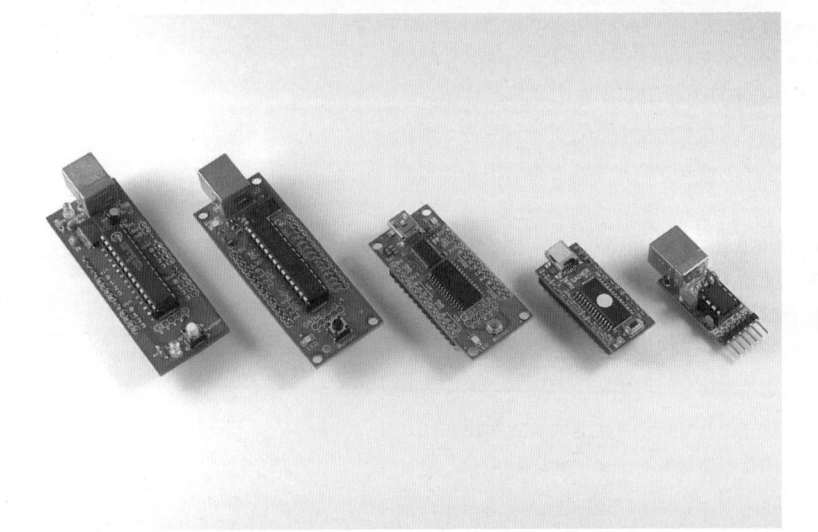

fig.2 Gainerのバリエーション。左からキットで販売していたオリジナル、米 SparkFun Electronicsがデザインした前期モデルと後期モデル、アールティがデザインした Gainer mini、桑田喜孝氏がデザインした Pepper。後者2つは搭載しているマイコンが異なるものの、ソフトウェアライブラリを経由することでほぼ同じように扱うことができる

Arduinoについて

　Arduinoとその兄弟プロジェクトであるWiring[3]は、いずれも北イタリアにあったインタラクションデザイン専門の学校、Interaction Design Institute Ivrea（以下IDII、2000〜2005年）で開発が始まったプロジェクトです。マイコンボード、IDE（統合開発環境）、プログラミング言語から構成されます。Wiringは、2003年に当時IDIIに在学していたHernando Barragánが中心になって開発を始め、2004年に最初のバージョンがリリースされたツールキットです。Wiringボードの中心になっているのは世界的にポピュラーなAVRマイコンです。このハードウェアにProcessingをベースにしたIDEとライブラリを提供することにより、Processingに近い感覚でプログラミングを行うことができるようになっているのが大きな特徴です。その後も開発は継続されており、2011年夏にバージョン1.0がリリースされ

3
・Wiring
http://wiring.org.co/

る予定です。

　Arduinoは、いわばWiringの弟分という位置付けで、2004年より開発され、2005年に最初のボードが製造されました。Wiringは使いやすいツールキットですが、比較的高価な部品を用いていたためにボード自体がやや高価（日本円で約1万円）で、ホビーや教育機関での教材用として用いるにはまだ高いという問題がありました。そこで、Massimo Banzi（『Getting Started with Arduino』[※4]の著者）のチームがWiringをベースに徹底した簡略化を行い、低価格（発売開始時は約4,000円、現在のモデルは約3,000円）で提供できるようにしたのがArduinoです。Arduinoは積極的にコミュニティを盛り上げ、世界各地でワークショップを展開したことにより、2011年夏の時点で30万台以上が販売されました。また、2011年6月に開発されたGoogleの開発者向け会議「Google IO」で、Androidの周辺機器開発キットの1つとしてArduinoベースの開発キットがリリースされたのは、大きな話題になりました。

　こうしたツールキットを従来からあるマイコンボードと比較した場合、単にハードウェアやソフトウェアの視点から見ると、大きな違いがないように思えるかもしれません。しかし、これらのツールキットは、ホビーでマイコンを使いたい人、デザイナーやアーティストとテクノロジーの間のギャップを埋めて橋渡しをするものとなっているのが大きな特徴です。

　また、ハードウェアもオープンソースで公開されていることにより、自分なりのバリエーションをデザインすることも容易です。ハードウェアスケッチでは既存のArduinoボードを使い、プロトタイプ制作の段階では公開されているデジタルデータをもとに独自の仕様に合わせたボードをデザインしている例は、実際に多々あります。

　それでは、実際に必要なものを揃えてセットアップして動かしていきましょう。

[4]
邦訳『Arduinoをはじめよう』Massimo Banzi 著、船田巧 訳／オライリー・ジャパン／2009年／定価2,100円／ISBN：978-4-87311-398-2

Arduinoのセットアップ

　今回のチュートリアルで使う材料は以下のとおりです。いずれも、スイッチサイエンス、メカロボショップ、共立エレショップなどのオンラインショップ[※5]で購入できる他、大阪・日本橋のシリコンハウスなどの店舗でも購入できます。価格は、合計で約7,000円です（2011年8月現在）。

- ・Arduino Uno：1個
- ・USBケーブル（A – B）：1本
- ・Groveスターターバンドル：1個

「Grove」はArduinoからセンサやスイッチを簡単に扱えるようにモジュール化したツールキットです。今回は、これをArduinoと組み合わせて使います。詳しくは後述します（147ページ参照）。

[5]
・スイッチサイエンス
http://www.switch-science.com/
・メカロボショップ
http://www.mecharoboshop.com/
・共立エレショップ
http://eleshop.jp/

Arduino IDEのインストール

　Arduinoは大きく分けて、ArduinoボードとArduino IDE、Arduino言語の3つの要素から構成されます。Arduinoボードはマイコンが載ったハードウェアです。Arduino IDEはソフトウェアで、PC上で動作します。Arduino IDEでC/C++をベースにしたArduino言語でスケッチ（プログラムのことをArduinoではこう呼びます）を書き、Arduinoボードにアップロードすることで動かします。

　まず最初に、以下のページから、使っているオペレーティングシステム（OS）に合ったファイルをダウンロードしてください。

・Arduino – Software
http://www.arduino.cc/en/Main/Software

　Windowsの場合、ダウンロードしたファイルを右クリックして表示されるメニューから［全て展開］を実行して解凍します。すると、「arduino-xxxx」のようにバージョン番号が付いたフォルダ[6]が作成されます。このフォルダをドラッグして好きなところ（「Program Files」フォルダの中が一般的です）へ移動してください。

　Mac OS Xの場合、ダウンロードが完了すると自動的にディスクイメージファイル（拡張子はdmg）がマウントされます。もし自動的にマウントされない場合には、ファイルをダブルクリックしてマウントします。マウントが完了したら、ディスクイメージ中のArduinoを「アプリケーション」フォルダなどにドラッグ＆ドロップします。

　以上でArduino IDEのインストールそのものは完了です。次に、Arduinoボードを利用できるようにするためのドライバをインストールします。

[6] Xにはバージョン番号が入ります。

ドライバのインストール

　Windowsの場合、先ほど展開したフォルダ（arduino-xxxx）中の「drivers」フォルダにドライバの設定ファイル（ArduinoUNO.inf）が入っていますので、あらかじめドライバが格納されたフォルダの場所を確認しておきます。次に、ArduinoボードにUSBケーブルの片方のコネクタを接続し、もう片方のコネクタをPC側に接続します。

● Windows XPの場合

　Windows XPの場合には、ArduinoボードをPCに接続すると、数秒後にドライバのインストールを要求するダイアログが表示されます。ダイアログに従って、ドライバのインストールを行います。

● Windows 7の場合

　Windows 7の場合には、最初にハードウェアを接続した後、システムが自動的にインストールをしようと試みますが、失敗して終了します。そ

こで、次のように進めていきます。

　まずボードをPCに接続し、数秒待ったら、スタートボタンから［コントロールパネル］→［システムとセキュリティ］→［デバイスマネージャー］の順に選択します。デバイスのリストが表示されたら、［ポート（COMとLPT）］という項目の下を見ます。接続したボードが「Arduino Uno」のように表示されますので、右クリックして表示されるメニューから［ドライバーソフトウェアの更新］を選択します。その後は、ダイアログに従ってドライバのインストールを行います。

　なお、Mac OS Xの場合には、Arduino Unoを使うのにドライバのインストールは必要ありません。

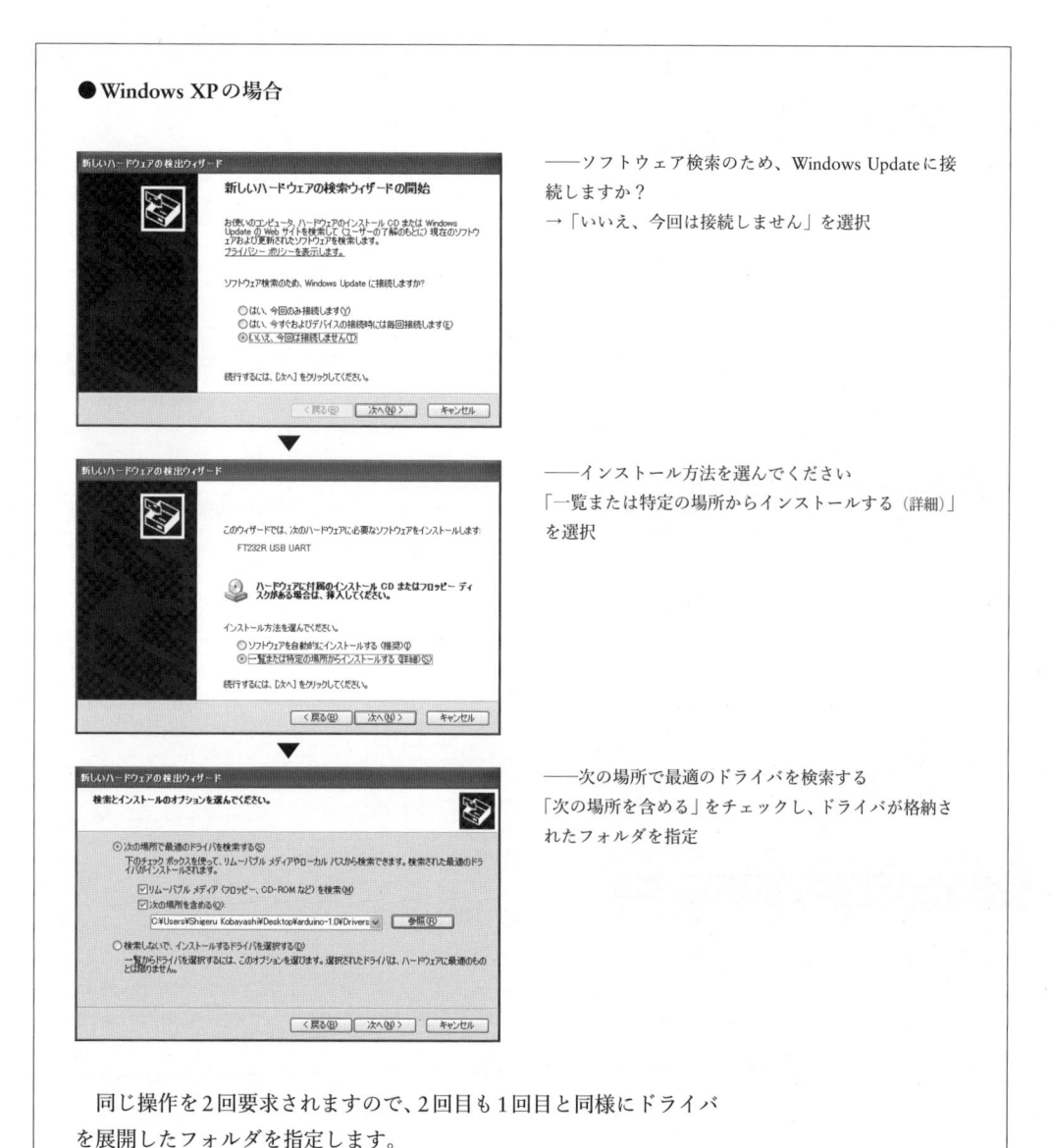

● Windows XPの場合

――ソフトウェア検索のため、Windows Updateに接続しますか？
→「いいえ、今回は接続しません」を選択

――インストール方法を選んでください
「一覧または特定の場所からインストールする（詳細）」を選択

――次の場所で最適のドライバを検索する
「次の場所を含める」をチェックし、ドライバが格納されたフォルダを指定

　同じ操作を2回要求されますので、2回目も1回目と同様にドライバを展開したフォルダを指定します。

●Windows 7 の場合

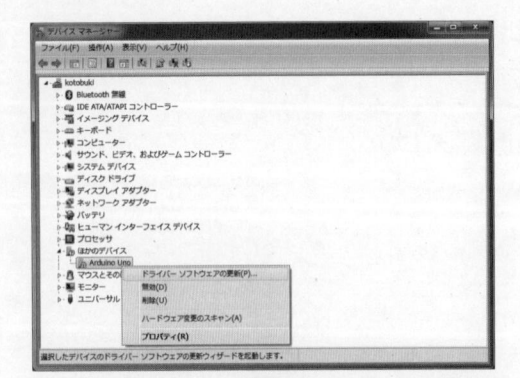

デバイスのリストの「Arduino Uno」の右クリックメニューから［ドライバーソフトウェアの更新］を選択

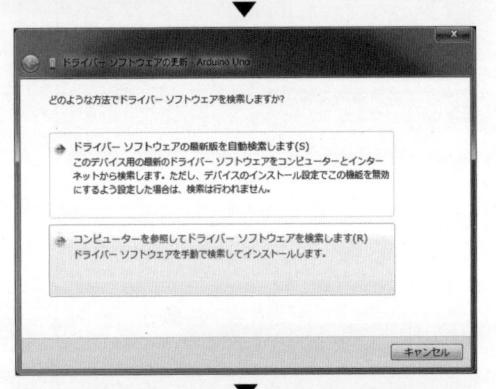

――どのような方法でドライバーソフトウェアを検索しますか?
→「コンピューターを参照してドライバーソフトウェアを検索します」を選択

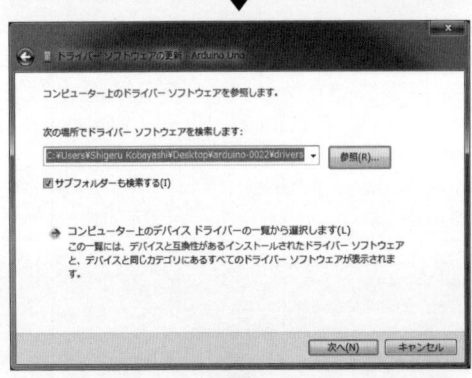

――次の場所で最適のドライバを検索する
→「参照」ボタンをクリックし、ドライバが格納されたフォルダを指定

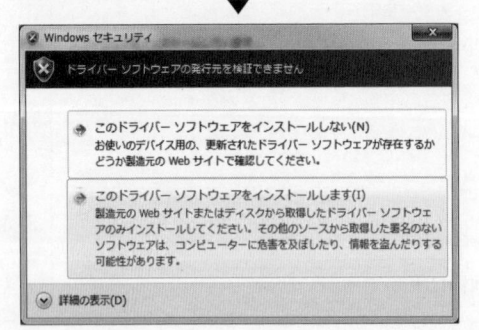

――Windows セキュリティの確認
→「このドライバーソフトウェアをインストールします」を選択

Arduino IDEの起動と動作確認

ドライバのインストールが完了したら、Arduio IDEをダブルクリックして起動します。起動すると、次のような画面が表示されます。Processingを使ったことがある方は、かなり似ていると感じると思います。Arduino IDEはProcessing IDEをベースにしていますので、基本的な操作方法は似ています。

最初に起動したときに、ハードウェアに関連した設定を済ませる必要があります。

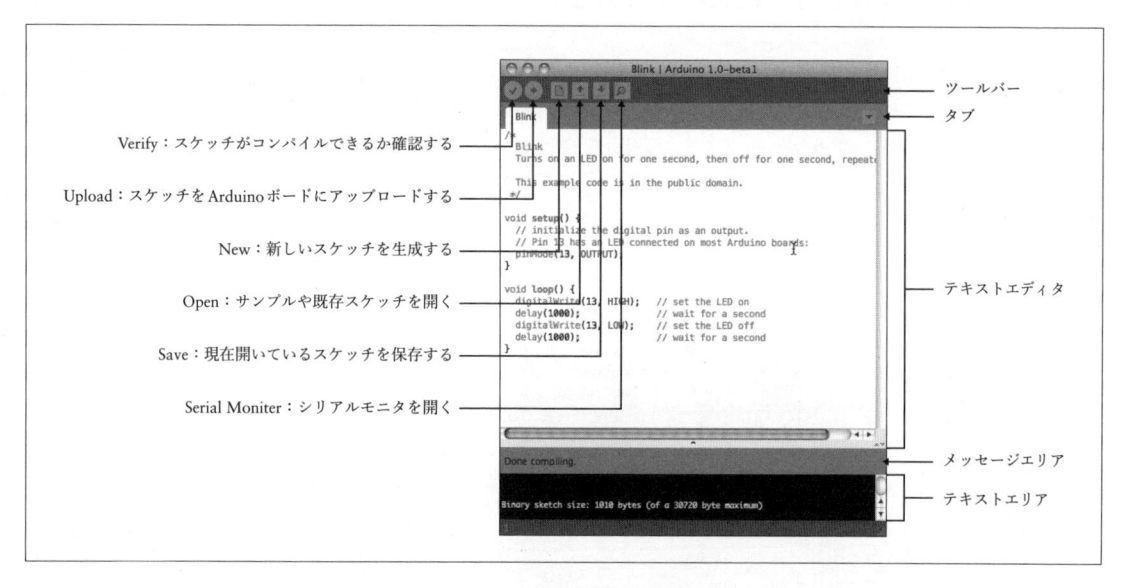

fig.3　Arduino IDEの画面例と各部分の説明。これ以外にSerial Monitorボタンを押して開かれるSerial Monitorウィンドウがある。この画面は2011年8月末にリリースされたバージョン1.0のもので、それまでのバージョン（0022など）ではUploadボタンの位置が異なる（廃止されたStopボタンが1.0のUploadボタンの位置にある）。基本的な操作方法は同じ

● Arduinoボードの選択

Windowsの場合、まず、Arduinoボードがどのように認識されているか確認する必要するため、デバイスマネージャーを開きます。

Windows XPでは、マイコンピュータのアイコンを右クリックして「プロパティ」を選択し、「ハードウェア」タブの「デバイスマネージャー」ボタンをクリックします。Windows 7では、スタートボタンから［コントロールパネル］→［システムとメンテナンス］→［デバイスマネージャー］の順に選択します。デバイスのリストが表示されたら、「ポート（COMとLPT）」という項目の下を見ます（リストがたたまれていたらクリックして項目以下を展開します）。Arduino Unoは「Arduino Uno（COMx）」として表示されます（fig.4の例では「COM4」という名前になっています）。

Arduino IDEの［Tools］メニューから［Serial Port］を開いて表示される項目から、この名前を選択します。次に、同じく［Tools］メニューの［Board］から［Arduino Uno］を選択します。

fig.4　Windows 7上のデバイスマネージャーで確認したArduino Uno

Mac OS Xの場合はこのステップはかなりシンプルです。Arduino IDEの［Tools］メニューから［Serial Port］を開き、［/dev/tty.usbmodem］で始まる項目を選択してください。次に、同じく［Tools］メニューの［Board］から［Arduino Uno］を選択します。

● 動作確認

シリアルポートとボードの選択が終わったら、Arduino IDEの［File］メニューから［Examples 1.Basics/Blink］を開き、アップロードボタンを押して、Arduinoボードに対してスケッチをアップロードします。アップロード中は、ボード上の送受信を表すLED（TXとRXの2つ）が交互に点滅するはずです。

アップロードが終了すると、Arduino IDEのコマンドエリアに「Done Uploading」と表示され、アップロードしたスケッチがArduinoボード上で動作を始めます。正しくアップロードできていれば、1秒間隔でボード上のLEDが点滅するはずです。

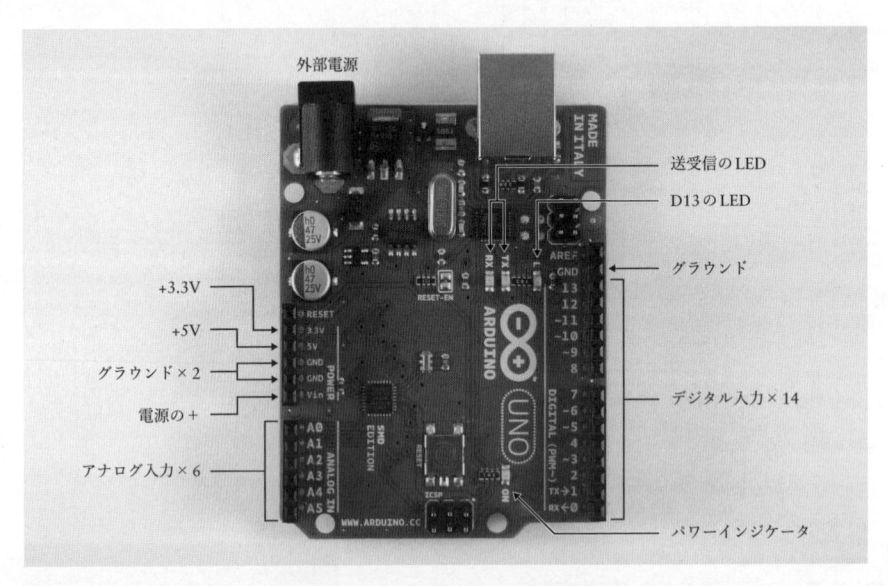

fig.5 Arduinoボード。LとマーキングされているLEDがデジタルピンの13番に接続されているLED

次に、少しだけこのスケッチを変更してみましょう。loopの中にあるdelayの引数を次のように「1000」から「500」に変更し、Uploadボタンを押してボードにアップロードしてみましょう[※7]。

```
Arduino    Examples/1.Basics/Blink
8   void setup() {
9     // initialize the digital pin as an output.
10    // Pin 13 has an LED connected on most Arduino boards:
11    pinMode(13, OUTPUT);
12  }
```

7
ボードにアップロードをする前に保存しようとすると「Sketch is read-only」（スケッチは読み取り専用）というダイアログが表示されます。Arduino IDEにバンドルされているサンプルはすべて読み取り専用になっているので、保存するには、続いて表示されるダイアログで保存する場所と名前をセットします。なお、スケッチに何らかの変更を加えると、保存を実行しなくとも現在の状態でコンパイルされたものがアップロードされます。

```
13
14  void loop() {
15      digitalWrite(13, HIGH);   // set the LED on
16      delay(500);               // wait for a second
17      digitalWrite(13, LOW);    // set the LED off
18      delay(500);               // wait for a second
19  }
```

　アップロードが完了すると、先ほどよりも短い間隔で点滅するはずです。最初は1,000ミリ秒（1ミリ秒は1/1,000秒なので1,000ミリ秒は1秒になります）点灯したら1,000ミリ秒消灯していたのが、500ミリ秒ごとに点灯と消灯を繰り返すようになったためです。

　おめでとうございます。これで最初の動作確認は終わりです。
　何らかのプログラミング言語を学んだことがある方は、最初のプログラムとして「Hello, world」と表示するものを動かしたことがあるでしょう。Arduinoボードのようにシンプルなハードウェアの場合、本体だけではPC上でのプログラムのように文字でメッセージを表示できないため、一定の周期でLEDを点滅させるのが「Hello, world」になります。

　次項では、Arduinoを使って電子回路を組んでいく前に、電子回路の基本を簡単に説明しましょう。

電子回路の基礎知識

　電子回路はとても奥の深い世界ですが、最小限の知識だけを身に付け、トライ＆エラーで少しずつ勉強していくこともできます。電子回路にあまりなじみがないという方のために、ここで、電子回路を扱う上での最小限の基礎知識について説明します。

電圧・電流・抵抗

　よく、電気の流れは水の流れにたとえられます。もちろん、厳密にいえばさまざまな違いはありますが、その性質を大まかにとらえるには、水の流れにたとえて理解するのは有効な方法です。

●電圧
　電圧は2点間の高度（電位）の違いを表す用語です。水は高度の高いところから低いところに向けて流れますが、電気も電位の高いところから低いところに向けて流れます。水の場合には、それぞれの地点の高さを比較するのに、海面からの高さ（海抜）などを基準として用います。電気の場合には、グラウンド（GND）を基準として比較します。

電子回路では、よく「グラウンドを接続する」ということが行われます。これは、基準であるグラウンドを共通にしないと回路の部分ごとの電圧の基準が共通にならず、意図したとおりに電気が流れてくれないためです。電圧の単位はボルト（V）です。数字が大きければ大きいほど、電圧が高いことを示します。

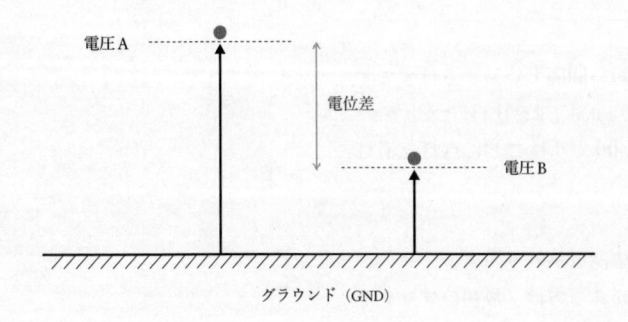

fig.6　電圧の概念図。基準となるグラウンド（GND）からの高さで電位が決まり、電位の高いところから低いところに向けて電流が流れる

● 電流

次は電流です。水の流れは水流といい、高度の高いところから低いところに向けて流れます。同様に、電気の流れは電流といい、電圧の高いところから低いところに向けて流れます。水道の蛇口の開け方によって流れる水の量に違いがあるのと同様に、電流も多い場合や少ない場合があります。電流の単位はアンペア（A）です。数字が大きければ大きいほど、多くの電気が流れることを意味します。

● 抵抗

最後は抵抗です。水は、太いパイプの中を通る場合と細いパイプの中を通る場合では、流れにくさが異なります。同様に、電気の場合にも電流が流れやすい場合と流れにくい場合があります。この電流の流れにくさを表すのが抵抗です。抵抗の単位はオーム（Ω）です。数字が大きければ大きいほど、電流が流れにくいことを示します。

以上で説明したように電圧、電流、抵抗の単位はそれぞれボルト、アンペア、オームですが、実際にはこれに接頭辞がついて用いられる場合が多くあります。たとえば、1,000Ωは1kΩと表します。以下は、主な接頭辞の例です。

- 1,000倍を表すキロ（k）[※8]
- 1,000,000倍を表すメガ（M）
- 1/1,000を表すミリ（m）

[8]
PCの世界では小文字のkではなく大文字のKをよく見かけると思います。kが1,000を表すのに対して、Kは2の10乗である1,024を表します。（コンピュータの世界は2進数なので）PCでメモリやハードディスクの容量を表す場合にはKを用いますが、抵抗器の値を表す場合にはkを用います。Webや書籍でも混乱して用いられている場合がありますが、このように意味が異なりますので注意しましょう。

オームの法則

電子回路で出てくる最も基本的な法則は「オームの法則」です。オームの法則は、「電位差が電流に比例し、その比例定数を抵抗という」というもので、2点間の電位差をE、電流をI、比例定数である抵抗をRで表すと、次の式のように表されます。

$$E = R \times I$$

この式だけを見るとややこしく思えるかもしれませんし、かつて学校で教えられたときにはこの式を丸暗記した記憶があるかもしれません。しかし、次の概念図のように理解すると、これはそれほど難しいことを述べているわけではないことがわかると思います。

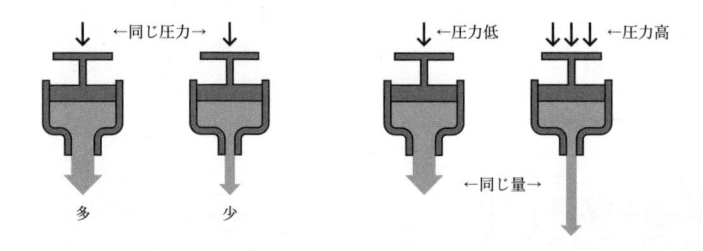

fig.7 オームの法則の概念図。圧力が一定の場合には、抵抗が小さければ一定の時間内に流れる水の量は多く、抵抗が大きければ少なくなる（左）。一定の時間内に流れる水の量を同じにするには、抵抗が小さければ圧力は低くてよいが、抵抗が大きければ圧力を高くする必要がある（右）

この式を用いて計算することにより、ある部分に流れる電流を制限したい場合に適切な抵抗値を求めることなどができます。

Arduinoを使ってみよう

このチュートリアルでは、直接LEDやスイッチなどを扱うのではなく、それらをモジュール化して簡単に扱えるようにしたGroveをArduinoと組み合わせて使います。

Groveについて

GroveはSeeed Studio[9]が開発したツールで、Arduinoに直接載せるボード「Stem」と、そこにケーブル経由で差して使うモジュール「Twig」から構成されるシステムです。

9
・Seeed Studio
http://www.seeedstudio.com/

fig.8 StemをArduinoボードに組み合わせた状態（右）。左はArduinoボード単体。このようにArduinoボードの上に重ねて機能を拡張するボードを「シールド」と呼ぶ

　Stemはfig.9のようになっています。ボードの左側にA0〜A5までのピンに対応するコネクタが、ボードの中央部分にD0〜D13までに対応するコネクタが並んでいます。コネクタはいずれも4ピンで統一されていますので、同じ4線のケーブルでさまざまなTwigを接続できるようになっています。

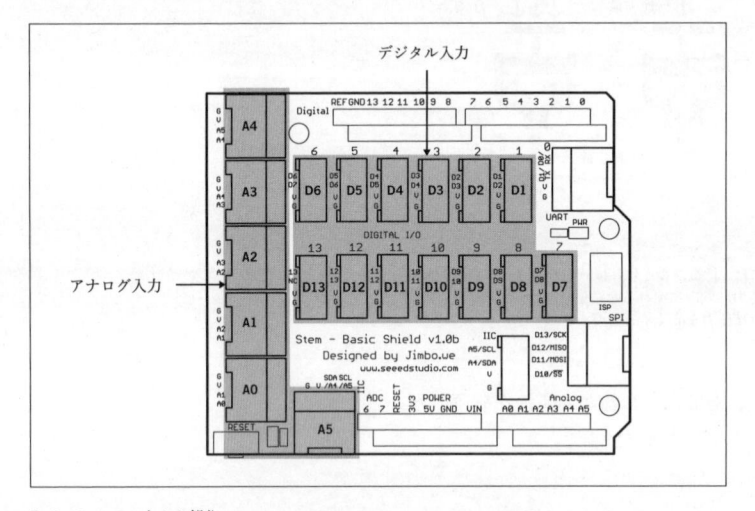

fig.9　Stemのコネクタ部分

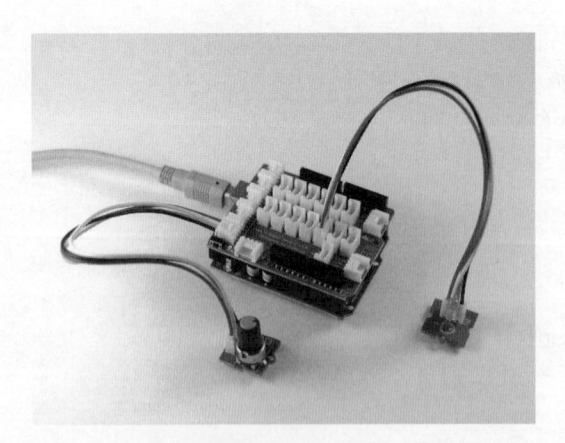

fig.10　StemにLEDと可変抵抗器をつなぎ、Arduinoに差し込んだ状態

TUTORIAL
—
148

fig.11　今回のチュートリアルで使用するTwig。左からLED、Button、Potentiometer

次に、この後のチュートリアルで使うTwigを順に説明します。

● LED Twig

LEDはLight Emitting Diodeの略で、日本語では発光ダイオードといいます。ダイオードという半導体の一種で、電流を流すことにより発光します。電球などと比較して消費電力が小さく、寿命が長いことから、最近ではさまざまな場面で照明として幅広く用いられるようになりました。このTwig上には、LEDと、LEDに適切な量の電流を流すための抵抗器が載っています。

● Button Twig

スイッチは回路を閉じたり開いたりする働きがあります。基本的な部品で、大きさ、形、感触などさまざまなタイプがありますので、目的に応じて使い分けます。

このTwigに載っているのは、ボタンを押したときに回路が閉じて接続（＝オン）され、ボタンを離したときに回路が開いて接続が解除（＝オフ）される、タクトスイッチ（またはタクタイルスイッチ）です。タクトスイッチは、ボタンを押さえたときにカチッという感触があり、小型で信頼性が高いのが特徴です。携帯電話のボタンなど、身のまわりでも幅広く使われています。Twig上には、ボタンを離しているときに電圧を安定させるための抵抗器が載っています。

● Potentiometer Twig

可変抵抗器は抵抗値が可変の抵抗器です。このTwigに載っているのは回転型のもの（ロータリポテンショメータ）ですが、他に直線型（リニアポテンショメータ）のものもあり、オーディオ機器の音量調節などによく用いられます。

ここであげた以外にも多数のTwigがあり、ケーブルでStemにTwigを接続していくことにより、簡単にさまざまな部品を接続して回路を組んでいくことができます。よく使う種類がセットとしてまとめられています。

fig.12　Groveスターターバンドル

デジタル出力

それでは、最初に動作確認で使ったサンプル［1.Basics/Blink］をここでもう一度じっくり見てみましょう。BlinkはLEDを光らせるデジタル出力のサンプルです。それぞれの行にコメントを付けたのが、次のコードです。

Arduino　Blinkに日本語でコメントを記載したもの

```
1   // LEDに接続したピンの番号
2   int ledPin =  13;
3
4   // setupは最初に1度だけ実行される
5   void setup() {
6       // LEDに接続したピンのモードをOUTPUT（出力）にセット
7       pinMode(ledPin, OUTPUT);
8   }
9
10  // loopはArduinoボードの電源がオンであるかぎり、繰り返し実行される
11  void loop() {
12      // LEDに接続したピンの値をHIGHにセットしてLEDを点灯
13      digitalWrite(ledPin, HIGH);
14      // 1000ms (1s) 待つ
15      delay(1000);
16      // LEDに接続したピンの値をLOWにセットしてLEDを消灯
17      digitalWrite(ledPin, LOW);
18      // 1000ms (1s) 待つ
19      delay(1000);
20  }
```

この中には大きく2つ、setupとloopというブロックがあります。setupはスケッチの動作開始時に1回だけ実行され、loopはArduinoボードの電源がオンであるかぎり、繰り返し実行されます。このsetupとloopはArduinoのスケッチの基本的な構造です。

LEDは、LEDに接続したピンの値をHIGHにすることによって点灯、LOWにすることによって消灯し、その間に1,000ms（1msは1/1,000sなので1,000msは1s）ずつ待つことにより、点滅の周期を決めています。

デジタルピンの13番（D13）は、ボード上に搭載されている抵抗器を通ってLEDにつながり、その後ボード上でGNDに接続されています。digitalWriteでHIGHにすると、そのピンの電圧は5Vになります。すると、電圧の高いところから低いところに電流が流れるという原理に従って、D13からGNDに向けて電流が流れ、LEDが点灯します。digitalWriteでLOWにすると、そのピンの電圧はGNDと同じ0Vとなり、電圧が同じであれば電流は流れないため、LEDは消灯します。

それでは、ArduinoボードにStemを載せ、LED TwigをケーブルでStem

上のD13コネクタに接続してみましょう。すると、Arduinoボード上で点滅していたのと同様に、LED Twigも点滅を始めると思います。

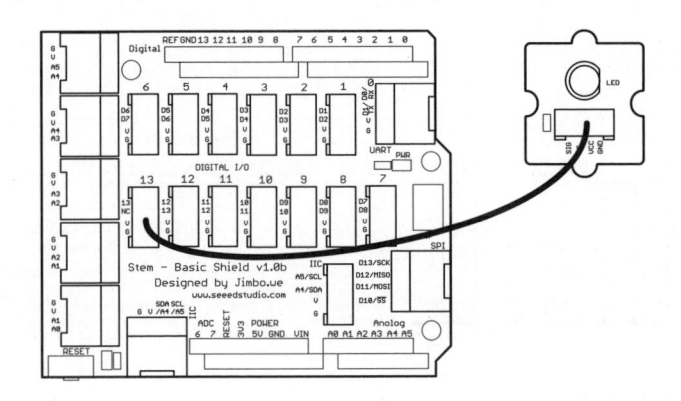

fig.13　LED TwigをD13に接続した配線図

アナログ出力

ここで、試しにdelayの値をどんどん小さくしてみましょう。500や100にした場合には高速に点滅しているように見えると思いますが、ある値よりも小さくなると、もはや点滅とは感じられず、常に点灯しているように見えるでしょう。

さらにloopを次のように変更して、LEDの明るさがどのように変化するか確認してみましょう。

Arduino　Blink（オンとオフ、それぞれの時間を5msにしたもの）

```
14  void loop() {
15      digitalWrite(ledPin, HIGH);
16      delay(5);
17      digitalWrite(ledPin, LOW);
18      delay(5);
19  }
```

Arduino　Blink（オンの時間を1msに、オフの時間を9msにしたもの）

```
14  void loop() {
15      digitalWrite(ledPin, HIGH);
16      delay(1);
17      digitalWrite(ledPin, LOW);
18      delay(9);
19  }
```

どうでしょうか？　オンにする時間とオフにする時間、いずれも5msに

した場合に比べて、オンにする時間を1ms、オフにする時間を9msにした場合のほうがずいぶん暗く感じられるはずです。

このように、高速にオンとオフを繰り返し、オンの区間とオフの区間の割合を変えることで連続的に出力をコントロールすることをPWM（Pulse Width Modulation）といいます。

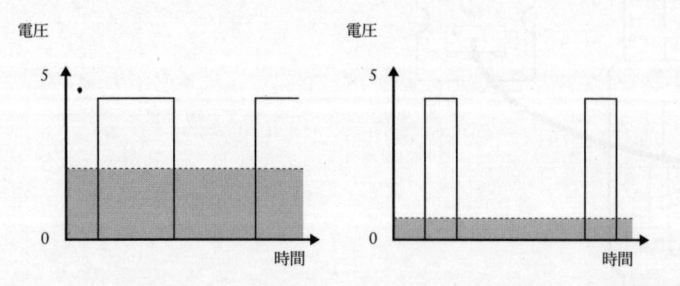

fig.14　PWMの概念図。グレーで示した部分はオンとオフの割合を考慮した相当する電圧。オンとオフが同じ割合であれば中央である2.5Vに相当し（左）、オンの割合が小さくなればより低い電圧に相当する（右）

● **PWMによる擬似アナログ出力**

オンとオフを高速に繰り返し、それぞれの割合を連続的に変えることにより、電圧を変えたのと同様に連続した変化を作り出すことができます。Arduinoでは、このPWMという機能を使って連続的に出力を変えるためにanalogWriteが用意されています。厳密な意味でのアナログではありませんが、人間の体感上はアナログと同等に扱うことができるため[10]、ArduinoではanalogWriteという名前になっています。

digitalWriteはその名のとおりオン／オフの2段階だけですが、analogWriteは0から255までの256段階で連続的に変化させることができます。

これを使ったサンプルが［3.Analog/Fading］です。fig.15のように配線してからアップロードして、どんなことが起きるか見てみましょう。

10　厳密な意味ではアナログではない、と説明するとなんだか騙されているような気がするかもしれません。しかし、LEDやモータは、一定以下の電圧では動作しないため、本当にアナログで電圧を制御すると、かえって人間の感覚とは外れてしまいます。こうした理由もあり、多くの場合において、PWMはアナログのように扱うことができます。

fig.15　デジタルピンの9番（D9）コネクタにLED Twigを接続した配線図

なお、コネクタからケーブルを外すときには、無理な力がかからないように注意してください。特に、最初は硬いことが多いため、Stem側のコネクタを一方の手の指先で押さえ、他方の手の指先でケーブルのコネクタを持って外すようにするとよいでしょう。

Arduino Fadingに日本語でコメントを追加したもの

```
1   // LEDに接続したピンの番号
2   int ledPin = 9;
3
4   void setup()  {
5       // setupでは何もしない
6   }
7
8   void loop()  {
9       // 最小値から最大値まで5ずつ増やす
10      for (int fadeValue = 0; fadeValue <= 255; fadeValue += 5) {
11          // 値をセット（0から255まで）
12          analogWrite(ledPin, fadeValue);
13          // 30ms待つ
14          delay(30);
15      }
16
17      // 最大値から最小値まで5ずつ減らす
18      for (int fadeValue = 255; fadeValue >= 0; fadeValue -= 5) {
19          // 値をセット（0から255まで）
20          analogWrite(ledPin, fadeValue);
21          // 30ms待つ
22          delay(30);
23      }
24  }
```

ここで、LED Twigを先ほどのD13ではなくD9に接続しました。わざわざ差し替えたのはなぜでしょうか？ これは、analogWriteが限られたデジタルピンでしか使えないためです。

いったんStemを外してArduinoボードをよく見てみましょう（Stemを外すときは垂直に持ち上げるようにします）。すると、「〜」とマーキングされたピンがいくつかあるのがわかると思います。analogWriteが使えるのは、このマーキングがあるD3、D5、D6、D9、D10、D11の6つのピンのみです。

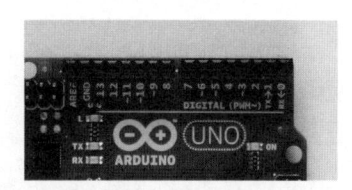

fig.16　analogWriteとして利用できるのは「〜」（PWM）とマーキングされたピン

以上、出力についての簡単な説明でした。次は入力を使ってみましょう。

デジタル入力

入力のサンプルは［2.Digital/Button］です。fig.17のようにLED Twig

とButton Twigを接続したら、スケッチをアップロードして動かしてみましょう。

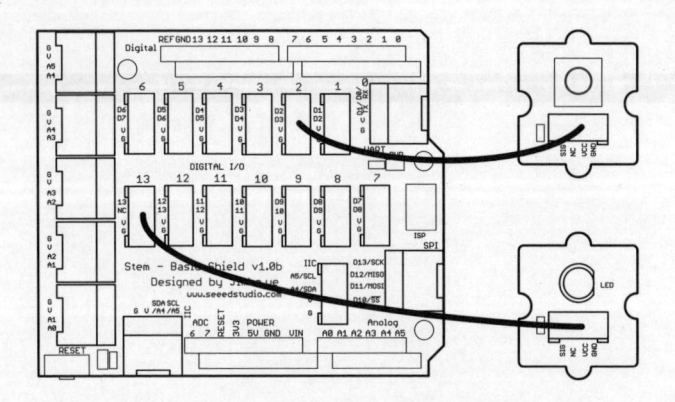

fig.17　D2にButton Twigを、D13にLED Twigを接続した配線図。ボタンを押している間だけLEDが点灯する

Arduino	Buttonに日本語でコメントを追加したもの

```
1   // ボタンに接続したピンの番号
2   const int buttonPin = 2;
3   
4   // LEDに接続したピンの番号
5   const int ledPin =  13;
6   
7   // ボタンの状態を表す変数
8   int buttonState = 0;
9   
10  void setup() {
11      // LEDに接続したピンのモードをOUTPUTにセット
12      pinMode(ledPin, OUTPUT);
13      // ボタンに接続したピンのモードをINPUTにセット
14      pinMode(buttonPin, INPUT);
15  }
16  
17  void loop() {
18      // ボタンに接続したピンの状態を読取る
19      buttonState = digitalRead(buttonPin);
20  
21      // ボタンの状態がHIGHであれば
22      if (buttonState == HIGH) {
23          // LEDに接続したピンの値をHIGHにセットしてLEDを点灯
24          digitalWrite(ledPin, HIGH);
25      }
26      // そうでなければ（＝ボタンの状態がLOWであれば）
27      else {
28          // LEDに接続したピンの値をLOWにセットしてLEDを消灯
```

```
29        digitalWrite(ledPin, LOW);
30    }
31 }
```

　図のとおりに回路を組み、スケッチを正しくアップロードできていれば、タクトスイッチを押している間だけLEDが点灯するでしょう。コード中のコメントにあるように、digitalReadでデジタルピンの状態を読み取ることができます。値はHIGHかLOWのいずれかになります。

アナログ入力

　それでは、今度はアナログ入力を試してみましょう。[New]ボタンをクリックして新規のスケッチを用意し、次のコードを入力してください。fig.18のように回路を組み、スケッチをアップロードしたら、可変抵抗器のつまみを左右に回してみてください。つまみの位置に応じてLEDの明るさが変化するはずです。

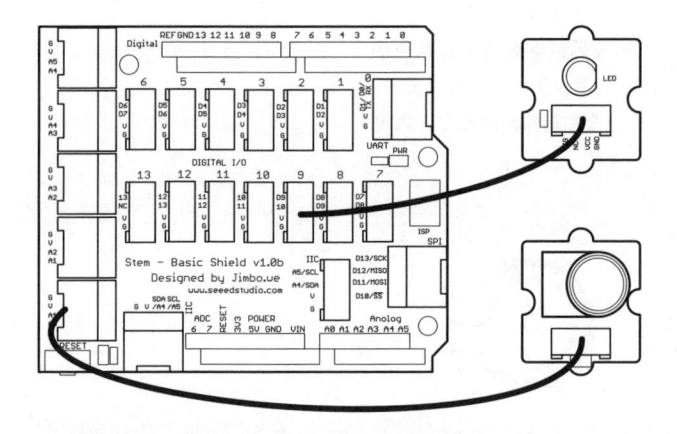

fig.18　Potentiometer TwigとLED Twigを接続した配線図。回転型ポテンショメータのつまみの位置に応じてLEDの明るさが変化する

Arduino　アナログ入力でアナログ出力をコントロールするサンプル

```
1  // 可変抵抗器に接続したピンの番号
2  int sensorPin = 0;
3
4  // LEDに接続したピンの番号
5  int ledPin = 9;
6
7  void setup() {
8      // LEDに接続したピンのモードを出力にセット
9      pinMode(ledPin, OUTPUT);
```

```
10      }
11
12      void loop() {
13          // 可変抵抗器に接続したピンの値を読み取る
14          int value = analogRead(sensorPin);
15
16          // 可変抵抗器の値を元にLEDの明るさを求める
17          // 0 〜 1023の入力を0 〜 255の範囲にスケーリング
18          int intensity = map(value, 0, 1023, 0, 255);
19
20          // LEDに接続したピンの値をセット
21          analogWrite(ledPin, intensity);
22      }
```

ここで、analogReadは指定したピンのアナログ値を読み取る命令です。Arduinoボードの場合では、アナログ入力は0から1,023までの1,024段階で表現されます。これに対して、alaogWriteは0から255までの256段階であるため、mapを使って範囲を合わせています。

このようにすると、アナログ入力ピンの電圧をアナログ値として読み取れることはわかりました。しかし、どうして可変抵抗器を回すと電圧が変化するのでしょうか？ 可変抵抗器の中には、二重のリングがあります。つまみを回すと外側のリングと内側のリングをつなぐ電極が回転し、角度に応じて1と2の間、2と3の間の抵抗が変化します。

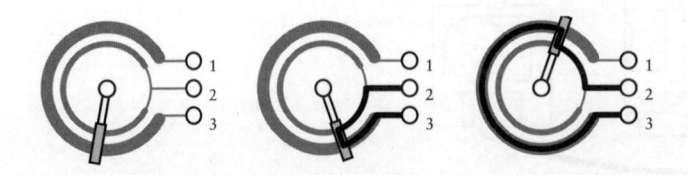

fig.19　可変抵抗器の内部構造（左：初期時、中：左側に回した状態、右：右側に回した状態）。左側に回した状態（中）では、1と2の間の抵抗値は小さく、2と3の間の抵抗値は大きい。右側に回した状態（右）では、1と2の間の抵抗値は大きく、2と3の間の抵抗値は小さい

このとき、2と3の間の抵抗値をR1、1と2の間の抵抗値をR2とすると、fig.20のように表せます。

R1の割合が大きければ、中間点の電圧は低くなります。逆に、R2の割合が大きければ、中間点の電圧は高くなります。このように、電圧を2個の抵抗器の割合で分けることを抵抗分圧と呼びます。

ここで、オームの法則の説明をもう一度思い出してみましょう。オームの法則はE = I × Rという式でした。抵抗器に流れる電流Iが一定だとすると、抵抗Rが大きくなれば電圧Eは大きく（高く）なり、抵抗Rが小さくなれば電圧Eも小さく（低く）なります。R1とR2の両端の電圧は5Vで

一定ですから、R1とR2の比によって中間点の電圧が決まります。

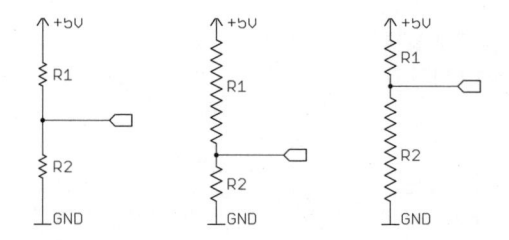

fig.20　抵抗分圧の概念図。R1とR2の比率に関して、R1の割合が大きければ間の点の電圧は低く、R2の割合が大きければ間の点の電圧は高い。R1をセンサ、R2を抵抗器にする場合も多い

　このように、抵抗値が変化するセンサの出力を、電圧の変化として計測することができるのです。これを応用することで、R1に抵抗値が変化するセンサ（例：光センサのCdSセル）を、R2に抵抗値が変化しない抵抗器を組み合わせ、抵抗値の変化を電圧の変化として取り出すことはよく行われます。実際に、温度センサ（Temperature Twig）などはセンサと抵抗器の組み合わせがTwigの上に載っています。

　以上で、Arduinoのスケッチの構造や基本的な入出力命令と合わせて、抵抗分圧のような基本的な電子回路の知識を説明してきました。いずれも、非常にシンプルに入出力を説明しただけですが、Arduinoを使って簡単なプログラムを動かしてみるための方法は体感できたのではないでしょうか。

●エラーが発生したら

　アナログ入力の例のように、あらかじめ用意されているサンプルをそのまま実行するのではなく、自分の手でコードを入力すると、Uploadボタンを押したときにエラーが発生するかもしれません。fig.21では、「analogWrite」とすべきところを「AnalogWrite」としてしまっているため、そのような名前のものは宣言されていないというエラー（'AnalogRead' was not declared in this scope）が発生しています。

　こうした場合、たいていはエラーの箇所がハイライト表示されますので、よく見比べて異なっている箇所を修正してみてください。

fig.21　Arduinoのエラー表示

PCとの組み合わせで使ってみる

ここまではArduinoボード単体で説明してきましたが、ここからはFunnel（ファンネル）というライブラリを用いて、PCと組み合せて利用する方法を説明していきます。

Arduinoを使って何かを作ろうとする場合、シンプルなものであればいきなりArduino単体で作れるかもしれません。しかし、アイデアをいろいろ試していく段階ではPCと組み合わせ、その後でArduino単体に移行したほうが早い場合もあります。まず最初に、それぞれの方法のメリットとデメリットについて説明します。

まず、最もシンプルなのはArduinoのみで実現する方法です。この方法には、低価格、コンパクト、スタンドアロンで動作可能（＝単独で動作してPCを必要としない）といったメリットがあります。一方で、センサの出力が複雑に変化する場合など、うまく動作しなかったときにどこが悪いのか切り分けるのが大変、音声や動画などのメディア再生を扱うのは難しい、といったデメリットもあります[※11]。

これに対して、ArduinoボードをI/OボードとしてPCとの組み合わせで実現する方法では、センサやアクチュエータとのやり取りだけをArduinoボードに担当させ、それ以外の処理をPC側が担当します。これにより、PC側の機能を利用して、手軽に音声や動画などのメディアを扱えるというメリットがあります。一方で、マイコンとPCの両側のプログラミングを覚える必要がある、マイコンとPCの間のやり取りの仕方を自分で決める必要がある、両方のソースを管理する必要がある、といったデメリットもあります。

	Arduino単体	Arduino＋PC
コスト	低	高
スタンドアロン	○	×
サイズ	小	大
サウンド	△	○
動画	×	○

Arduino単体とArduino＋PCの比較

Arduinoの場合には、PCとのやり取りにはこの後で紹介するFirmata（ファルマータ）というプロトコルを用いるのが一般的です。ArduinoボードをI/Oとして利用することにより、PC側のプログラミングに集中できます。

アイデアをいろいろと試したい段階で制限があると、そちらに影響されてアイデアが萎縮してしまう場合があります。また、一度ハードウェアを

---

11 マイコン上でのプログラミングは、PC上でのプログラミングと比較すると、かなりリソースが制限される点に注意が必要です。たとえば、最近のPCであれば最小でも512MB程度のメモリを搭載していますが、Arduinoではわずか2,048Bで、実に262,144倍も違います。また、単純な比較はできませんが、プロセッサの処理能力もかなり大きく異なります。

決定してしまうと、後から他のもののほうがよいとわかっても、方針を変えるのが難しくなってしまうということがあります。たとえば、サウンドの再生1つとっても、どのくらいのクオリティが必要なのかによって、実現に必要なハードウェアが変わってきます。こうした場合、まずは制限のほとんどないPC上で試し、必要なクオリティを見極めた上でどんなハードウェアで実現するかを決める、というのがおすすめの方法です。

Funnelについて

Funnelはツールキットを相互接続するためのツールキットで、スケッチからプロトタイプまでのプロトタイピングの段階で利用でき、デザイナー／アーティストとエンジニアの間の共通言語になることを目指して、筆者らが開発しました[12]。「センサの言葉」を「GUIプログラミングの言葉」に翻訳するためのフィルタ、フィジカルなUIを扱うためのクラス群、Arduino以外にGainerなどのボードを扱える柔軟性を備えています。

Arduino単体でしか使わない場合には、この後で説明するセットアップは必須ではありません。しかし、プロトタイピングの段階や内容によってはPCと組み合わせたほうが簡単にできる場合もありますので、一通り試してみることをおすすめします。

Funnelライブラリは次のページからダウンロードします。

・Downloads - funnel

http://code.google.com/p/funnel/downloads/

Windowsの場合、ダウンロードしたファイルを右クリックして表示されるメニューから［全て展開］を実行して解凍します。すると、「funnel-x.x-rxxx」のようにバージョン番号が付いたフォルダ[13]が作成されます。このフォルダをドラッグして好きなところへ移動してください。

Mac OS Xの場合、ファイルをダブルクリックして解凍します。解凍が完了したら、フォルダを好きなところにドラッグ＆ドロップしてコピーします。配布パッケージの主な内容は次のようになっています。

[12]
Funnelは小林茂、遠藤孝則、増田一太郎の3人が中心となって開発しました。IPA（情報処理推進機構）の未踏ソフトウェア創造事業2007年第1期（美馬義亮PM）に採択され、2007年4月より12月まで開発の支援を受けました。

[13]
xにはバージョン番号が入ります。

フォルダ		概要
documents/		仕様書やインストールマニュアルなど
hardware/		ハードウェア関連のファイルやツールなど
libraries/	actionscript3/	ActionScript 3用ライブラリ、サンプル、ソースコードなど
	processing/	Processing用ライブラリ、サンプル、ソースコードなど
server/	server.zip	Funnel Server本体（Windows用）
	server.dmg	Funnel Server本体（Mac OS X用）

配布パッケージの主な内容

この後で使用する Funnel Server は、server フォルダの中に入っています。Windows の場合には、server.zip を右クリックして先ほどと同様に解凍します。Mac OS X の場合には、server.dmg をダブルクリックしてマウントし、マウントされた中身を好きなところにコピーします。

Arduino ボード側の準備

Arduino ボードとの接続に使う Firmata は Hans-Christoph Steiner が MIDI を参考に考案したプロトコルです[※14]。Arduino 0015 以降にはこの Firmata を使うためのライブラリが標準で含まれているため、ライブラリのサンプル（StandardFirmata）を書き込むだけで、簡単に I/O モジュールとして利用できるようになります。

① ［File］→［Examples］→［Firmata］→［StandardFirmata］を選択
② 「Upload」ボタンを押して（あるいは［File］→［Upload to I/O Board］を選択し）アップロード

アップロードは 10 数秒で終了するはずです。もしエラーメッセージが表示された場合には、再度アップロードからやり直してみてください。

これで Arduino 側の準備は完了です。以降では、Processing と Flash/ActionScript で Funnel から Arduino を使ってみましょう。

14
ホストとなる PC 上のソフトウェアとマイコンが通信するためのプロトコルです。ホスト上のソフトウェアパッケージで動作する仕様で、複数の実装が存在します。
・Main Page - Firmata
http://firmata.org/

Processing から Arduino を使う

Processing のためのセットアップ

もし Processing を使ったことがない場合には、次のページからダウンロードします。Processing IDE のセットアップは Arduino IDE と同じで、ダウンロードしたファイルを展開し、アプリケーションフォルダにコピーまたは移動するだけです。

・Download \ Processing.org
http://processing.org/download/

次に、書類フォルダ（Windows XP の場合は「マイドキュメント」、Windows Vista/7 と Mac OS X では「書類」）に Processing/libraries/ というフォルダを作成してください（一度 Processing を起動すると Processing という名前のフォルダまでは自動的に作成されます）。そして、ダウンロードした Funnel パッケージの libraries/processing/ にある funnel/ を、作成した Processing/libraries/ にコピーしてください。

この状態でProcessingを起動し、［Sketch］メニューの［Import Library］の［Contributed］カテゴリのメニュー項目として［funnel］が表示されるのを確認してください。ライブラリが認識されたのを確認したら、［File］メニューから［Examples］を開き、［Contributed Libraries/funnel/examples/Arduino/Blink］を選択して開きます。

Windowsの場合、ここでシリアルポートを設定する必要があります。Processingのテキストエディタでの19行目を次のように変更し、3番目の引数で使用するシリアルポートを指定します（この例では「COM3」としていますが、147ページで確認したポート番号に変更します）。

Processing　　BlinkをWindowsで動かす際に変更する箇所

```
19  arduino = new Arduino(this, config, "COM3");
```

151ページのfig.13のようにD13にLED Twigを接続し、「Play」ボタンを押して実行すると、数秒後にスケッチが実行され、先ほどArduino単体で確認したのと同様にLEDが点滅を始めるはずです。これでProcessingでFunnelライブラリを使うための準備は完了です。

Processingのサンプルを動かしてみる

回転型ポテンショメータとLEDを使い、ポテンショメータの位置に応じてLEDの明るさを変えるサンプルを入力して動かしてみましょう。

Processing　　アナログ入力でアナログ出力をコントロールするサンプル

```
1   import processing.funnel.*;
2
3   Arduino arduino;
4
5   // 回転型ポテンショメータ (Potentiometer Twig) に接続したピン
6   Pin sensorPin;
7
8   // LED (LED Twig) に接続したピン
9   Pin ledPin;
10
11  // スケッチの動作開始時に1回だけ実行される
12  void setup() {
13      size(400, 400);
14
15      // LEDに接続したピンのモードをPWMにセット
16      Configuration config = Arduino.FIRMATA;
17      config.setDigitalPinMode(9, Arduino.PWM);
18      arduino = new Arduino(this, config);
19
```

```
20      // 可変抵抗器とLEDに接続したピンを表す変数を初期化
21      sensorPin = arduino.analogPin(0);
22      ledPin = arduino.digitalPin(9);
23  }
24
25  // スケッチの実行を終了するまで繰り返し実行される
26  void draw() {
27      // このサンプルではここでは描画処理は行わない
28  }
29
30  // いずれかのピンで変化が生じたら以下が呼ばれる
31  void change(PinEvent event) {
32      // 変化が生じたのが可変抵抗器に接続したアナログピンであれば
33      if (event.target == sensorPin) {
34          // LEDに接続したピンの値を可変抵抗器に接続したピンの値にセットする
35          ledPin.value = sensorPin.value;
36
37          // 背景の明るさをLEDの明るさと同じにする（mapで0～1の値を0～255にスケーリング）
38          background(map(ledPin.value, 0, 1, 0, 255));
39      }
40  }
```

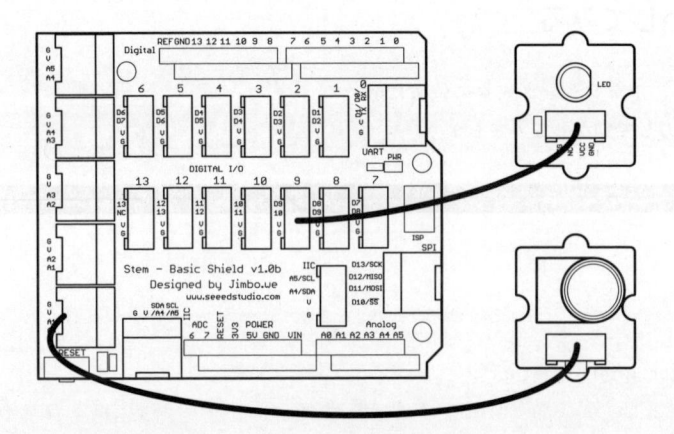

fig.22　Potentiometer TwigとLED Twigを接続した配線図

　Arduino言語はもともとProcessing言語をベースにしていますので、Processingのコードも Arduinoとよく似ています（setupの役割は同じで、loopがdrawにほぼ相当します）。違いがあるのは、Funnelではアナログ値を0から1までの実数で表現することです。

　Arduinoボードの実際の値は、入力が0から1,023、出力が0から255でした。これは現在標準となっているボードに搭載されているマイコンのスペックによるもの（将来的には変更される可能性があります）ですが、Funnelは最初から複数のハードウェアに対応することを想定してデザインしているため、アナログ値は0から1までの実数で表現します。

また、changeのように、Funnel独自で拡張した部分があります。キーボードやマウスの場合、keyPressedやmousePressedのようにイベントをハンドリングする関数があらかじめ用意されていて、それぞれの関数の中にイベントに対応した処理を書いていきます。Funnelの場合には、change（ピンの値が変化した）、risingEdge（ピンの値が0から0以外に変化した）、fallingEdge（ピンの値が0以外から0に変化した）などの関数があらかじめ定義されており、GUIのプログラミングと同様の文法でフィジカルな入力を扱えるようにしています。

なお、「ledPin.value = sensorPin.value」のようにドットを使った書き方が出てきています。「．（ドット）」を日本語の「の」に、「＝（イコール）」を日本語の「を」に置き換えて読むとわかりやすくなるのではないかと思います。

ここで、もう1つの例としてマウスのオン／オフでLEDのオン／オフをコントロールするサンプルを入力して動かしてみましょう。回路は同じです。

Processing　　マウスでLEDをコントロールするサンプル

```
1  import processing.funnel.*;
2  
3  Arduino arduino;
4  
5  // LED (LED Twig) に接続したピン
6  Pin ledPin;
7  
8  void setup() {
9      size(400, 400);
10 
11     // LEDに接続したピンのモードを出力にセット
12     Configuration config = Arduino.FIRMATA;
13     config.setDigitalPinMode(9, Arduino.OUT);
14     arduino = new Arduino(this, config);
15 
16     // LEDに接続したピンを表す変数を初期化
17     ledPin = arduino.digitalPin(9);
18 }
19 
20 void draw() {
21     // このサンプルではここでは描画処理は行わない
22 }
23 
24 // マウスボタンが押されたら
25 void mousePressed() {
26     // LEDに接続したピンの値を1にセットしてLEDを点灯して背景を白に
27     ledPin.value = 1;
28     background(255);
29 }
```

```
30
31    // マウスボタンが離されたら
32    void mouseReleased() {
33        // LEDに接続したピンの値を0にセットしてLEDを消灯して背景を黒に
34        ledPin.value = 0;
35        background(0);
36    }
```

このように、GUIからフィジカルな世界の物体をコントロールする、あるいはその逆も簡単に実現できます。

ライブラリにはこれ以外にもさまざまな機能があります。Funnelのパッケージの中にHTML形式でのリファレンスもありますので（場所はlibraries/processing/doc/)、さまざまな使い方を探求してみるとよいでしょう。

ActionScriptからArduinoを使う

ActionScript 3のためのセットアップ

2011年8月の時点で、ActionScript 3を扱うための環境としては、Flash CSx Professional、Flash Builder（旧名称Flex Builder）やFlashDevelop、そしてブラウザのみで動作するwonderfl[※15]の大きく3種類があります。

いずれの場合にも、実際にコードが実行されるのはFlash Playerです。Flash Playerはセキュリティの関係上、ハードウェアに直接アクセスすることはできないため、Flash Playerとハードウェアを仲介するプロキシが必要になります。Funnelの場合には、serverフォルダに入っているFunnel Serverがその役割を担当します（まだ解凍していなければプラットフォームに合わせたファイルを解凍してください)。

15
wonderflは面白法人カヤックが運営するウェブサービスで、オンラインのIDEとコミュニティから構成されます。スクラッチからコードを書くことも、誰かのコードから派生させてバリエーションを作ることもできます。詳細に関しては『ブラウザで無料ではじめるActionScript 3.0 −it's a wonderfl world−』（面白法人カヤック＆フォークビッツ著／ワークスコーポレーション／2009年／定価3,570円／ISBN:978-4-86267-077-9）を参照してください。
・wonderfl - build Flash online
http://wonderfl.net/

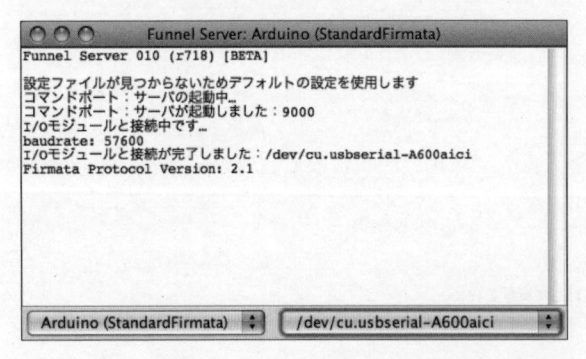

fig.23 Arduinoボードを接続した状態でFunnel Serverを起動した状態の画面例

Funnel Serverを最初に使用するときに、ボードとシリアルポートの設定

が必要になります。まず、Funnel Serverをダブルクリックして起動してください。次に、左側の［board］メニューから［Arduino (StandardFirmata)］を選択します。Mac OS Xの場合には、自動的にArduinoボードと思われるシリアルポートが選択されます。Windowsの場合には、Arduinoボードに対応するシリアルポート（例：COM3）を選択してください（161ページ参照）。

151ページのfig.13のようにD13にLED Twigを接続すれば、ハードウェアを使用する準備は完了です。

Funnel Serverの起動が確認できたら、まず、ブラウザ上でのサンプルを利用して動作確認してみましょう。Funnel Serverが起動している状態で、次のURLにアクセスしてみてください。表示されるページの右側にある再生ボタンをクリックすることで、ブラウザ上のFlashコンテンツが再生されます。以降の説明は、wonderfl上でサンプルを用いて行います。

http://wonderfl.net/c/7Czh

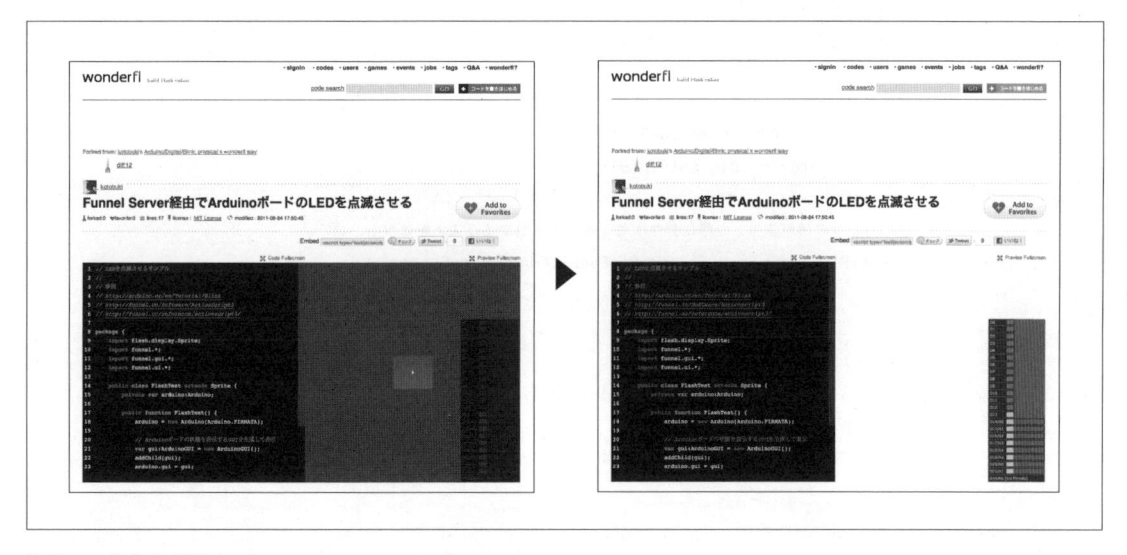

fig.24　wonderfl - build Flash online

ブラウザ上でテスト用のSWFファイルが実行され、最初にArduino単体で確認したのと同様にLEDが点滅するはずです。

ActionScript 3のサンプルを動かしてみる

回転型ポテンショメータとLEDを使い、ポテンショメータの位置に応じてLEDの明るさを変えるサンプルを動かしてみましょう。このサンプルはwonderflで公開していますので、接続だけ終わればWebブラウザ上でそのまま動かしてみることができます。配線図は162ページのfig.22と同じです。

http://wonderfl.net/c/fwPa

ActionScript　アナログ入力でアナログ出力をコントロールするサンプル

```
package {
    import flash.display.Sprite;
    import funnel.*;

    public class AnalogIOExample extends Sprite {
        private var arduino:Arduino;

        // 回転型ポテンショメータ (Potentiometer Twig) に接続したピン
        private var sensorPin:Pin;

        // LED (LED Twig) に接続したピン
        private var ledPin:Pin;

        public function AnalogIOExample() {
            // LEDに接続したピン (D9) のモードをPWMにセット
            var config:Configuration = Arduino.FIRMATA;
            config.setDigitalPinMode(9, PWM);
            arduino = new Arduino(config);

            // センサとLEDに接続したピンを表す変数を初期化
            sensorPin = arduino.analogPin(0);
            ledPin = arduino.digitalPin(9);

            // センサの値が変化した際に発生するイベントに対するリスナをセット
            sensorPin.addEventListener(PinEvent.CHANGE, onChange);
        }

        // センサの値が変化したら以下を実行
        private function onChange(e:PinEvent):void {
            // LEDの値をセンサの値にセット
            ledPin.value = sensorPin.value;
        }
    }
}
```

　ActionScript 3用のライブラリも、Processing用のライブラリと基本的な考え方は同じです。キーボードやマウスを操作したときに発生するイベントと同様にPinEventというイベントが定義されており、それらのイベントに対するイベントリスナをセットしていきます。たとえば、PinEvent.CHANGE（ピンの値が変化した）、PinEvent.RISING_EDGE（ピンの値が0から0以外に変化した）、PinEvent.FALLING_EDGE（ピンの値が0以外から0に変化した）などがあります。これにより、GUIのプログラミングと同様の文法でフィジカルな入出力を扱うコードも書いていくことができます。

　また、よく用いられるフィジカルな入出力（ボタン、LED、モータドライバなど）を扱うためのクラスや時間とともに変化する入力を確認するためのクラスも用意されています。Processing同様、Funnelのパッケージの中に

HTML形式でのリファレンスがありますので（場所はlibraries/actionscript3/asdoc-output）、さまざまな使い方を試してみてください。Arduinoを使ったプロトタイピングを解説した専門の書籍[※16]もありますので、ぜひ参考にしてみてください。

16
『Prototyping Lab - 「作りながら考える」ためのArduino実践レシピ』（小林茂著／オライリー・ジャパン／2010年／定価3,990円／ISBN: 978-4-87311-453-8）

（小林茂）

●ローカルでの動作確認

　いままでの動作確認はすべてオンラインで行ってきましたが、ローカルで動かす場合にはライブラリに関するセットアップが必要になります。Flash CSxの場合には、libraries/actionscript3/examplesにあるArduinoTest.flaを開きます。パブリッシュして実行すると、先ほどと同じように動作する（Arduino上のLEDが点滅する）はずです。

　ただし、サンプルのFLAファイルではあらかじめライブラリへのソースパスを設定してありますが、新規に作成したActionScript 3.0 ドキュメントの場合にはソースパスを設定する必要があります。fig.25を参考に、ダウンロードしたパッケージのlibraries/actionscript3というフォルダの中のsrcフォルダをソースパスとして指定します。Flash BuilderまたはFlash Developなどの場合には、同じフォルダにあるArduinoTest.asをアプリケーションに追加します。その後、Flash CSxの場合と同様に、ダウンロードしたパッケージのlibraries/actionscript3というフォルダの中のsrcフォルダをソースパスとして指定します。

　デバッグまたは実行すると、先ほどブラウザ上で確認したのと同じように動作するはずです。もし、パブリッシュに失敗するようであれば、ライブラリへのパスが正しく設定できていないことが考えられるので、再度設定を確認してください。

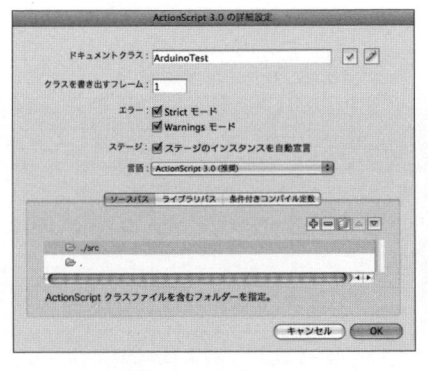

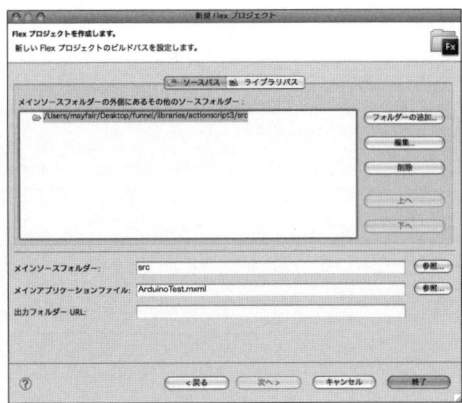

fig.25　Flash CS5 Professional（左）とFlash Builder 4（右）でのソースパスの設定画面

3

LABO

―

この章では、Webブラウザの中にとどまらないさまざまな体験を追及している、
サイバーエージェントとくるくる研究室の作例を取り上げます。
ここで紹介しているのは自主制作としての作品ですが、
すでに多くのユーザーに体験されています。
インタラクティブなコンテンツとして仕上げる際の過程を紹介します。

LABO 3.1
サイバーエージェント

Kinect×Flash―KinectとFlashを使ったゲーム

　私たちサイバーエージェント・ラボ部では、新しいデバイスやUIを使った実験的な作品をいろいろと作ったりしています。これまで、100インチのFTIR[1]マルチタッチディスプレイを自作したり、絶対に勝てる野球拳システム（曲げセンサ＋Funnel）を作ったり、バランスWiiボードを使った牛丼屋さん体験ゲームを作ったり、ルンバをハックしたりして、Adobe MAX Japan[2]やおばかアプリ選手権[3]といったイベントで発表してきました。

　ここでは、私たちの最新の作品、Kinectを使った体験型対戦格闘ゲーム「PiggFighter」の制作経緯、過程を紹介していきます。

1
Frustrated Total Internal Reflectionの略で、2005年にニューヨーク大学（当時、現在はPerceptive Pixel）のJeff Hanが提案した赤外線LEDとカメラを利用する方式のこと。大きなサイズのタッチパネルを比較的安価で実現できるのが特長です。

2
Adobe MAX Japan：アドビシステムズが主催するユーザカンファレンス

3
おばかアプリ選手権：＠ITデザインハックが主催するデザインハック・ミーティング

fig.1 PiggFighter

PROGRAMMER: Daisuke Urano
DIRECTION+FLASH: Shunsuke Ohba
FLASH: Tetsuya Takaoka, Kotaro Tomitsuka
DESIGNER: Eri Nishihara
FIGHTER: Mayuko Yamazaki
SOUND: Takahiro Kurashina
VOICE: Yuriya Morisaki
SPECIAL THANKS: Emi Baba, Tasuku Uno

　PiggFighterはKinectとFlashを使用し、アメーバピグを連動させた対戦格闘ゲームです。ゲームを開始し、Kinectに自分自身を認識させると、特定のジェスチャーに反応しピグが動きます。自分のジェスチャーでピグを動かして、相手と闘います。いままでマウスにしか反応しなかったピグが、自分と一体となって格闘ゲームという世界で動く楽しさを体験してみたいと思い、制作しました。

［参照ファイル］piggfighter.zip

● PiggFighterの遊び方

1. 両腕を上げるポーズでKinectに自分自身を認識させる

2. 対戦相手と戦う前にまずは「礼」

3. ジェスチャーで、必殺技やガードをして相手と戦う

4. どちらかの体力がなくなると対戦終了

　Kinectを使うとキーボードとマウスではなく、身体全体がコントローラーになります。どのように見せたらおもしろく、人に共感してもらえるだろうか？　今回Kinectを使用した作品を作る上で、チームでさまざまなアイデアを出し合いました。自分の手の位置を監視して空間上に文字を書いたり、歩く動作をすることで3Dの世界の中で動き回れたりする、などのいくつかの案のうち、対戦格闘ゲームが最も効果的ではないかという結

論に至りました。格闘ゲームによくある波動拳のような必殺技を、実際に身体を使って出すことで味わえる感覚は、キーボードとマウスでは味わえない、新たなインタラクティブです。このような新たなインタラクションを模索してみた結果、今までの入力デバイスでは実現が難しかったアイデアを実現できる可能性が見えてきました。

KinectとFlashの通信

PiggFighterの開発では、まずKinectのデータをFlashで扱うためのライブラリkinectasを作成しました。

- **uranodai/kinectas - Spark project**
  http://www.libspark.org/wiki/uranodai/kinectas

kinectasは、Kinectのデータを処理しFlashに送信するためのネイティブアプリ（kinectOscSender.app）と、受信したデータをAS3で扱うためのクラスライブラリ（kinectas.swc）から構成されます。

Kinectをコントロールするネイティブアプリ kinectOscSender.app は、openFrameworks（以下、OF）[4]で実装しています。OpenNI（99ページ参照）用のライブラリ ofxOpenNI[5] を使って、Kinectからのデータ（カメラのRGB情報と深度情報）の取得とデータ処理（人物の認識、キャリブレーション、骨格トラッキングなど）を行います。

fig.2 kinectasの構成イメージ

[4]
openFrameworksは、C++向けのクリエイティブコーディングに特化したオープンソースの開発環境です。
- **openFrameworks**
  http://www.openFrameworks.cc/

[5]
ofxOpenNIはOFでOpenNIを扱うためのアドオンです。
- **ofxOpenNI**
  https://github.com/roxlu/ofxOpenNI

fig.3 kinectOscSender.appの機能

これらのデータは、OSC用のライブラリ ofxOSC[6] を使ってOSCメッセージとして送信されます。Flash側では受信したOSCメッセージを解析し、プレイヤー入力として扱います。

[6]
ofxOSCはOFでOSCを扱うためのアドオンで、OFのFAT版に同梱されています。

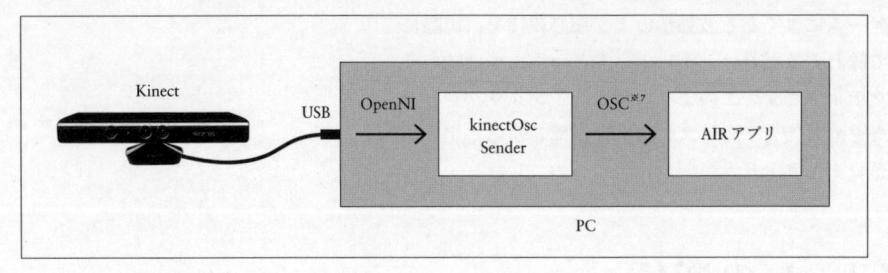

fig.4 システムの概要図

OSCによるデータ通信

OSCによるデータ通信部分は次のように実装しています。

機能	開発言語	概要
送信側	OF	Kinectからのデータを処理してOSCメッセージとして送信する
受信側	AS3	OSCメッセージを受信してプレイヤー入力として扱う

OSCによるデータ通信の実装分担

まずは送信側です。以下に、kinectOscSender.appのコードを一部抜粋します。Kinectが新しいプレイヤーを検出したときに、アドレス名を「/newUser」とし、そのプレイヤーのID情報を持つOSCメッセージを送信しています。

7
OSC（Open Sound Control）は、さまざまな言語間・アプリケーション間・デバイス間通信の際によく使われるデータ通信プロトコルです。

```
C++    kinectOscSender.h（抜粋）
1   #ifndef _TEST_APP
2   #define _TEST_APP
3
4   #include "ofMain.h"
5   #include "ofxOpenNI.h" // ofxOpenNIをインクルード
6   #include "ofxOsc.h" // ofxOSCをインクルード
7
8   #define HOST "0.0.0.0" // 接続先のホスト名
9   #define PORT 3000 // 接続先のポート番号
10
11  class testApp : public ofBaseApp{
12
13      public:
14      void setup();
15      void update();
16      void draw();
17
18      // 新しいプレイヤーが認識されたときのイベント
```

```cpp
19        void newUserEvent(ofxUserGeneratorEventsArgs &args);
20
21        // OSC送信者
22        ofxOscSender sender;
23    };
24
25    #endif
```

```cpp
// C++   kinectOscSender.app（抜粋）
1   #include "testApp.h"
2
3   void testApp::setup()
4   {
5       // イベントリスナーを追加
6       ofAddListener(ofxOpenNIEvents.newUser, this, &testApp::newUserEvent);
7
8       // 接続先のホスト名とポート番号を設定
9       sender.setup( HOST, PORT );
10  }
11
12  // 新しいプレイヤーが認識されたときに呼ばれる
13  void testApp::newUserEvent(ofxUserGeneratorEventsArgs &args)
14  {
15      ofxOscMessage m; // OSCメッセージを作成
16      m.setAddress( "/newUser" ); // アドレスを設定
17      m.addIntArg(args.userID); // int値を追加
18      sender.sendMessage( m );   // メッセージを送信
19  }
```

続いて、受信側です。以下にFlashアプリケーションのコードを一部抜粋します。ここでは、受信したOSCメッセージを解析し、アドレス名が「/newUser」のときにコールバックしています。

```actionscript
// ActionScript   Kinect.as（抜粋）
1   package uranodai.Kinect
2   {
3       import uranodai.Kinect.connectors.UDPConnector;
4       import uranodai.Kinect.data.SkeletonData;
5       import uranodai.Kinect.osc.IOSCListener;
6       import uranodai.Kinect.osc.OSCManager;
7       import uranodai.Kinect.osc.OSCMessage;
8       import uranodai.Kinect.util.Callback;
9
10      public class Kinect implements IOSCListener
11      {
```

```
{
    public static const HOST:String = "0.0.0.0"; // 接続先のホスト名
    public static const PORT:int = 3000; // 接続先のポート番号

    private var _osc:OSCManager; // OSC受信者

    private var _newUserHandler:Callback; // コールバック

    public function Kinect()
    {
        // 接続先のホスト名とポート番号を設定
        var connectorIn:UDPConnector = new UDPConnector(HOST, PORT);
        _osc = new OSCManager(connectorIn, null, true);
        _osc.addMsgListener(this); // イベントリスナーを追加
    }

    // コールバックを作成
    public function newUser(handler:Function, ...args):Kinect
    {
        _newUserHandler = new Callback(handler, args);
        return this;
    }

    // OSCメッセージ受信時に呼ばれる
    public function acceptOSCMessage(oscmsg:OSCMessage):void
    {
        var id:int;

        switch (oscmsg.address){ // アドレスを確認
            case "/newUser":
                id = oscmsg.arguments[0]; // int値を取得
                // コールバックを呼ぶ
                if (_newUserHandler != null)
                {
                    _newUserHandler.args.unshift(id);
                    _newUserHandler.call();
                    _newUserHandler.args.shift();
                }
                break;
        }
    }
}
```

Flashアプリケーションの実装

アプリケーションの構成は次のとおりです。

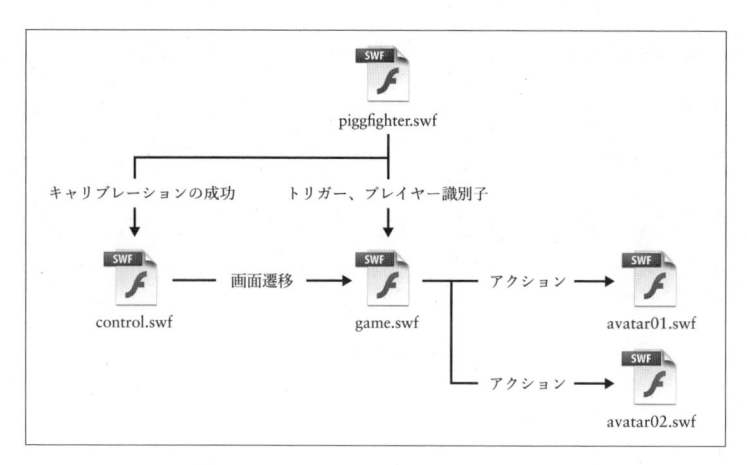

fig.5　アプリケーション構成図

ファイル名	概要
piggfighter.swf	Kinectからの情報を処理し、プレイヤーのジェスチャーをトリガーとして認識、得たトリガーをgame.swfに伝える
control.swf	画面遷移を管理する
game.swf	衝突判定やユーザーインターフェイスなど、ゲームロジックを管理
avatar01.swf	左側アバター情報やアクションを内包する
avatar02.swf	右側アバター情報やアクションを内包する

Flashアプリケーションの構成

ジェスチャーの認識

「PiggFighter」は小さい頃、誰もが真似したことのある『DRAGON BALL』の「かめはめ波」や『ストリートファイターⅡ』の「昇龍拳」などといったジェスチャーが、実際にスクリーン上で反応したらおもしろいのではないか、というところからスタートした企画です。ですので、プレイヤーのジェスチャーをうまく認識できるかどうかは、本ゲームのポイントの1つです。

ここではkinectasライブラリを使用して、取得したプレイヤーの骨格トラッキング情報（頭や肘、手などのX、Y、Z座標値）をもとにPiggFighterのジェスチャーとして認識させる部分を解説していきます。

PiggFighterクラスとprojectフォルダに内包されているkinectパッケー

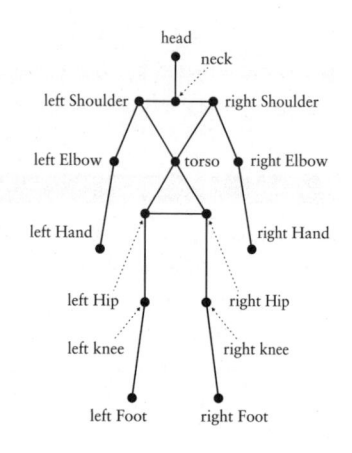

fig.6　骨格トラッキング情報

ジがプレイヤーのジェスチャーを認識する役割を担っています。ファイル構成は次のとおりです。

クラス名	概要
PiggFighter.as	ドキュメントクラス。kinectasライブラリを使用して、プレイヤーの骨格情報を取得
KinectModel.as	プレイヤーの骨格情報を処理する母クラス
PlayerStatus.as	プレイヤーの骨格情報を格納するクラス
Gesture.as	プレイヤーの骨格情報からトリガーを判断するクラス

ドキュメントクラスとkinectパッケージ

　クラス間の流れとしては、PiggFighterクラスでプレイヤーの骨格トラッキング情報やプレイヤーの識別子をKinectModelクラスに渡します。KinectModelクラス内ではPiggFighterクラスから受け取った情報をPlayerStatusクラスに格納し、Gestureクラスを使って、プレイヤーのジェスチャーを常に判断します。そして、認識したトリガーをPiggFighterクラスからgame.swfに伝えます。

PiggFighter.as — kinectasから、プレイヤーの骨格情報を取得し、KinectModelに渡す

KinectModel.as — プレイヤーの骨格情報を処理し、PlayerStatusに格納

PlayerStatus.as — プレイヤーの骨格情報を保持

Gesture.as — プレイヤーの骨格情報を監視し、トリガーを認識

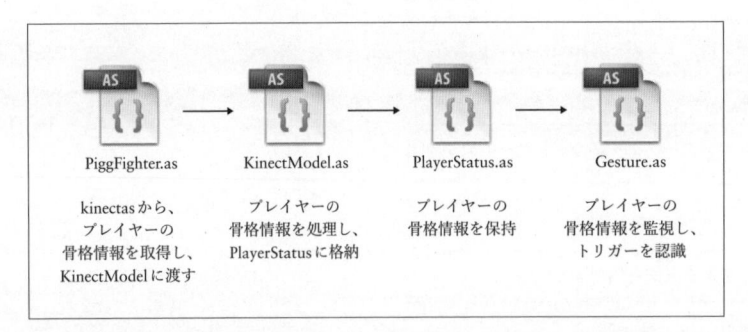

fig.7　kinectパッケージクラス相関図

●プレイヤーの骨格トラッキング情報を取得する

　それでは、PiggFighterクラスの記述を見ていきましょう。

```
ActionScript    PiggFighter.as (抜粋)
1  //kinectインスタンスを生成
2  _kinect = new Kinect()
3      .skeleton(onUpdate) //毎フレーム更新される骨格情報のイベントハンドラを設定
4      .calibrationSucceeded(onCalibrationSucceed, "onCalibrationSucceed") //キャリブレーション成功時のイベントハンドラを設定
5      .snapshot(handleSnapShot); //スナップショットが実行されたときのイベントハンドラを設定
```

　ここでは、kinectasライブラリのKinectクラスをインスタンス化し、次

の3つのメソッドを使用します。この3つのメソッドのイベントハンドラにそれぞれonUpdate、onCalibrationSucceed、snapshotを設定します。

メソッド	概要
skeletonメソッド	プレイヤーの骨格トラッキング情報更新時に指定のイベントハンドラを実行する。イベントハンドラの引数はskeletonData（骨格トラッキング情報）
calibrationSucceededメソッド	キャリブレーションに成功したときに指定のイベントハンドラを実行する。イベントハンドラの引数は成功したプレイヤーの識別子（Int型）
snapshotメソッド	写真を撮ったときに指定したイベントハンドラが実行される

skeletonメソッド、calibrationSucceededメソッド、snapshotメソッド

ActionScript　Piggfighter.as（抜粋）

```
1   //毎フレーム更新されるユーザーの骨格情報をKinectModelに渡す
2   private function onUpdate(data:SkeletonData):void
3   {
4       if(_model) _model.addPlayerId (data);
5   }
6
7   //キャリブレーションを成功させたユーザーのIDをKinectModelに伝える
8   private function onCalibrationSucceed(id:int, str:String):void
9   {
10      if(_model) _model.addAvatar(id);
11  }
12
13  //game.swfに認識したトリガーを送信
14  public function trigger(key:String, id:String):void
15  {
16      if (_common.gameSWF)
17      {
18          _common.gameSWF.fromKinectTrigger(key,id);
19      }
20  }
```

①　②　③

　onUpdateメソッドでは取得したプレイヤーの骨格トラッキング情報をそのままKinectModelに伝えます（①）。onCalibrationSucceedメソッドでは、キャリブレーションに成功したプレイヤーのID（Kinect側の識別子）をKinectModelに渡しています（②）。triggerメソッドはKinectModelクラスから実行されるメソッドで、game.swfにトリガーを伝えるためのメソッドです（③）。

●プレイヤーの骨格トラッキング情報を処理する

　次にKinectModelクラスです。KinectModelクラスでは主に次のメソッドが用意されています。

メソッド	概要
addPlayerId	キャリブレーションに成功したプレイヤーのIDを格納
update	PiggFighterクラスから受け取ったSkeletonDataを処理する
setAvatarId	プレイヤーの左右を判別
trigger	Gestureクラスで認識されたトリガーをPiggFighterクラスに伝える

KinectModelクラスメソッド

ActionScript　　KinectModel.as（抜粋）

```
//キャリブレーションに成功したプレイヤーのIDを格納
public function addPlayerId(id:int):void
{
    //最初のプレイヤーIDを格納
    if(_userIds.length == 0)
    {
        _userIds.push(id);
    }
    //2人目のプレイヤーIDを格納
    else if(_userIds.length == 1 && id != _userIds[0])
    {
        _userIds.push(id);
    }
}

//SkeletonDataを処理
public function update(skel:SkeletonData):void
{
    // 最初にキャリブレーションが成功した2人のみ処理
    //格納済みのプレイヤーIDをもとに、骨格情報を更新していく
    if(_userIds[0] != null && skel.userId == _userIds[0])
    {
        _p1PlayerStatus.userId = skel.userId;
        _p1PlayerStatus.update(skel);
    }
    else if(_userIds[1] != null && skel.userId == _userIds[1])
    {
        _p2PlayerStatus.userId = skel.userId;
        _p2PlayerStatus.update(skel);
    }

    //2人のプレイヤーの左右を分ける
    if(_p1PlayerStatus.avatarId == null && skel.head.c > 0 && _p1PlayerStatus.active && skel.userId == _p1PlayerStatus.userId) setAvatarId(skel.head.x, _p1PlayerStatus);

    if(_p2PlayerStatus.avatarId == null && skel.head.c > 0 &&
```

```
36          _p2PlayerStatus.active && skel.userId == _p2PlayerStatus.userId) setAvatarId(skel.head.x, _
            p2PlayerStatus);
37      }
38
39      //プレイヤーの頭のX座標で左右に分ける
40      private function setAvatarId(xpos:Number, status:PlayerStatus):void
41      {
42          if(status.avatarId != null) return;
43          if(xpos < _common.STG_MAX_W / 2)
44              status.avatarId = _common.AVATAR_LEFT;
45          else
46              status.avatarId = _common.AVATAR_RIGHT;
47      }
48
49      //認識したトリガーをPiggFighterクラスに伝える
50      public function trigger(key:String, id:String):void
51      {
52          _index.trigger(key, id);
53      }
```
④

 ここではまず、kinectasによって取得されるskeletonDataはKinectが認識したすべてのプレイヤーの骨格トラッキング情報であることに気を付けなければなりません。このままでは、画面に10人のプレイヤーが入れば10人分の情報が返されることになります。その中からゲームプレイヤーである2人を区別しなければなりません。
 そこで、SkelteonDataのuserIdプロパティを使用します。PiggFighterクラスのonCalibrationSucceedメソッドで、認識したプレイヤーの識別子が取得できるので、取得したプレイヤーIDの骨格トラッキング情報だけ処理し、それ以外は処理しません。つまり、最初の2人のプレイヤーの骨格トラッキングデータのみ処理している状態となります。
 次に、プレイヤー骨格トラッキング情報の整形です。SkeletonDataの情報をPlayerStatusクラスに格納し、PlayerStatusクラスでトリガーとして認識しやすいように整形しています。また、プロパティavatarId（String型）を持っています。
 プレイヤー1とプレイヤー2を区別するのは④の部分です。setAvatarIdメソッドで、プレイヤーが画面の左側か右側かを区別し、それぞれ"AVATAR_LEFT"、"AVATAR_RIGHT"に設定します。

3.1 サイバーエージェント

メソッド：STAND 概要：通常状態	メソッド：SHAGAMU 概要：しゃがんでいる状態	メソッド：JUMP 概要：ジャンプしている状態
メソッド：STAND_GUARD 概要：通常状態のガード	メソッド：SHAGAMU_GUARD 概要：しゃがんでいる状態のガード	メソッド：HISSATSU 概要：通常状態の必殺技
メソッド：SHAGAMU_HISSATSU 概要：しゃがんでいる状態の必殺技	メソッド：TAMERU 概要：パワーをためる	メソッド：CHOHISSATSU 概要：超必殺技

fig.8　PiggFighterのトリガー

ここまでで、キャリブレーションに成功した2人のプレイヤーの骨格トラッキング情報、また左右どちらのプレイヤーであるかを示すavatarIdも取得できたので、これらの情報を使用して、Gestureクラスでジェスチャーをトリガーとして認識させる部分を見ていきましょう。

●ジェスチャーを認識する

まず、どういうジェスチャーがあるかを認識しましょう。本アプリ Pigg Fighterではfig.8のようなトリガーが用意されています。

●プレイヤーのジェスチャーをトリガーとして認識させる

Gestureクラスでは、AvatarData（プレイヤー骨格トラッキング情報）の状態を常に監視し、条件を満たしたらプレイヤーのジェスチャーをトリガーとして判断します。

トリガーの考え方の例としては次のとおりです。

・「しゃがむ」の場合
fig.9のように、腰のY座標値が膝のY座標値より低い場合に、「しゃがむ」と認識する

・「ガード」の場合
fig.10のように、両手が交差したら「ガード」と認識する

これらの条件分岐を記述したのがGestureクラスの各メソッドです。それぞれの条件を満たした場合に、KinectModelクラスのtriggerメソッドを使って、トリガーのタイプ<String型>と、トリガーを実行したプレイヤーの識別子<String型>をgame.swfに送信しています（⑤）。

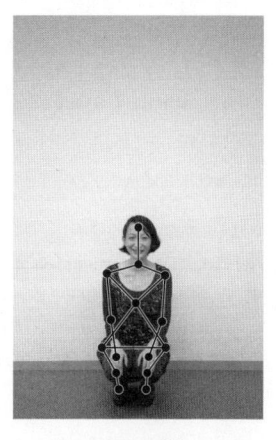

fig.9 「しゃがむ」の場合

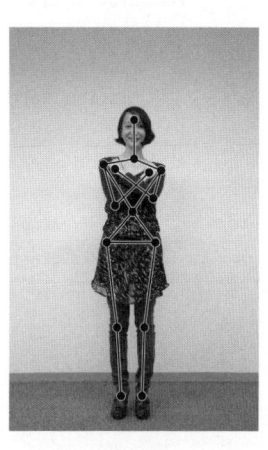

fig.10 「ガード」の場合

```
ActionScript    Gesture.as（抜粋）
1   //スタンド・ジャンプ・しゃがむジェスチャーの認識
2   override public function position():void
3   {
4       //お腹が基準座標より下ならしゃがむと判定
5       if(data.torso.y > standardData.torso.y + squatRange)
6       {
7           status = SQUAT;
8           if(!_isGuard) trigger(common.SHAGAMU);
9       }
10      //お腹が基準座標より上ならジャンプと判定
11      else if(data.torso.y < standardData.torso.y - jumpRange)
12      {
13          status = JUMP;
14          trigger(common.JUMP);
15          _hissatsuStartZ = 0;
16      }
17      else
```

```
18            {
19                //それ以外なら通常状態
20                status = STAND;
21            }
22    }
23
24    //ガードの認識
25    override public function guard():void
26    {
27        //手が交差したらガードと判定
28        if(data.leftHand.x > data.rightHand.x + guardRange && data.rightHand.x < data.leftHand.x - guardRange)
29        {
30            _isGuard = true;
31            if(status == STAND)
32            {
33                trigger(common.STAND_GUARD);
34                _hissatsuStartZ = 0;
35            }
36            else if(status == SQUAT)
37            {
38                trigger(common.SHAGAMU_GUARD);
39                _hissatsuStartZ = 0;
40            }
41        }
42        else
43        {
44            _isGuard = false;
45        }
46    }
47
48    protected function trigger(key:String):void
49    {
50        _model.trigger(key, data.avatarId);
51    }
```

⑤

ゲームのロジックについて

　game.swfでは最初にPCピグで使用しているアバターのswf（avatar01.swf、avatar02.swf）をロードし、それぞれのプレイヤーに割り当てます。kinect.swfから送信されるトリガーに対応した必殺技や防御などのアクションを実行します。

　2体のアバターはそれぞれ体力を持っています。必殺技を使用して体力を減らし、相手の体力を0にしたプレイヤーの勝利です。

アクションの実行について

piggfighter.swfからトリガーを受け取って、アクションを実行します。

```ActionScript
public function trigger(key:String,avatarId:String):void
{
    (中略)
}
```
ActionScript game.swf（抜粋）

piggfighter.swfからgame.swfのtriggerメソッドを実行し、引数にジェスチャのkeyを渡します。keyを判定して必殺技やガードなどのアクションを実行します。

当たり判定について

PiggFighterでは矩形領域の当たり判定を使用してゲーム制作しています。アバターが1つ、必殺技が1つ、それぞれ矩形領域を持っています。

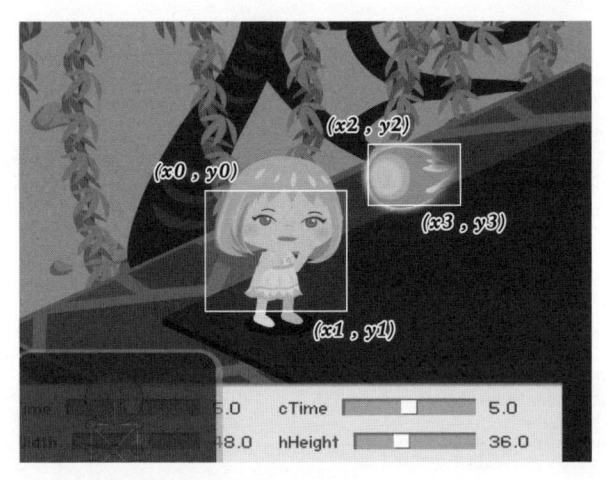

fig.11 アバターの矩形領域と必殺技の矩形領域

矩形はfig.11のように4点の座標（x0〜3, y0〜3）で表すことができます。この4点の座標を使って、矩形が交差したかどうかを見て当たり判定の処理を行っています。交差したときにtrueを、交差していないときにfalseを返す関数は次のページのコードのようになります。

ActionScript　game.swf（抜粋）

```
private function isHit(x0:int , y0:int , x1:int , y1:int , x2:int , y2:int , x3:int , y3:int):Boolean
{
    if(x3 < x0 || y3 < y0 || x2 > x1 || y2 > y1)
    {
        //当たり判定の矩形が交差していなかったらfalseを返す
        return false;
    }
    else
    {
        //当たり判定の矩形が交差したらtrueを返す
        return true;
    }
}
```

必殺技が表示されているときに毎フレーム当たり判定を行い、アバターの矩形と必殺技の矩形が交差しているかどうかを判定します。交差したときに「必殺技が当たった」というステータスになり、実行されているアクションをもとにダメージを受ける、防御をするなどのアクションが行われます。必殺技と必殺技の矩形が交差したときは相殺、超必殺技の場合には相手の必殺技を打ち消すなどのアクションが行われます。

アバターのアクション

PiggFighterで使用しているアクションはPCピグで使用しているアクションの仕組みを流用しています（fig.12参照）。

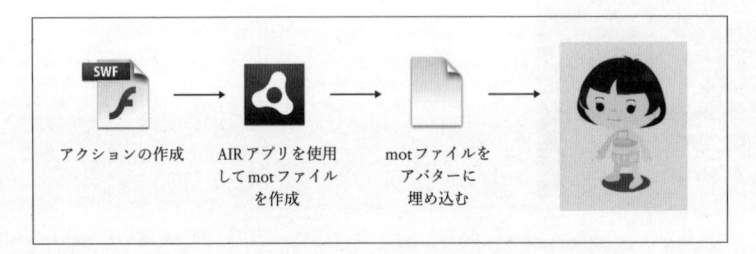

fig.12　アバターのアクションの仕組み

PCピグの各アクションは、ひとつひとつのピグ専用のモーションファイル（motファイル）に格納されています。motファイルとは、ピグのアクションを数値化したファイルです。

最初にアクション再生用のmotファイルを作り、アバターのswfを生成するときにmotファイルを埋め込みます。piggfighter.swfから送信されるトリガーのタイプ<String型>をもとに、埋め込まれたアクションを再生します。

このmotファイルに格納されている数値をアバターの手や足の各パーツに割り当て、アクションを再生します。

PiggFighterでは複数のアバターにさまざまなアクションを適用させる必要があります。motファイルを作ることで複数のアバターでアクションを使い回すことができ、汎用的に制作を進めることができます。

●アバターのアクションの作成

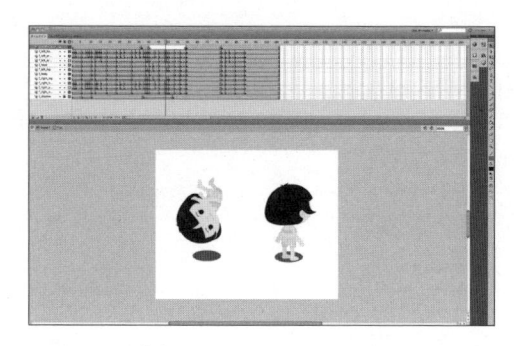

1. アクションの作成
まず素体となるアバターを使い、タイムラインアニメーションで必殺技などのアクションを作成します。

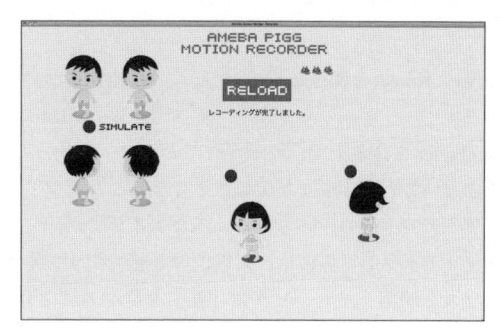

2. AIRアプリを使用してmotファイル作成
アメーバピグ専用のAIRアプリケーションモーションレコーダーを使い、swfからmotファイルを作ります。

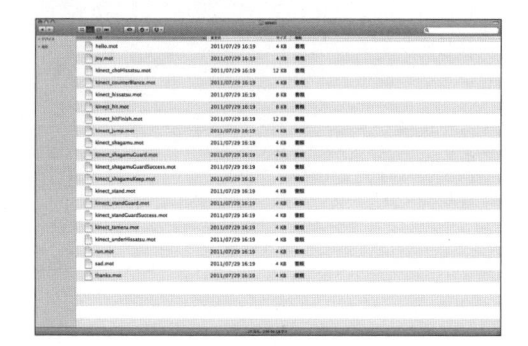

3. motファイルをアバターに埋め込む
アクションごとにmotファイルを書き出します。

まとめ

コンテンツの実行環境とKinectの認識率についてまとめておきます。

●背景は無地がベスト

今回、初めてKinectとFlashを使ってゲームを作ってみましたが、まず思ったことがKinectの認識率は環境にとても左右されます。背景の色、明るさなどによって認識力が大きく変わってきます。背景は無地であるほうが認識率が高いです。

● Kinectからの距離は2mくらい

　Kinectからの距離については、Microsoftの推奨距離は1人でプレイする場合はKinectから約1.8m、2人でプレイする場合は約2.5mとアナウンスされています。

　42インチほどのワイドテレビでテストをしましたが、2mくらい離れたところがちょうどよく、距離がそれ以下でもそれ以上でも、意図しない処理が走ってしまいます。正常に処理を走らせる部分の調整にとても苦労しました。ゲームのユーザービリティとして、地面に「ここに立ってください」という目印を設置し、Kinectからの距離を指定し、正常にKinectが動くような工夫をしました。

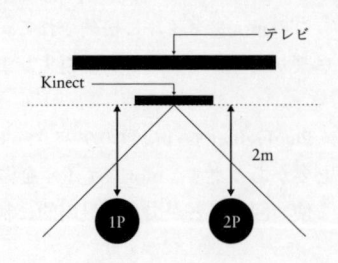

fig.13　PiggFighter実行時のKinectからの距離

　最後に、Kinectを使ったFlashゲームの可能性についてふれておきたいと思います。

　PiggFigterを作る上で、キーボードとマウスを使ったFlashゲームでは体験できないこと、Kinectだからこそできることを盛り込みたいと思いました。アイデア出しの段階でいろいろなアイデアが出てきましたが、その中でピックアップしたものは、対戦前の「礼」です。もちろん、キーボードとマウスを使用しても、ピグに「礼」をさせることは可能です。しかし、PiggFighterでは、自身が実際に身体を動かして「礼」をすることで、ピグは礼をします。「礼」という身体的な感覚を通して対戦前の気持ちを作ることができます。この身体的な感覚は、Kinectを使用しなければ感じることはできません。Kinectを使用すれば、身体的な感覚による気持ち、心構えをコンテンツに導入することが可能だということがわかりました。

　日本における礼とは、相手への敬意と感謝を表します。Flashゲームに対戦相手への敬意と感謝を導入できたのは、このゲームが初めてなのではないでしょうか。このように、いままで不可能だったアイデアをKinectと組み合わせることによって可能になります。本項が、さらにおもしろいアイデアを実現させるきっかけになればと思います。

　Kinectの骨格トラッキング情報をFlashで扱うためのライブラリkinectasは、Spark Projectで公開しています。APIについて詳しくはSparkのページを参照してください。

・uranodai/kinectas - Spark project
http://www.libspark.org/wiki/uranodai/kinectas

（浦野大輔／大庭俊介／高岡哲也／冨塚小太朗／西原英里）

LABO 3.2
くるくる研究室

僕たちは普段、Webサイトの企画・制作の仕事をしているのですが、会社の業務を離れた「部活」という位置付けで、電子工作など自由に開発して遊ぶ「くるくる研究室」という活動をしています。いわゆるラボ、に近いのかもしれません。

ここでは、僕たちの最近の活動の一部、2つの事例を紹介します。本項を通して、デバイスを使った体験型コンテンツの実現、「部活」として自活を探る試みなど、実案件とは別の方向性を見い出してもらえれば、と思います。

「インタラクティブお化け屋敷」ができるまで

インタラクティブお化け屋敷は、本来驚かされるだけのお化け屋敷に、体験者が他の体験者を驚かすことができる仕組みを取り入れたものです。2009年の9月、東京都神谷町にあるお寺「光明寺」で開催された寺子屋クスールの中で発表された、一夜限りのお化け屋敷です。

fig.1　インタラクティブお化け屋敷

企画：くるくる研究室／五味弘文（株式会社オフィスバーン）
開発：原央樹（有限会社ツムジテクノロジー）／尾崎俊介（株式会社クスール）
全体演出：五味弘文（株式会社オフィスバーン）
SpecialThanks：松村慎（株式会社クスール）

●インタラクティブお化け屋敷

1. 入り口から中に入ると、家主の書き置きがあります。体験者は、この家主の指示に従うことになります。

2. 奥へ進むと人形が置いてあり、手の上には、また書き置きがあり、奥の部屋にあるお札を取ってくるように指示されます。

3. お札を取りに行くために、体験者は赤ん坊が寝ている布団を避けて、掛け軸のある床の間へ向かうことになります。

4. 床の間の台には、なぜか風船が張り付いてあります。お札を取ろうとすると風船が割れて、天井から生首が落ちてきます。その後、部屋も暗くなり、赤ん坊が泣き出し……。続きは、YouTubeで、お楽しみください。
http://www.youtube.com/watch?v=eJ8jXxuaiW8

どういう運びでこのコンテンツが生まれたのか？

少し遡るのですが、2008年夏にきっかけとなる大きな出会いがありました。僕が所属しているクスールでは、いくつかのイベントを運営しています。その中の1つ、不定期で開催している寺子屋クスール[※1]というイベントがあるのですが、このイベントから、インタラクティブお化け屋敷は生まれました。

2008年8月29日、寺子屋クスールのゲストとして、お化け屋敷クリエイターの五味弘文[※2]さんをお迎えしました。五味さんは、ここ20年お化け屋敷を作り続けている、いわば、お化け屋敷のスペシャリストです。数々の作品の中で、いままでのお化け屋敷の常識を打ち破る仕事をされています。このとき、ゲストスピーカーとしてお話をしていただくとともに、このイベントのために会場の光明寺にお化け屋敷を作っていただきました。五味さんのお化け屋敷は怖くて、イベントは大盛況。来場者の評判もよかったです。

そして2009年、同イベントで再びゲストスピーカーをお願いするになりました。お願いするにあたって、今回は確固たる目的を持っていました。

「お化け屋敷をハックする」

僕らくるくる研究室もそうですが、数々のお化け屋敷を手掛けた五味さんもやったことのないものを作ろう、五味さんの作るお化け屋敷の技術とくるくる研究室の電子工作を合わせて、一夜限りのスペシャルなお化け屋敷を作ろう、というのが今回のはじまりです。

じゃあ何をやるのかということになりますが、まず普段見かけるお化け屋敷ではできないことをしたいと思いました。実は、僕は高校生のときに学園祭でお化け屋敷を作ったことがあります。人を驚かすという体験は（うまくいけば）大きな快感です。この、人を驚かす快感をぜひ来場者にも体験してもらおうと考えました。

そこで、来場者がお化け屋敷の中に入って他の来場者を驚かすような仕組みを作りたい、と提案したところ、五味さんが某案件で「リモートゴースト」という、お化け屋敷の外から驚かすことのできる仕組みをされていたというので、今回はそれを発展させる形を考えることにしました。

人を驚かす仕組み

仕組みを考える上でまず勉強したのは、人を驚かすノウハウです。当たり前ですが、お化け屋敷の仕掛けは、お化け屋敷のプロが操作をして、絶妙なタイミングで発動させるわけです。しかし、今回は、来場者に操作してもらうわけですから、誰でも簡単にできる仕組みを考える必要がありました。

まずは、「操作が単純であること」が、ポイントです。操作が複雑では、

1

寺子屋クスールとは、筆者が所属するクスールが不定期に開催しているイベントです。普段はWebサイトの制作をしている方と一緒に異業種の方のクリエイティブなお話を聞くことで、アイデアのヒントや刺激をもらおうという意図で運営されています。
・寺子屋クスール
http://terakoya.cshool.jp/index.html

2

五味弘文：1957年、長野県生まれ。立教大学法学部卒。株式会社オフィスバーン代表取締役社長。1992年、株式会社クラブハウスとともに、後楽園ゆうえんちの夏期イベント『ルナパーク』の制作業務を行い、『麿赤児のパノラマ怪奇館』でそれまで誰も手を付けなかったお化け屋敷のイベント化で驚異的な動員を記録。以降のお化け屋敷ブーム、ホラーブームの先駆けとなる。1994年、後楽園ゆうえんち（現東京ドームシティアトラクションズ）の『楳図かずおのおばけ屋敷～安土家の祟り』を建設。その後、著名人が演出するお化け屋敷から仕掛けのあるお化け屋敷へ路線を変更。数々のアトラクションを手掛ける。アミューズメントパーク以外でのホラー企画なども生み出している。

fig.2 リモートゴーストとは、お化け屋敷に設置されたカメラからインターネットを通じてリアルタイムで映像を配信するゴーストカメラをお化け屋敷の館外に設置し、その映像を見ながらお化け屋敷の仕掛けを動かせるようにしたもの（2009年「映画『ハロウィン』の館）

せっかくのタイミングを逸することもあり得ます。さらに、一夜限りのイベントのため、より多くの人に参加してもらうことを考えると、驚かすことができる参加者もぶっつけ本番の1回限りになります。つまり、「失敗しにくいインタラクション」である必要もあります。

驚かすタイミングを確認し、なおかつ、タイミングを逃さない仕組みは何なのかを考えました。この2つのポイントを押さえて、さらに楽しんでもらえる仕掛け、というのが課題です。

また、会場になる光明寺の別棟を下見をして図面を起こしましたが、そこで浮き彫りになったのは、驚かす人が隠れるスペースがないことです。

fig.3　イベントの会場となる光明寺（左）。お化け屋敷の舞台はその別棟（右）。お寺の中の建物なので、それだけでも十分に怖い雰囲気がある

ここまで上がった課題をまとめておきます。

・簡単な操作
・失敗しない仕組み
・驚かす場所の確保

このさまざまな課題を解決しなくてはなりませんでした。しかし、一見、難しく見えるかもしれないのですが、こういった「しばり」というものは大切です。複雑な問題ほど、解く甲斐があります。これらの点を、僕たちはこうして解決しました。

単純な操作、単純な仕掛けがよいと考え、「ワンクリック・ワンアクションで、クリックしたら何かが起こる」という、単純でわかりやすいものと決めました。物理的なボタンを用意してもよかったのですが、普段使っているPCのクリックの感覚で楽しんでもらいたいので、あえてマウスを使ったクリック操作にしました。

●生首の演出
アクションですが、最初に思いついたのは生首の演出です。上から生首が落ちてくるというもので、お化け屋敷ではオーソドックスな仕掛けです。普通に気持ちが悪いですし、突然なのでびっくりします。

生首を落とす仕組みですが、生首の落下には、物干し竿にくくりつけた電磁石を利用しました。

電磁石は磁性材料の芯のまわりにコイルが巻かれたもので、電気を通すことによって一時的に磁力を発生します。これを使って、通電した電磁石の磁力で生首を持ち上げておき、クリックで電気を切って電磁石の磁性を消すと、生首が重力により自由落下するという仕掛けができるはずです。

さっそく電磁石の自作から始めました。電線を買ってきて、できるだけきれいにコイルを作りました。かなり巻いてから電気を通してみましたが、軽いものならくっつきますが生首を持ち上げるにはまだまだ力が足りません。ひたすら巻くこと数日間。もういいだろうということで電気を流してみると、前より威力が増しました。しかし、しばらく電気を流しているとものすごい熱が発生し、手では持てない状態になってしまいました。どうやら自作の電磁石を使用するのは難しいようでした。科学の実験と違い、実際に稼働させる装置にはそれなりの耐久性と安定性が必要です。実験の結果、電磁石は購入することにしました。

そしてI/OデバイスにGainerを利用し、電磁石を使ってうまく生首が落ちるかどうかやってみることにしました。プログラムは、マウスクリックで電磁石に流れる電流をストップする、という単純なものです。

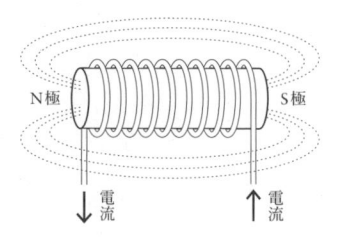

fig.4 電磁石の仕組み

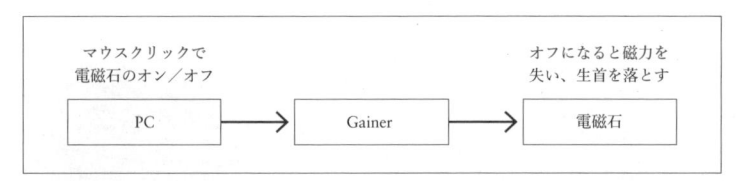

fig.5 電磁石を使った生首の演出

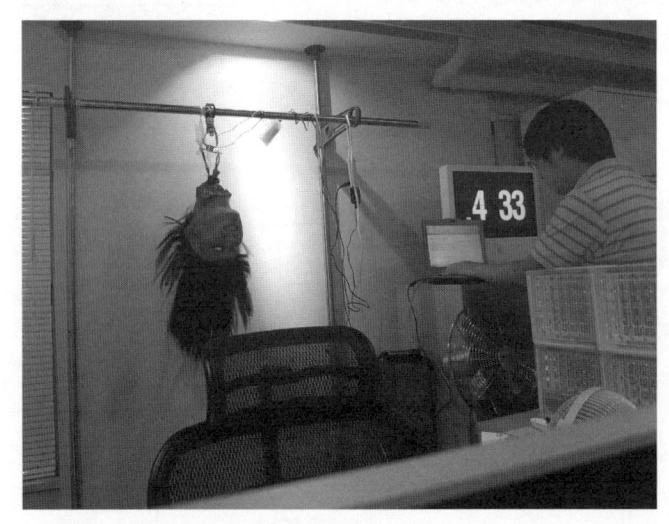

fig.6 電磁石を使った生首の演出の実験の様子

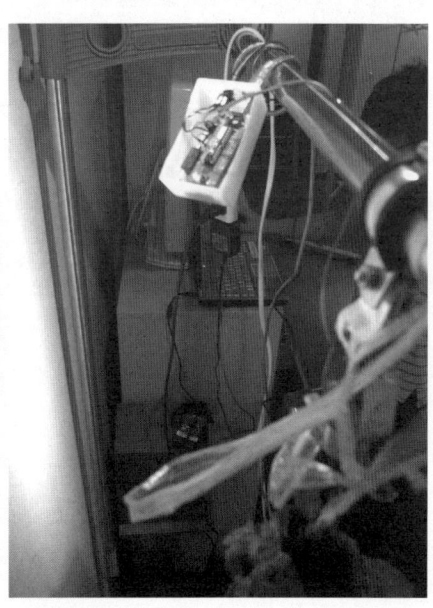

この仕組みは、なかなかうまくいきました。

しかし、せっかくの仕掛けを作っても、暗いお化け屋敷の中、仕掛けを見逃すなんてことがあると最悪です。仕掛けを目立たせるわけにはいきませんが、そこに視点を向かせることも必要です。

そこで、何か、来場者がつい見てしまうものを配置しようと考えました。そうして、次に作ったのが「風船を割る」という仕掛けでした。風船は割れた音だけでもびっくりします。あからさまに風船を設置することで、「風船が割れるのでは？」と、いつ割れるのかを確認するために目が離せなくなるのではないか、と考えました。あえて、心理的に怖いものを置くことで目線を固定させたのです。

● 風船を割るアクション

風船を割る仕組みは、結果的に「針で刺して割る」となったのですが、これにも試行錯誤がありました。

来場者の安全確保は重要項目です。そのため、針を使うのは避けようと、最初に試してみたのはハエなどを殺す電線で割るというものです。電池で動作するハエ取りマシンをGainerから制御することで、風船を割ろうと考えました。しかし、実験の結果は全く割れません。その後、電線に電気を通してみたり……と、ちょっと危ない方向へ進み、結局、一周して針で割るという方法に落ち着きました。針で割るという方法を採用したことで、来場者に万が一でも危険がないように、風船を割る針の部分を最小限にし、さらに飛んでいかないようにガードを付けることにしました。

仕組みとしては、ソレノイドと呼ばれる電磁石を利用したものを使いました。ソレノイドは電磁石のコイルの中心に鉄の芯が入っているものと考えてください。コイルに電流を流すことで磁力が発生して、中心の鉄芯が動きます。この鉄芯に針を取り付けることで、電気を流すと風船が割れるという仕組みです。こちらも、Gainerを利用して操作するようにしました。

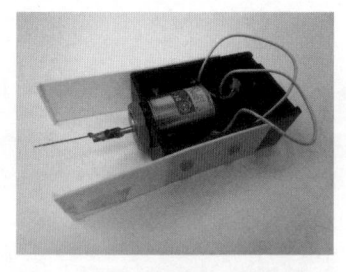

fig.7 ソレノイドの鉄芯に針を取り付け、電流が流れると風船を割るという仕掛けを作成（カバーを外した状態）

お化け屋敷の全体像は次のようになりました。

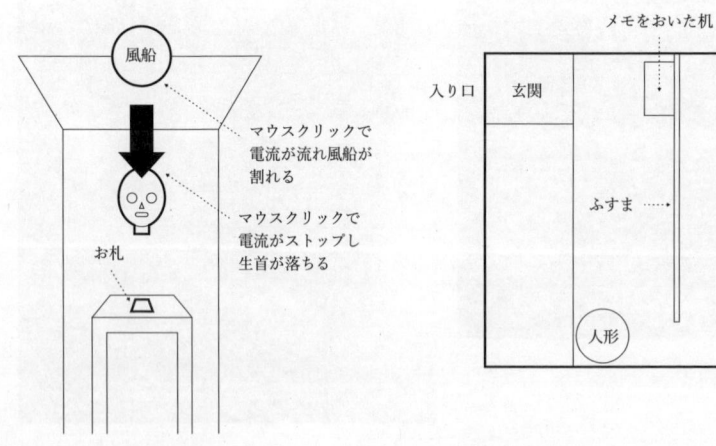

fig.8 生首と風船の仕掛け　　fig.9 お化け屋敷の全体像

遠隔での操作

さて、仕掛けはうまくいったので、あとは驚かす場所の確保です。スペースがあれば、生首や風船の仕掛けの裏側へ回って操作させたいのですが、今回はそのスペースがありません。そこで、遠隔で操作する仕組みを作る必要が出てきました。お化け屋敷の会場となる建物の中にも、とてもそのスペースはなかったので、結果的にお寺の境内で操作をすることとなりました。となると、仕掛けまでの距離が30m以上あり、さすがにケーブルを伸ばすことはできません。

そこで、インターネット越しに仕掛けを作動させることにしました。境内に設置したPCからクリックのアクションを伝えるためのプログラムをたたき、インターネットを介して、仕掛けの陰に設置したPCにつながっているGainerを動かすことにしたのです。通信には、Flash Communication Server（以下、FCS）[3]を利用しました。

Gainerを制御する今回のプログラムはもともとFlashで作っていたので、FCSを利用することにより、効率よく遠隔地のPCを経由してGainerを作動させることができました。また、この仕組みを使うことにより、仕掛けのところにWebカメラを配置し、中の映像をほぼリアルタイムに同期して確認することも可能となります。これにより、驚かす人には映像でタイミングを見ながら、仕組みを動作してもらうという形にしました。

なお、Webカメラは暗闇で確認できるように、暗視カメラとして改造しています。暗視カメラを鮮明に写すために赤外線ライトも設置しています。

[3] 現在の名称はFlash Media Server（FMS）。Flashをユーザーインターフェイスに利用して、インターネットを介して相互通信するためのサーバアプリケーションです。FMSを使うと、チャットのように、メッセージを書いたらすぐに相手のPCへ向けて送ってくれるようなことが、Flashと簡単なサーバプログラミングで実装できます。
・Adobe - Flash Media Server 2 セットアップガイド
http://www.adobe.com/jp/products/flashmediaserver/guide/

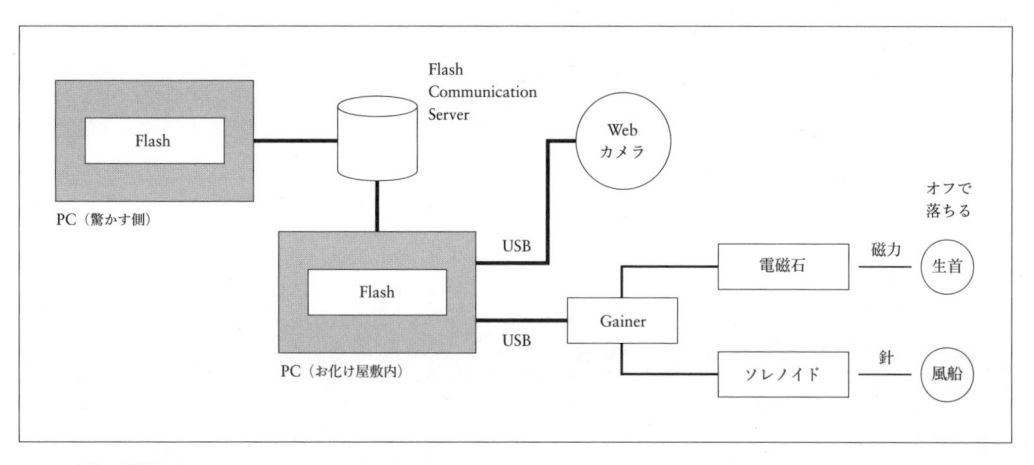

fig.10　全体の仕組み図

2ヶ月で本番というタイトなスケジュールでしたが、こうして仕組みができ上がりました。

当日は大きなトラブルもなく、無事に50名近くの方々に体験していただきました。体験者の方々の反応はとてもよかったです。驚かすのは自分が体験した後、としたことから、床の間に向かってお札を取ろうと手を伸ばす瞬間など、自分が感じた怖いポイントですかさずクリックします。驚かされた後に人を驚かすことで、ストレス解消していただけたようでした。

fig.11 操作ブース

fig.12 無事に 50 名以上の方に体験してもらった

　僕らが普段手掛けているのは、Web ブラウザ上の広告サイトが主な仕事です。しかし活用法によっては、このようにインターネットと電子工作で、既存のエンターテイメントにさらに味付けすることができます。仕組みやプログラムが単純なものでも、効果的なアクションにすることができます。まだまだ、いろいろなマッシュアップがあるはずです。

　また、こういったイベントでは、よりリアルタイムにお客様の反応を感じることのできることができるのも魅力です。お客様視点でのリアクションをもとに得られる情報はとてもいい勉強になります。

　ここではリアルなイベントでの事例を取り上げてみましたが、小さくても作り、また人に見せることが重要だと感じました。何でもよいので、まずはアイデアを形にすることだと思います。

インタラクティブなガチャガチャマシン「がちゃったー」

がちゃったーって？

　「がちゃったー」とは、カプセルトイ（カプセル自動販売機、いわゆるガチャガチャ）にTwitterへつぶやく機能を搭載したマシンです。購入者ががちゃったーにお金を入れてレバーを回すと、商品をコロリと出すとともにがちゃったー自身がTwitter上に一言メッセージをつぶやきます。

　さて、なぜがちゃったーを作ることとなったのか？まずは、そこからです。

　前述のように、僕たち「くるくる研究室」は、会社の業務・枠組みを離れた「部活」として、電子工作などを使っておもしろいものを開発して遊ぶという活動をしています。その活動の発表の場として、これまでにいくつかのイベントに参加させていただいているのですが、基本的に毎回赤字

になってしまいます。というのも、報酬をいただける場合もあるのですが、「部活」というゆるい気持ちで動いているせいか、ついつい報酬以上の費用をかけて自分たちのやりたいことをしてしまうからです（なので、正確には赤字になってしまうのではなく、赤字にしてしまう、ですね）。

fig.13　がちゃったー

企画：くるくる研究室
開発：原央樹（有限会社ツムジテクノロジー）／尾崎俊介（株式会社クスール）
LEDoll製作：えとうゆうこ（株式会社ピクルス）
SpecialThanks：KIMA（2DK）／2g（2DK）／タナカミノル（株式会社ピクルス）

そんな中、2010年11月17日に東京の3331 Arts Chiyodaにて行われた「dotFes 2010 @3331 ArtsChiyoda」[※4]というWeb制作の人のためのイベントに招待され、何らかの作品を発表することになりました。

僕たちはこのイベントの作品作りに際し、2つのテーマを設定しました。

・いつもモニタ内だけで完結してしまいがちなWeb制作者に、電子工作を通してリアルなもののおもしろさをお届けし、刺激を得てもらうこと
・くるくる研究室の赤字を解消すること

さすがにいつも赤字体質では健全な部活動とはいえません。息の長い活動をするためにも、このあたりで赤字の解消を図りたいところです。

この2つのテーマを解決するために、僕たちは「LEDoll」という商品を開発しました。LEDollとは、LEDという発光ダイオードを使った人形です。LEDollを使って簡単な電子回路を体験することができます。

LEDollの開発について

LEDollが誕生するまでには、さまざまな紆余曲折がありました。最初からLEDollの企画があったわけではなく、さまざまな企画の中からLEDollが選ばれました。「見れる！　さわれる！　持ち帰れる！」の3点を

4
dotFesは、Webクリエイティブの現場から最新の技術やアイデアを披露する場として、雑誌『Web Designing』（毎日コミュニケーションズ）とWeb制作およびWeb制作者向けの学校を運営するクスールの共催で行われているイベントです。2008年よりスタートし、2010年は4回目の開催にあたります。
・dotFes 2010 TOKYO @3331 Arts Chiyoda
http://www.dotfes.jp/2010tokyo/

fig.14　LEDoll

LABO
—
197

コンセプトに、くるくる研究室のメンバー全員で企画を考えました。fig.15は当時の企画案のメモです。

何のことかもう忘れてしまっている企画もあるのですが、一部解説してみます。

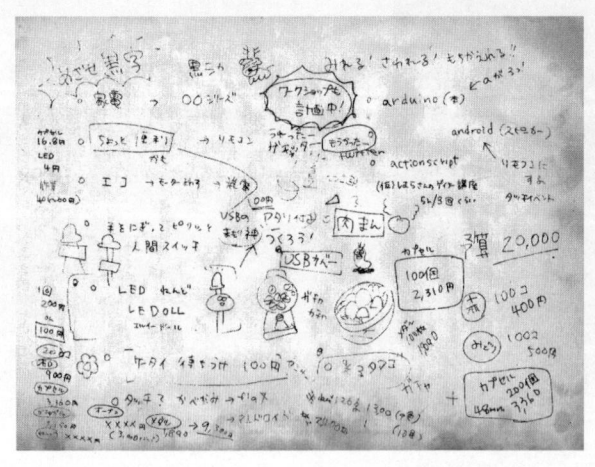

fig.15 ブレストのメモ

・USBの守り神
　PCのUSB端子に差して遊ぶアクセサリを作る話が出ました。が、コスト面や技術力などが合わないと判断し、NGとなりました。

・人間スイッチ
　人の身体は電気を通します。数人で手を握って輪を作る中にLEDと電池を挟めば光るかも……と思ったのですが、この案からどうやったらお金が儲かるのかわからなくなったので、却下となりました。

・エコ→モータ回す→発電
　永久機関ができたら儲かるよね、との空想です。

・肉まん
　以前、くるくる研究室で作成した「インターネットで操作できる電子レンジ」というものがあるのですが、これを使って肉まんを販売しようという案です。会場の電源の問題やコストの問題でNGとなりました。

・光るタマゴ
　LEDを使ってぴかぴか光るタマゴを作ってもらおうという案です。個人的にはよい案と思っていたのですが、作ってみると意外としょぼい感じになってしまったのと、組み立てに半田ごてを使うなど、作業が大変ということで却下となりました。

・ワークショップ・Gainer講座
　Gainerなどを使って電子工作のワークショップをしようとした案です。会場の設備の問題や出展場所の関係でNGとなりました。

　これらの企画の中で、一番しっくりと手応えを感じたのがLEDollでした。LEDollを「商品」とするために、さらに議論を重ねました。

1. 簡単に扱えるキットにしたい
　商品の構成としては、LEDollの足にボタン電池（CR2025）を挟むだけの簡単なものにしました。半田ごてを使う必要はありません。固定するにはテープで止めればいいので、簡単に組み立てることができます。
　電子工作といえば、半田ごてというイメージがありますが、半田ごては注意して扱わないと怪我をしてしまう恐れがあります。会場の設備の状況もありますし、半田ごてを必須にしてしまうと手軽に電子工作を楽しむという目的に合致しなくなる危惧がありました。そのため、半田ごてはNGとしました。今回の目標はあくまでも電子工作に興味を持ってもらうことで、半田ごてに興味を持ってもらうのはその後でかまわないと考えました。

2. LEDだけでなく、他の部品でも展開可能か？
　LED以外にも、モータやスピーカー、抵抗、コンデンサ、ICなどさまざまな部品をデコレートすることは可能です。ただ、LED以外の部品を使うには、どう簡単にしてもちょっとした回路を組む必要があります。LEDのように、ボタン電池と直結したらすぐに動くようなものは少ないのです。もちろん、モータなど直結すれば動くものもあるのですが、コスト面や派手さを考えるとLED以外の商品展開は難しいと判断しました。
　また、LEDの回路はちょっとした落とし穴があるのも魅力になるのではと考えました。LEDの接続には＋／－（プラス／マイナス）の区別があるため、何も知らなければ電池の＋と－を逆に付けてしまい、回路が動作しない可能性があります（まぐれで当たる場合もありますが）。組み立てるときにそうした失敗を味わえるのも、楽しい体験ではないかと考えました。

3. どうやって作るのか？
　デコレートの部分をどうやって作るか、ですが、くるくる研究室がお世話になっている方たちの中に造形作家のKIMA[※5]さんという方がいます。その方に作り方を教わることはできないかと考えました。急遽、色付き粘土で試作品を作成して写真を撮り、「こんなものが作りたいのですが、アドバイスいただけませんか？」とメールしてみました。いきなりのメールでびっくりされたと思うのですが、快く引き受けてくださり、KIMAさんに作り方を指導してもらえることになりました。KIMAさん、ありがとうございます。感謝しております。

4. 誰が作るのか？
　イベントの規模を考えると、200個くらいのLEDollが必要なのではと試算しました。200個もの商品をある一定のクオリティを保ちつつ製作する

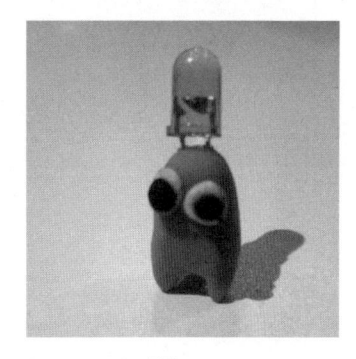

fig.16　LEDollの原型

5
・KIMA
http://www.kimaport.com/

のは大変です。これについてはくるくる研究室メンバーのえとうさんに製作をお願いしました。えとうさんはかわいいキャラクターを作るのが得意なデザイナー＆イラストレーターさんです。

LEDollの製作工程の確立

　KIMAさんからのアドバイスをもとに、えとうさんにLEDollの工程を模索してもらいました。

　試作品の段階では色付き粘土は柔らかいものを使用していたため、手でさわると簡単に指紋が付いたり変形してしまいます。いろいろと調べたところ、オーブントースターを使って焼き固めることができる色付き粘土があることがわかりました。その素材を購入し、工程を考えました。

　まず最初に試した工程が以下のものです。

① 粘土で形を作る
② LEDを差す
③ オーブントースターで焼き固める

これは大失敗しました。
LEDをトースターで焼くと変色したり壊れたりするのです。

① 粘土で形を作る
② LEDを粘土に一度差して、LEDが通る穴を開ける
③ LEDを抜く
④ オーブントースターで焼き固める
⑤ 粘土が冷えてきたら②で空けた穴に再度LEDを通す

こちらは工程的には大成功でした。

　ただ、粘土の焼成時間が微妙で、生焼けだったり焦がしてしまったり散々でした。休日を返上して何回も作っては焼き……を繰り返し、ようやく最適な焼成時間を割り出すことができました。

fig.17　初期のLEDoll

LEDollの量産

工程が確立されたころ、KIMAさんに事務所にお越しいただき、LEDollの勉強会を開きました。勉強会の目的は2つです。

・LEDollの更なるクオリティアップのため、KIMAさんに粘土の使い方を教えてもらう
・知り合いを何人か呼んで製作のお手伝いをしてもらう

200個のLEDollを量産するにはえとうさんだけではとても手が回らないので、知り合いを何人か呼んで手伝ってもらうことになりました。KIMAさんにクオリティのチェックをしてもらいながら、粘土の使い方やコツを教えていただきました。平日はそれぞれみんな仕事がありますので、土曜日の午後から集まることになりました。集まったのは7人です。

fig.18　LEDollの製作

目の部品だけ大量に作り置きするなど、いろいろと工夫しながら製作しました。幸か不幸か、それぞれが全く異なるキャラクターを作ってしまったので、LEDollはすべて一点ものというコンセプトができ上がりました。みんなで夜まで作業したのですが、その日できたのは120個でした。200個まであと80個が必要です。残りは、えとうさんが仕事が終わった後や休日など、時間が空いたときにコツコツと作ってくれました。

fig.19　完成したLEDoll

もう1つ、この勉強会中にLEDollのキットを充実させる、更なる案が浮上しました。カプセルの中に商品説明のようなもの（説明書き）を作って入れておくアイデアです。この製作には、KIMAさんの相棒の2g[※6]さんというイラストレーター兼マンガ家さんにお願いしました。実はこの日、「おもしろそうだから」とのことでKIMAさんと一緒に2gさんも事務所に遊びに来ていたのです。

　LEDollを製作する合間に、みんなで説明書に必要な情報や構成を洗い出しました。LEDollの概要や組み立て方、僕たちの連絡先の他、電子工作に興味を持った人たちに向けてパーツショップのURLなども記載することにしました。後日、それらを2gさんにきれいにまとめていただき、とても魅力的な取扱説明書が完成しました。実際に、キットと一緒にカプセルに入れてみると、商品としてのランクがぐんと上がった感じがしたのを覚えています。

6
・2g
http://twograms.jimdo.com/

fig.20　2gさん作の取扱説明書。色違いで5パターンある

fig.21　LEDollカプセル。右がカプセルと同梱物、左がカプセルに入れた状態

がちゃったー

　これで商品としては十分魅力的になったのですが、まだまだ、これを普通にパッケージに詰めて売るだけの自信はありませんでした。そこで、さらにLEDollの販売促進となるような仕組みとして、がちゃったーの開発を行いました。がちゃったーの基本はカプセルトイです。

　カプセルトイを選んだ理由としては、下記のような要因があります。

　　・LEDollはさまざまな種類がある（すべて手作りの一点もの）ので、作品のデザインによっては不人気なものも出てきてしまう
　　　→好みじゃないLEDollを得たとしてもくじ引き感覚で楽しめる

→他の人がどんなものを手に入れたかが気になり、コミュニケーションが広がる

・小さな商品なので、店頭に置くと管理が大変（商品が売れるたびに並び替えを行ったり、また商品ではなく景品と勘違いして持ち帰るお客さんもいるであろうという懸念）
　　→カプセルに詰めてカプセルトイに入れておけばよいだけなので管理が容易。持ち帰られる心配もない

また、カプセルトイ自体に付随している特色をうまく利用できるのではないかと考えたからです。

・「カプセルトイ＝楽しそう」という方程式ができている
・「カプセルトイ＝お金を支払う」という方程式ができている
　　→暗黙的に商売であることが伝わる

さらにTwitterにつぶやく機能を追加したのは次のような狙いがあります。

・「カプセルトイ＋Web」という、ありそうでなかった組み合わせで、イベントのメインの客層であるWeb制作の人たちの興味を引く
・Twitter上につぶやくので、会場外の人たちにも宣伝効果がある
・LEDollに興味がなくても、がちゃったーの動作確認（体験）のためにお金を出して回してくれる人がいる
・つぶやきの数をみれば何個売れたかわかる（在庫管理が容易）

・お客様のほとんどがWeb制作の人で、この人たちに電子工作をどうアピールし、お金をいただけるかを考え抜いた結果、

電子工作に興味がない人にはLEDollのかわいらしさでアピール
↓
（それでもまだ届かない人のために）カプセルトイにて楽しい体験ができる雰囲気を作り出す
↓
それでも興味がない人（Web制作の人がほとんどのイベントなので、むしろそれがメイン層と推定）にも何とか買っていただくためにTwitter機能を装備

と二重、三重にも網を張ったわけです。

がちゃったーの仕組み

　がちゃったーのメインであるカプセルトイは、開発当時はレンタルしたもの（何より赤字解消は目的の1つです）だったので、穴を開けたりなどの加

工ができませんでした。そのため、複雑なセンサを中に仕込むなどの高度なことはできません。ごくごく簡単な作りで動作するよう、心掛けました。

また、PCを使ってどうこうというのも仕込みやメンテナンスに手間がかかるので、何とかPCを使わずにできる装置にしました。事前に会場のコンセント数が少ないと聞いていたこともPCを使わないようにした大きな理由の1つです。

使用した機材は次のとおりです。

・カプセルトイ
・Arduino
・Arduino用 イーサネットシールド
・圧力センサ
・その他必要に応じてコード、ケースなど

カプセルトイを分解して仕組みを調べてみると、機材下部にレンコンを輪切りにしたような部品が大きく設置されています。カプセルトイにお金を入れてレバーをひねるとそのレンコン部分が回転します。レンコンの穴になる部分はちょうどカプセルが1個入る大きさになっており、そこにカプセルが入った状態でレバーを回すと商品出口の穴にカプセルが移動、そして落下し、商品が出てくる仕組みとなっていました。

そこで、今回はその商品出口に圧力センサを設置し、カプセルが出口に落ちたときの振動をトリガーとしてTwitterにつぶやくような仕組みにしました。

Twitterにつぶやく部分はArduino＋イーサネットシールドを使用しました。Arduinoは、Arduinoボード（AVRマイコン、入出力ポートを備えた基板）、Processing IDEをベースにしたArduino IDE、Arduino言語がパッケージとなったシステムです（詳しくは138ページを参照してください）。今回の作品はArduino以外のシステムでも実現可能ですが、Arduinoのライブラリやリソースの多さなどから、一番手軽に扱えるものだと判断しました。また、Arduino本体の購入に関して、日本でも容易に手に入れることができるというのも導入に関しての大きなポイントの1つでした。また、イーサネットシールド[7]でArduinoを拡張することでTCP/IPのネットワークに接続することができます。Arduinoから直接サーバにデータをGET/POSTしたり、ソケット通信ができるのです。イーサネットシールドは、Arduinoを販売しているお店であれば、たいてい取り扱っているので、入手も大変ではありません。

このシステムならPCを使わずにサーバとの通信ができるので、場所も取らずお手軽です。これらを使って、圧力センサからのデータをArduinoで受け取り、イーサネットシールドを使ってTwitterにつぶやきをPOSTするようにしました。

fig.22　商品出口に圧力センサを設置

7
シールドとは、Ardionoボードに組み合わせて機能を拡張するものです。ここで紹介しているイーサネットシールドをはじめ、さまざまな種類が存在します。

fig.23　イーサネットシールド

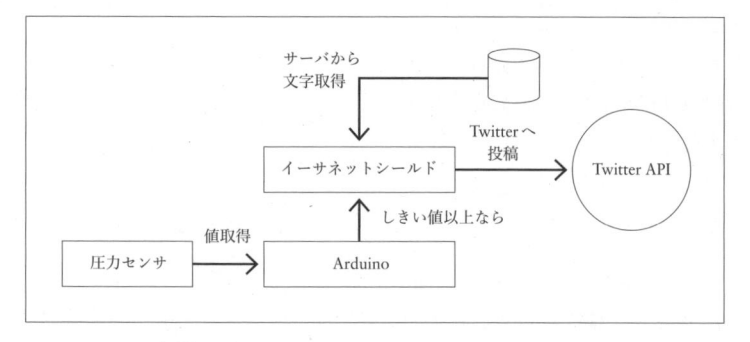

fig.24 システムの全体像

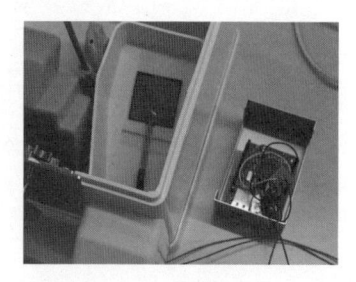

fig.25 がちゃったーの内部

Arduinoを使った通信手順は次のようになります。

① 圧力センサからの値を取得するまで待機
② 圧力センサからの値がしきい値より大きければ（カプセルが落ちたと判断できる圧がかかったら）、Twitterにつぶやく文字列をサーバから取得[8]
③ 取得したつぶやきをTwitter APIにPOST[9]
④ ①に戻る

fig.26 がちゃったーがTwitterでつぶやく

[8] Twitterにつぶやく文字列をサーバから取得するようにしたのは、Arduino上のメモリが少なく、十分な数のつぶやきを保持しておくことが困難だったためです。

[9] サーバからつぶやきを取得した後、サーバからそのままTwitter APIに投稿せずわざわざArduinoからTwitter APIにPOSTしているのは、ただ単にやってみたかったからです。運営なども考えると、②の時点で直接Twitter APIに投稿すべきだと思います。

商品として売り出すということ

ここまで準備はできたのですが、僕たちにはまだ悩んでいることがありました。価格です。LEDollの出来には満足していたのですが、これがはたしていくらで売れるのか全く予想がつきませんでした。メンバー内では、500円といった強気の価格から、100円くらいじゃないと売れないんじゃないかと弱気な意見も出ました。しかし、100円では確実に赤字になってしまうので、最低でも250円の線は死守したいところでした。

内輪で考えても仕方がないので、LEDollをカプセルに入れた状態で知り合い何人かに見せて、いくらだったら買うかという簡単な調査を行いました。その結果、100円から300円の間が多かったのですが、人によっては

500円との回答もあり、僕たちはますます混乱しました。また、ボタン電池を付けるかどうかについても悩みました。LEDollを200円で売ってボタン電池を別売りで100円で売るか、それともLEDollとボタン電池をセットにして300円で売るか、どちらがお客さんに満足していただけるか何度も議論を重ねました。

　結果、LEDollとボタン電池をセットにして300円で売ることにしました。ボタン電池が別売りになってしまうと、カプセルを開けたときにすぐに組み立てることができません。それは最初に考えた「見れる！さわれる！持ち帰れる！」のコンセプトに反しているのではないかと考えたからです。

　また、単価を高く設定し少量でも売れたら利益が出るという考えは、「多くの人に電子工作を楽しんでもらう」という点からずれてしまうと考えました。たとえ1個の利益は少なくても、多くの人に商品を買ってもらい僕たちの思いが広まるほうが有益だと考えました。そう考えると、300円という価格は妥当なものに思えました。

　しかし、悩みに悩んだ挙句の価格設定でしたが、まだまだ不安でたまりませんでした。そのため、店頭のポップを作成したり、LEDollをブレッドボードに差してデモを作ったり……。作品ではなく、売るための商品を作ることの大変さを思い知る日々でした。

結果とアップデート—長期設置にあたって

　おかげさまでイベントは大成功に終わりました。お買い求めくださった方には本当に感謝しております。

fig.27　当日の様子。カプセルトイに入れるメダルを300円で購入するという形でLEDollを販売

　イベントのお客様の中には入場パスを首から下げていた方が多いのですが、そのパスケースの中にLEDollを入れ、光らせたまま会場を散策して

いる方もおり、非常にうれしかったです。また、これがよい宣伝にもなったようで、LEDollをパスケースに入れるのがちょっとした流行みたいになり、とてもおもしろい経験となりました。というわけで、くるくる研究室の決算も今回は初の黒字となりました。

　売り上げは全部で300円×150個で45,000円となりました。この売り上げにより、カプセルトイ本体のレンタル代、カプセル代、部品代などをすべて償却できました。主要スタッフにはちょっとしたお小遣いが渡され、かつ、ささやかな打ち上げが開催できるくらいの黒字となりました。

　その後、がちゃったーは京都四條烏丸のCOCON KARASUMAにあるkara-S[※10]という京都精華大学サテライトスペースに設置することになりました。kara-Sのショップスペースは、アートグッズを取り扱っているZUURICH[※11]が管理しています。そのZUURICHの店長をしている川良（かわら）さんにダメもとでkara-Sショップスペースへのがちゃったーの設置をお願いしました。

　事前に僕たちくるくる研究室の活動をYouTubeやブログで見ていただいていたこともあったようで、話はとんとん拍子に進みました。がちゃったーに関しても、イベント後すぐにYouTubeへ動画をアップしていたのですが、それも見ていたということで、快く設置を了承していただきました。作品をアーカイブして発信することの大切さを、このとき本当に強く実感しました。

　kara-Sへの設置は単発のイベントではなく長期設置ということで、システムをいくつか改良しなくてはなりませんでした。改良の目的は1つだけ、「kara-Sスタッフの手をできるだけわずらわせない方法で運用すること」です。想定した問題点は大きく3つです。

　① ハードウェアが止まってしまったときの対応
　② 在庫の管理
　③ Twitterのメッセージ表記に関する不具合の対応

　①に関してですが、僕たちは通常、東京で仕事をしています。がちゃったーのシステムに異常があるたびに僕たちが京都に飛ぶのは現実的ではありません。そのため、ハードウェアが停止してしまっても、がちゃったーの電源を抜き差しして再起動すればシステムが正常な状態に初期化されるよう、プログラムを書き換えました。

　また、ハード的な故障に際しても簡単に部品交換ができるよう、カプセルトイを購入してハード自体を改良しました（購入資金はdotFesでのLEDollの売上金で賄うことができました）。長期設定にあたって、部品の消耗やコードの断線などハードウェアに何らかのトラブルが発生する可能性は無視できません。イベント時のカプセルトイはレンタルでしたので、カプセルトイ自体を加工したり改造することはできませんでした。そのため、ハード上のトラブルがあったときに、カプセルトイからハードウェアを取り出す作業が構造上面倒なことになっていました。しかし、購入したカプセルト

10
京都精華大学kara-Sは、京都四条烏丸のCOCON KARASUMAにある京都精華大学とクスールによる産学連携の拠点としてギャラリー、ショップの他、各種セミナーなどを開催しています。
・京都精華大学kara-S（カラス）
http://www.kara-S.jp/

11
・ZUURICH Web
http://www.zuurich.jp/

イであれば自由に改造が可能です。配線の取り回しなどで面倒だった部分を工作することにより、不具合が起きた場合にも簡単にハードウェアを取り出してメンテナンスできるよう改良しました。

②に関しては、そもそもTwitterのつぶやきが販売した個数なので、それを数えれば在庫状況がわかります。とはいえ、「前回在庫を補充したときのTwitterのつぶやき数が132だったので……」となると直感的にわかりにくいため、サーバをたたいたときにその数をカウントするようにプログラムを変更し、在庫を充てんするたびにそのカウントを0にリセットするようにしました。これにより、在庫充てん後の販売個数が直感的にわかるようになりました。

③については、現状のシステムで特に問題ありませんでした。つぶやきのリストはサーバ上にありますので、そのリストを修正すればがちゃったーのつぶやきをいつでも変更することが可能です。

kara-Sのお店には、さまざまなアーティストの方たちの個性的な作品がたくさん売られているのですが、その中に混ざって僕たちの作品が売られているのは非常にうれしいことです。がちゃったーは現在もkara-Sにて稼働中です。お近くにお立ち寄りの際は、ぜひご覧ください。また、その稼働はがちゃったーのTweet[*12]を見ることで知ることができます。

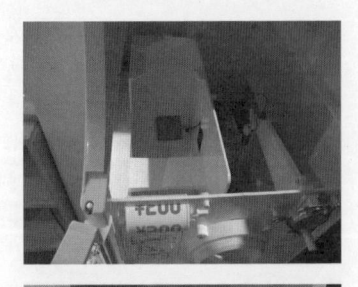

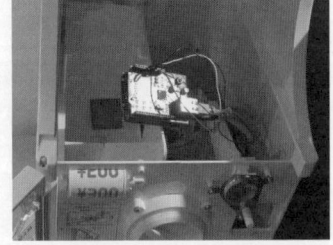

fig.28 普段は隠れるようになっているが、何かあればすぐに取り出せるように改造

12
・がちゃったー on Twitter
http://twitter.com/#!/gachatta

fig.29 売れ行きも少しずつよくなっているようで、設置場所も、最初は店舗の片隅だったのが最近はレジ横に置かれている！

おかげさまで、インタラクティブお化け屋敷はロシアでの出展が決定し、がちゃったーはお仕事のお問い合わせをいくつかいただいております。このような小さなプロジェクトでも、仕事になる可能性を秘めているのです。アイデアがある方はぜひそれを実現し、好きなことを仕事にしていただければと思います。

（尾崎俊介／原央樹）

4

CASE STUDY

―

最後の章では、コンピュータの中だけにとどまらない
インタラクションをさまざまな角度から取り入れ、実案件として形にしている、
Web制作会社（イメージソース／ノングリッド、面白法人カヤック、チームラボ）のケーススタディを紹介します。
最終成果物、そしてアクセスや問題解決の方法はそれぞれ異なりますが、
そのときどきでの彼らの思考はとても参考になるでしょう。

CASE STUDY
4.1

仕事化するプロセス：イメージソース／ノングリッド
―SLS AMG Showcaseの事例から―

ハードウェアとソフトウェアを組み合わせた、
新しい形での案件を数多くこなしているイメージソース／ノングリッド。
彼らの仕事につなげるプロセスを実案件「SLS AMG Showcase」の制作過程を通して、ひも解く。
SLS AMG Showcaseは、メルセデス・ベンツのスポーツカー「SLS AMG」の
ショーケースとiPhone/iPadアプリを連携させ、
ショーケース内に設置された4台のカメラをiPhone/iPadから自由にコントロールし、
普段見ることのできない細部の機能説明を見ることができるというもの。
羽田空港および六本木での発表展示会で設置された。

SLS AMG Showcase
Client: Mercedes-Benz Japan
Production: NON-GRID, IMG SRC, S2 FACTORY

はじめに

2005年頃から、紙媒体やWebサイトだけではなく、デバイスやセンサ、大型PDP[*1]やプロジェクタといった多くのメディア（媒体）を組み合わせる実世界参加型のインタラクティブ広告が頻繁に見られるようになりました。

イメージソース／ノングリッドでは、2005年より、Webを軸に映像、デバイス、ソフトウェアなどをボーダレスに扱うインタラクティブ広告の制作と開発を始め、2007年には、専門領域にとらわれず幅広く技術をリサーチし、システムを開発／設計し企画を提案する専用のチームを社内に作り、インタラクティブ広告の企画とソフトウェア開発を行っています。

こういったインタラクティブ広告は規模が大きいものが多く、その仕組みが見えにくいため、一見、複雑な仕事に見えます。また、どのものづくりでも言えることだと思いますが、最初のスタート地点から、すべてが最終的なクオリティででき上がっていることはほとんどありません。アイデアを練り、ときには実際にプロトタイプを作り、トライ＆エラーを繰り返します。そして、その上にさまざまな専門家の力添えをいただき、具体的な「案件」として、仕事に変化していくことが多いのではないのでしょうか。

広告として、できあがりの結果を体験することは誰でもできますが、その背景や制作プロセスが垣間見られることは、ほとんどないと思います。そこで、今回はできる限り、実際に行った施策の各ステップや制作プロトタイプを紹介しながら、具体的な「実世界型のインタラクティブ広告」の仕事化のプロセスを紹介していきたいと思います。

fig.1　プーマストア原宿に設置された「PUMA STORE HARAJUKU INTERACTIVE MIRROR」。試着した姿をフルハイビジョンの静止画として撮影、保存することができる。また、実際に服を着替えなくても、試着した姿を擬似的に確認することができるバーチャルフィッティング機能も搭載されている

fig.2　2010年のイメージソース／ノングリッドの新年会で発表された「New Year Interactive Table 2010」。テーブルに映し出された画像の上に、配布した専用のカード（7インチレコードのサイズ）を配置すると、それぞれのプロジェクトのイメージサウンドが流れるというもの

fig.3　iPhone/iPadアプリと連動したショーケース「SLS AMG Show Case」。2010年に羽田空港および六本木の発表展示会で設置された

1
Plasma Display Panel、プラズマディスプレイのこと。

企画のプロセス、設計とリサーチ

SLS AMG Showcase とは

イメージソース／ノングリッドでは、2010年にメルセデス・ベンツの新型スポーツカー SLS AMG の展示として、iPhone/iPad アプリと連携したショーケース「SLS AMG Showcase」の設計・開発を手がけました。

ここでは、実際にその SLS AMG Showcase の仕組みや開発・制作プロセスを紹介しながら、私たちがどのように仕事としてデバイスやハードウェアを組み合わせた企画・制作を行っているかを紹介したいと思います。

SLS AMG Showcase では、ガラスケースの中に実車と4つのカメラが配置されています。それぞれのカメラアングルは SLS AMG の持つ機能を知るための最適な位置、たとえば普段では見ることのできない高い視点や、あたかも車内にいるかのような視点に設計されています。そして、それらショーケース内にある4台のカメラと iPhone/iPad アプリを利用した、体験者と SLS AMG をつなぐインタラクティブシステムを設計・開発しました。

体験者は、App Store で公開されている専用の iPhone/iPad アプリ（SLS AMG JP）を通して、このシステムを利用します。アプリ内のアナウンスに沿って操作することで、ショーケース内に取り付けられたカメラの映像をリアルタイムに切り替えて、iPhone/iPad 上で見ることができる他、各カメラのパン、チルトズームなどを自由にコントロールでき、それにより特別な視点で SLS AMG に迫ることが可能となります。

さらにこのシステムの特徴の1つとして、そのときのカメラアングルによってリアルタイムに流れてくるカメラ映像の上に、いま見えている SLS AMG の機能ポイントを知らせてくれるアイテムボタンが現れます。そこで体験者が知りたい内容のアイテムボタンを押すと、カメラが自動的にアングルを変え実際の車のフォルムや機能部分を詳しく映し出し、その上に知りたい機能のポイントを説明する映像が合成されて表示されます。

このように、SLS AMG Showcase は iPhone/iPad を使って、目の前のリアルな車を目にしながら、インタラクティブに、より深くその車の性能を知ることができる「ショーケース」となっています。

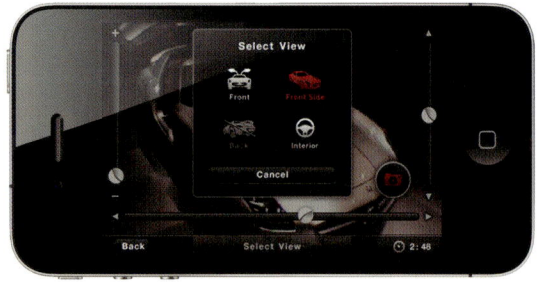

fig.4　SLS AMG JP。ショーケース内のカメラと連動し、各カメラのパン、チルトズームなどを自由にコントロールできる

4.1 仕事化するプロセス：イメージソース／ノングリッド

fig.5　iPhone/iPadからSLS AMGの内部や俯瞰の視点で見ることができる

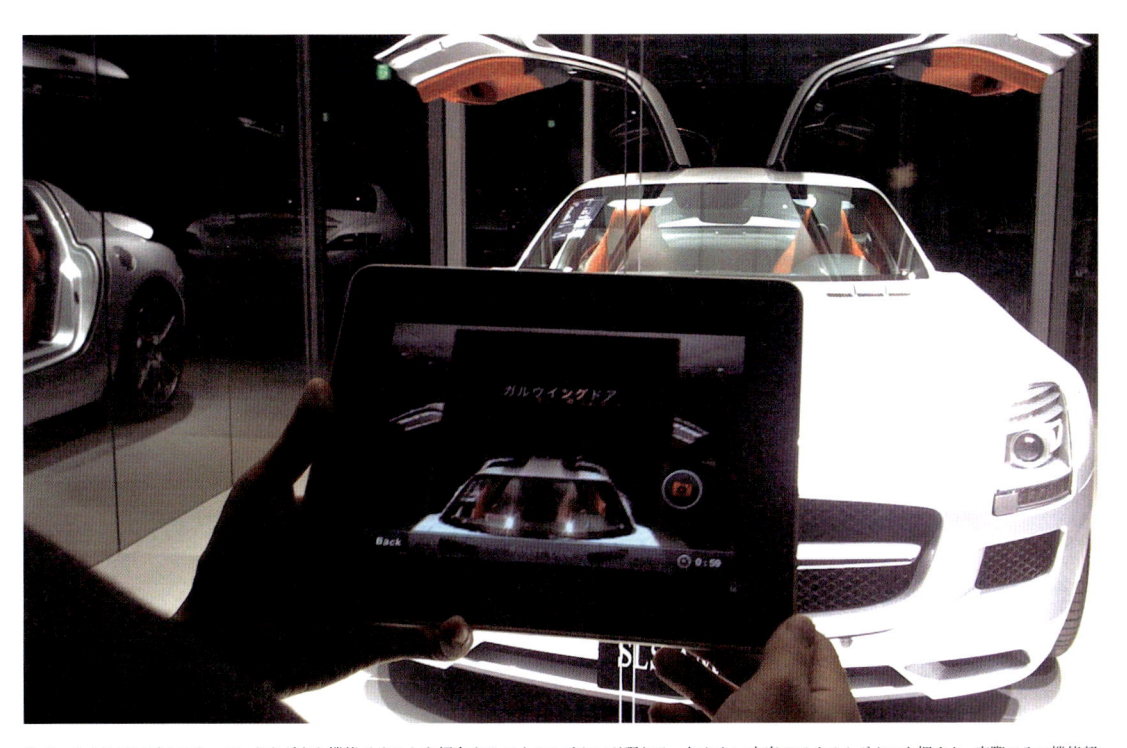

fig.6　カメラアングルによって、さまざまな機能ポイントを紹介するアイテムボタンが現れる。知りたい内容のアイテムボタンを押すと、実際のその機能部分やフォルムが映し出され、機能のポイントを説明する映像が表示される

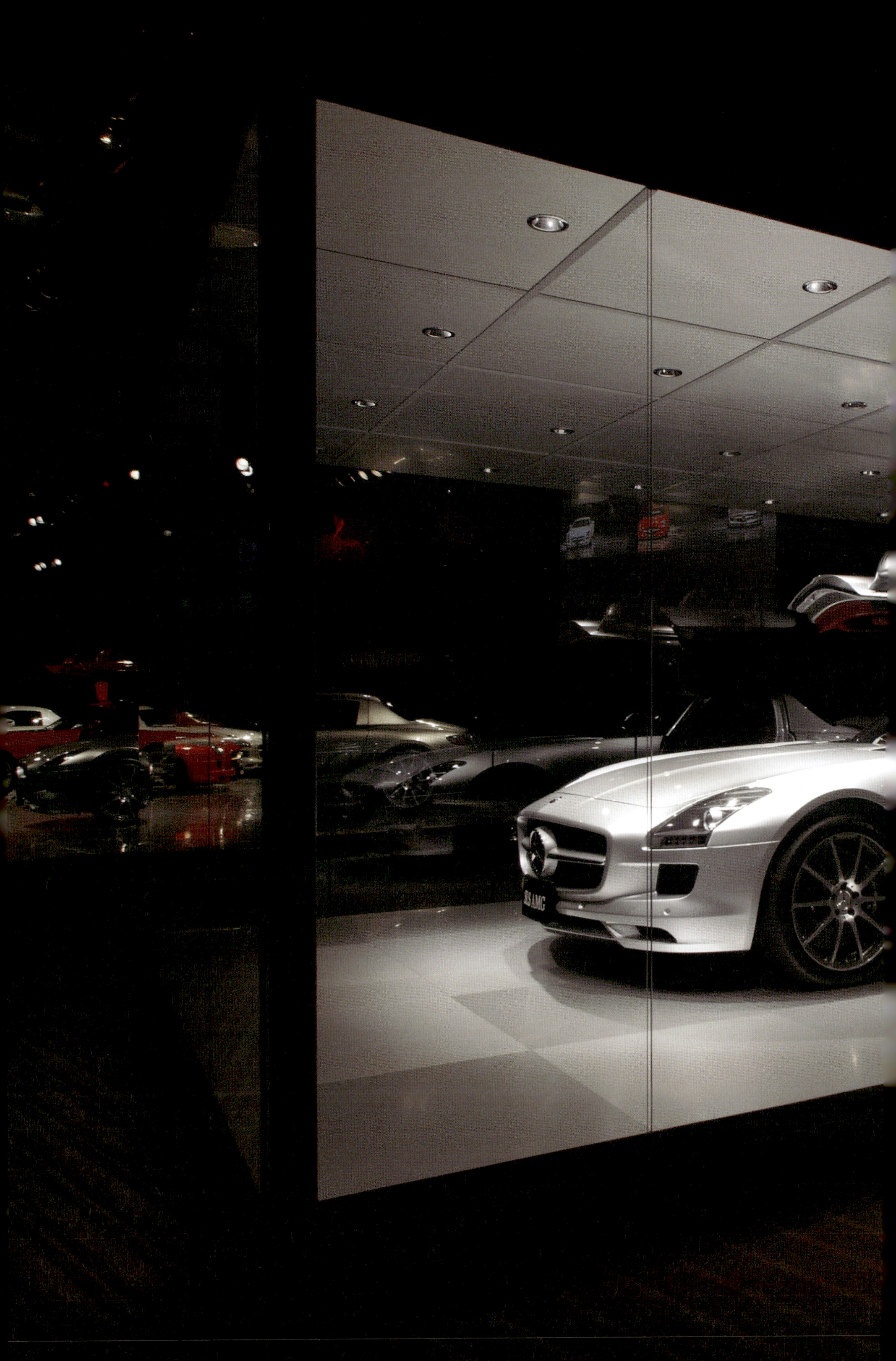

fig.7　SLS AMG Showcase（外観）

設計

　このプロジェクトのお話をいただいた段階で、具体的に決まっていた内容の1つは、車はショーケースの中に展示されるということでした。当然ですが、体験者はガラスケースに入った車には一定距離以上に近付いて見ることができません。

　そこで、この案件においてのユーザー体験を作るシステム設計の課題は、「ショーケースの中にある対象物を、見る人にとってより近しいものにすることができる仕組み」を提案することでした。

　ある特定の場所に展示する場合、たいていは、行いたいシステム設計・提案のすべてを実現できるような高い自由度があるわけではありません。たとえば、設営時間や設営空間、ときには予算など、さまざまな条件が伴います。それらを単純なハードルとして考えるのではなく、あるべき前提として考え、システムを設計する必要があります。

　数学の幾何の証明問題を例にあげると、「三角形ABCの内部の任意の点をPとします」といった前提条件が定義されていることが多くあります。システム設計もそのような数学の幾何の証明問題を解く感覚に近く、そう考えると、前提条件は問題を解く大きなヒントでもあります。また必要に応じて補助線を引いていくと、急に問題の見え方が変わり、全体を設計することが可能になります。ただ、技術やデバイスは任意の点Pと同じく補助線を引くきっかけ、もしくは補助線そのものでしかありません。また幾何の証明問題と同様に、正解や正解にたどり着く道筋は1つではありません。

　全体を通してどういった体験を作り上げることができるか、その検討も含めて、何パターンかの体験システムを考えます。

　特に、こういったシステム提案の場合、最初の段階で1つのシステムだけに絞り込んで提案することはほとんどありません。基本的には3つ以上、体験の最終アウトプットとトリガーを組み替え、提案します。

　今回も体験の軸を「ショーケースの中にある対象を、見る人にとってより近しいものにすること」として、表示器やトリガーとなる媒体またはセンサなどを検討し、数あるパターンを考えた上で3パターンほど選定し、体験を設計しました。

　実際にこのときに設計した例をいくつか上げておきます（fig.8〜10参照）。

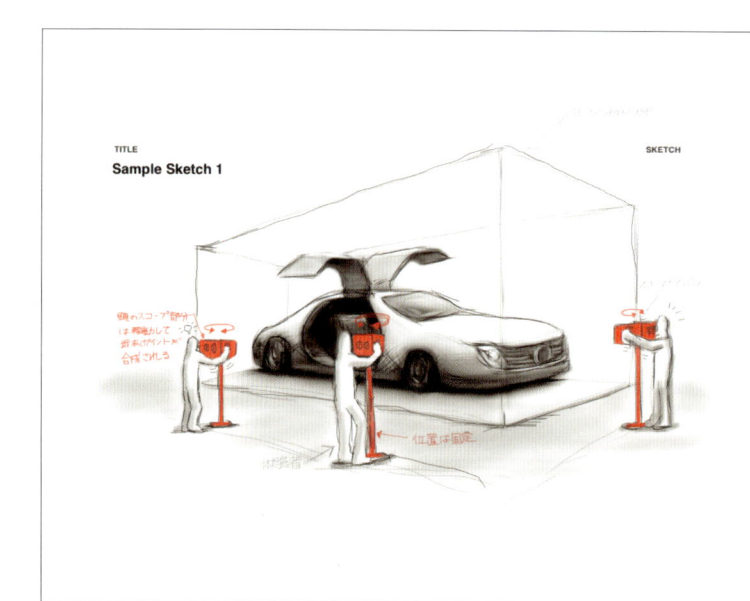

A　表示器をショーケースの周辺に設置し、表示器をのぞきながら体験者を移動させるパターン

ユーザーはショーケースのまわりにあるカメラ付モニタを上下左右に動かして対象物をのぞきながら、情報を体験する

fig.8　設計時のスケッチ①

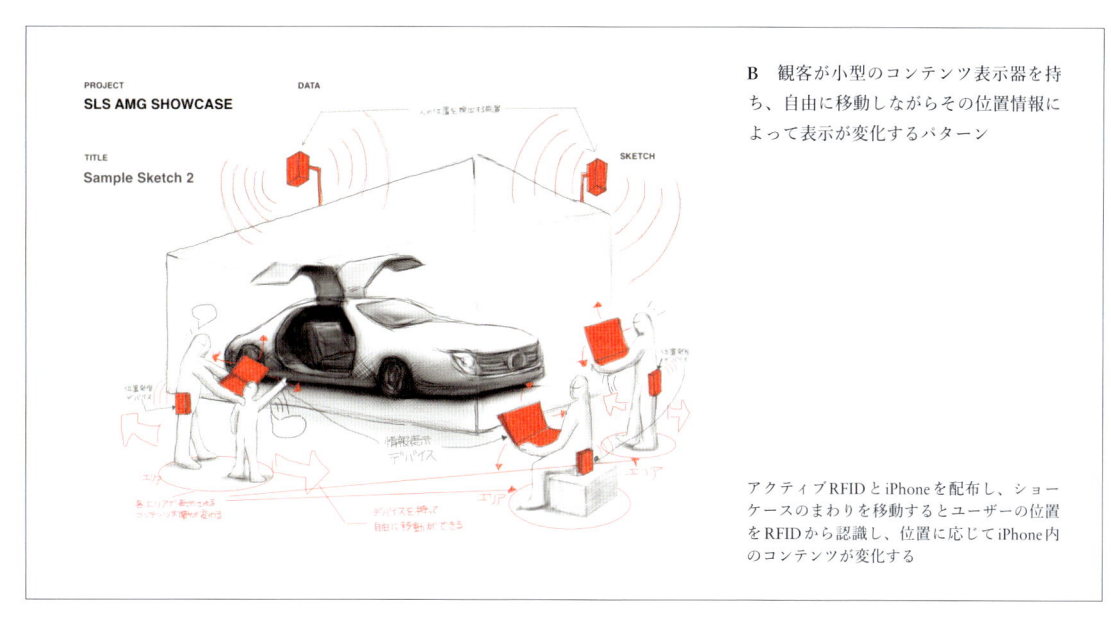

4.1 仕事化するプロセス：イメージソース／ノングリッド

B 観客が小型のコンテンツ表示器を持ち、自由に移動しながらその位置情報によって表示が変化するパターン

アクティブ RFID と iPhone を配布し、ショーケースのまわりを移動するとユーザーの位置を RFID から認識し、位置に応じて iPhone 内のコンテンツが変化する

fig.9 設計時のスケッチ②

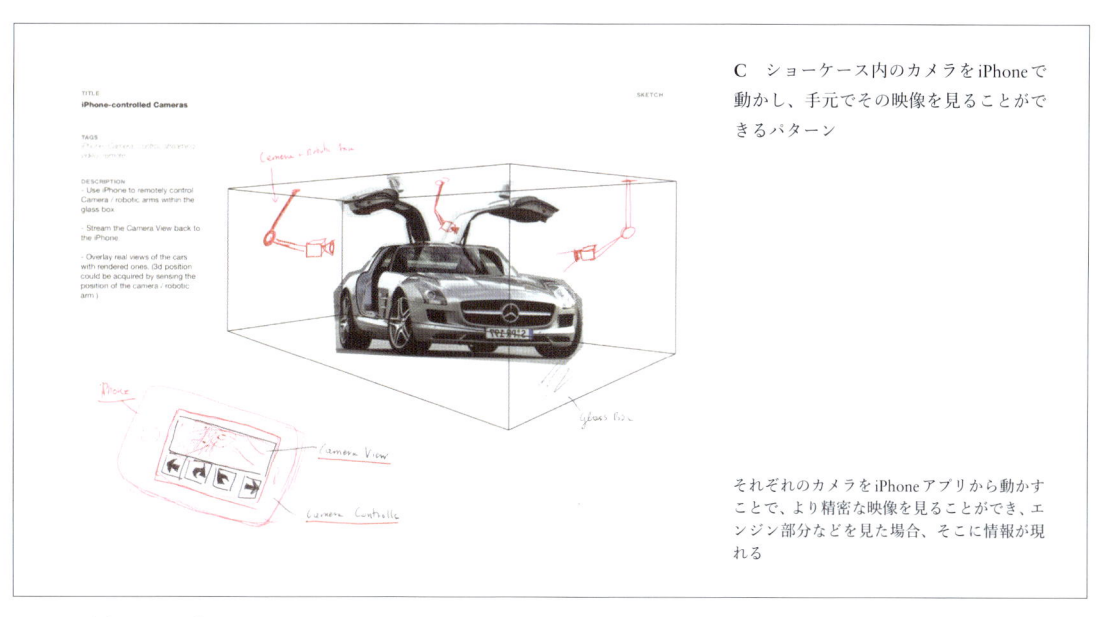

C ショーケース内のカメラを iPhone で動かし、手元でその映像を見ることができるパターン

それぞれのカメラを iPhone アプリから動かすことで、より精密な映像を見ることができ、エンジン部分などを見た場合、そこに情報が現れる

fig.10 設計時のスケッチ③

CASE STUDY

リサーチ

次に、提案する体験の設計について、それぞれの仕組みについて細かい説明ができるよう、具体的に情報を集め、リサーチをしておきます。利用する技術の開発言語やSDKなどについてのリサーチも行いますが、そういった開発の部分だけではなく、実現に関わる方々によって重要な事柄、たとえば予算に関わる部分や表現での問題点や精度などの部分について、具体的な裏打ちをそろえるといった作業になります。

一例として、前述のCパターンの提案では「何らかの方法でのパンチルトをコントロールできるカメラ」について、その精度、単価を調べる作業を行いました。Cパターン提案に必要な条件は、外部からの通信により「パンチルトズーム制御」が可能なカメラを選定することです。実は、この条件を満たすカメラとしては、過去に制御を行った経験のあるソニーのEVIシリーズがありました。しかし、新しい製品は日々発表されているため、最初の段階から固定の機種だけにとらわれず、幅広く「シリアル通信を使って制御することのできるビデオカメラ」「ネットワーク通信で制御するカメラ」「USB接続のカメラ」など、さまざまなタイプのものを探しました。

そういったリサーチ結果をふまえ、次の点に分け、システムの実現性や条件を検討します。

① 体験アウトプットのプラットフォーム（ブラウザやモバイル、大型表示器など）
② 実現の可能性
③ 精度（センサや位置関係をトリガーする場合）
④ 参加ユーザー
⑤ 予算感

技術にはどうしても流行がありますし、枯れた技術と思っていても、プラットフォームが変わると意外な利用方法が発見されることも多くあります。

また、3日後までにといった期限で、急に何らかの提案を求められることもよくあります。普段から実験を通して遊び、意欲的に技術にふれ、おもしろいものを蓄えておくのも、後々よい手助けになります。

ビデオカメラ	EVI-D70 ／ソニー／ ¥152,024 （映像信号：RCA）	
	EVI-D100 ／ソニー／ ¥160,802 （映像信号：RCA）	
	PTC-400C ／エルモ社／ ¥91,965	
ネットワークカメラ	BB-HCM581 ／パナソニック／ ¥81,900 （パンチルトズーム）	
	AXIS 212 PTZ ／アクシスコミュニケーションズ／ ¥96,600 （パンチルトズーム）	
	CS-WMV04N ／プラネックス／ ¥38,000 （パンチルトのみ）	
USBカメラ	Qcam Orbit AF QCAM-200R ／ロジクール／ ¥7,900（コントロールプロトコル公開、サンプルプログラムあり）	
	EVI-D70 ／ソニー／ ¥152,024 （映像信号：RCA）	

カメラのリサーチ

アウトプット	プラットフォーム	実現の可能性	精度	参加ユーザー	補足
Windowsモバイルを利用したAR体験	Windows mobile		△	○	会場貸し出し携帯
Windows PCを利用したAR体験	Windows		○	○	会場内専用コントローラ
Arm Robotic RemoteでのAR体験	iPhone	○	○	○	会場貸し出しiPhone（一般iPhoneユーザー）

システムの実現性や条件の検討

スケッチとプロトタイプ開発

スケッチを起こす

体験型のシステムを提案する場合、言葉だけでその仕組みや空間をすべて伝えるのは、非常に難しいと思います。

たとえば「35インチのモニタ3面が配置されていて、その前で手を動かすことで対象物の情報が見れる」という文章で体験を説明する場合、モニタのサイズを実寸で理解できる人は多くはありません。また、それが空間上にどのように配置され、どのように動かせるのか、言葉のみで理解してもらうのは、あまりに困難です。「モニタってどのぐらいの大きさの感じ?」「手で動かして……というと、モニタってどのぐらいの高さにあるの?」などの質問を受けることになります。

そのため提案を行う相手に対して、体験を想像してもらいやすくするためにも、言葉だけで伝えるのではなく体験をスケッチに起こします。スケッチがあることで空間が想像しやすくなり、次の課題を引き出せます。「もう少しこうすればいいじゃない」、「じゃあこういった方向はどうだろう」といったような、体験を深めるためのディスカッションが可能になります。

場合によってはCGソフトを利用して絵を起こすこともありますが、まずは手書きのスケッチでも、目に見えるものがあることのほうが重要です。時間が十分ある場合には美しいスケッチを用意してもよいでしょうが、そのような状況ではないことも多くあります。ひとまず手を動かし絵に起こす、そのことが重要だと思います。

ときにスケッチとして、実際にプログラムを書いて動かすという方法もありますが、体験型や空間型の場合、必要なハードウェアをそろえるにも時間やコストがかかりますので、初めの段階では、「絵を描いて伝える」というのも1つの手段ではないでしょうか。

またエンジニア向けのシステム図だけを提示すると、逆に情報が複雑過ぎる場合もあります。相手によっては、逆に具体的に体験をイメージできなくなり、不安を呼んでしまうことも多くあります。そこで、そのような不安を回避する目的もあり、システム面はあまり深く記述せず、目に見える体験のみをスケッチとして起こします(fig.11参照)。

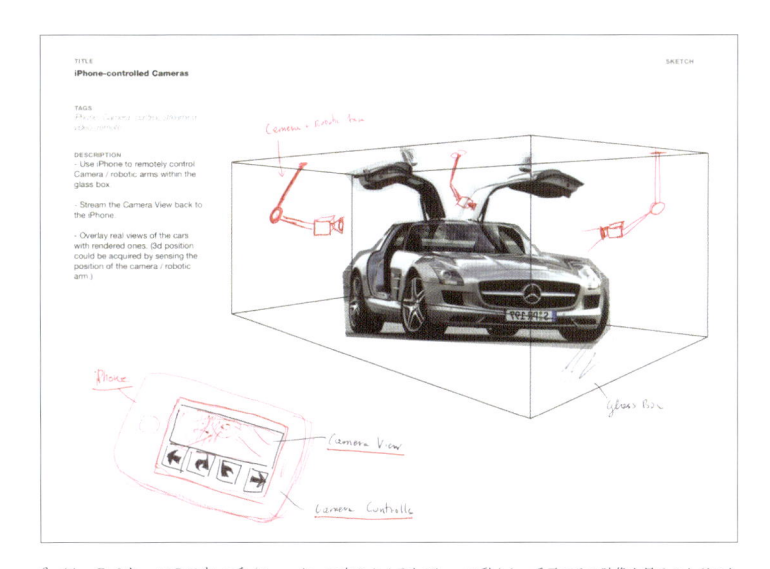

fig.11 Cパターンのスケッチ(ショーケース内のカメラをiPhoneで動かし、手元でその映像を見ることができるというもの)

fig.12 過去のスケッチ例

プロトタイプの制作

　構想した体験を実現するために、技術的な問題をどのぐらいクリアしなければならないのか、また実際に開発にかかる期間や予算がどのぐらい必要なのかといった要件を、経験や知識をもとに見極めます。その中で割り出した問題とともに構想したプランを精査していき、3つほど提案を作ります。

　ディスカッションの結果、特定の体験に開発が決定した後は、早い段階で技術的な裏打ちを取っておくためにも、プロトタイプ制作に取りかかります。たいていの場合、プロトタイプ制作に費やせる時間は、そう多くはありません。提案の紙資料を制作すると同時にプログラミングして実証することがほとんどになります。

　そのため、提案体験の核となるインプットとアウトプットを中心に、ポイントを押さえて、簡易でも一連の体験ができるようなプロトタイプの制作を行います。それには、極力早い手続きで開発や検証ができるプログラム言語で制作することが必要になります。この時点では、個人の開発ポリシーや開発美学以上にスピードが重要なポイントになります。

　今回は、iPhoneアプリからサーバに情報を送り、そこからカメラ（EVI-D70）へシリアル通信を使ってコントロールすることと、そのカメラ映像をiPhoneアプリ上で受け取る部分をプロトタイプの核として制作しました。

　ときには提案の最中にその場で、実際に体験してもらうこともありますし、プロトタイプをコードで書くのではなく、実際の空間で利用し、その模様をビデオにまとめ、提案に持っていくこともあります。

　今回の提案のSLS AMG Showcaseの仕組みは、現実空間上の位置関係を利用するため、実際に会社の駐車場で、車両とその空間を使ってプロトタイプを動かし、提案しているものに近い体験の仕組みをビデオにまとめました。

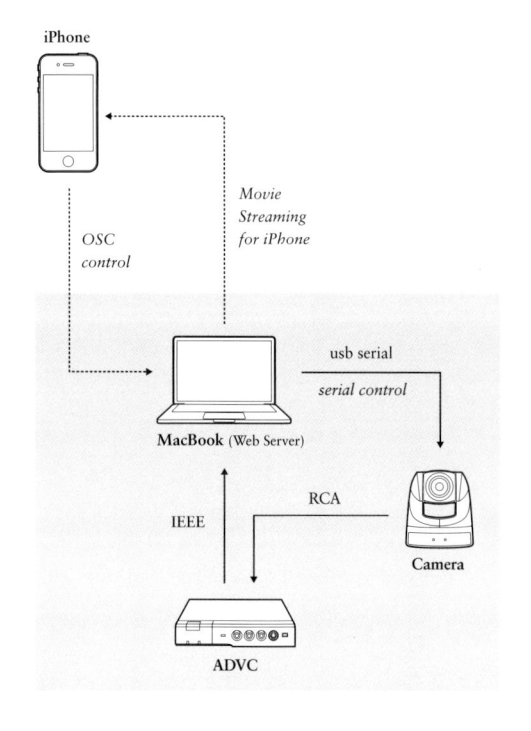

fig.13　プロトタイプの核として、iPhoneからサーバ経由で情報を送りシリアル通信でカメラをコントロールする、そのカメラ映像をiPhoneアプリで受け取るという部分を制作

　プロトタイプを実行するために必要なOSや開発環境は日々進化しているため、以前に開発したプロトタイプがうまく動かないなどの問題はよく発生します。かといってプロトタイプをいつでも実行できるように、開発者の環境を現状のまま、止めておくのは現実的ではありません。

　そういった状況をふまえ、プロトタイプを作った場合は、どんなに小さなものでも体験結果をビデオに記録し、まとめておきます。ドキュメントとして手元に

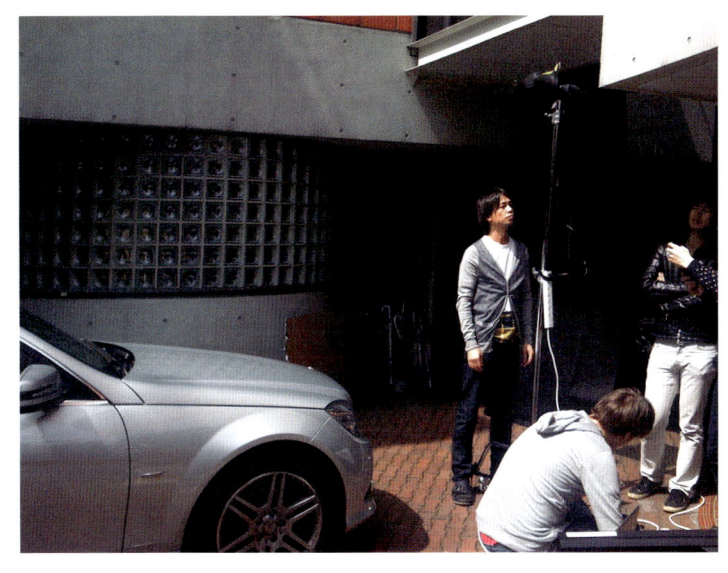

fig.14　実際に、車両とその空間を使ってプロトタイプを動かし、提案内容に近い体験の仕組みをビデオにまとめた

持っておくと開発者以外でも体験を説明することができます。また、プレゼンテーション中にプロトタイプを動かす必要がある場合、何らかの問題が発生してプロトタイプが稼動しなくなってしまう状況が全くないとは言い切れないため、念のため、一連の挙動や体験をまとめたビデオを用意しておくと安全です。

　プロトタイプについては、そのときに提案した体験から、インタラクションを受け取るインプット部分と映像や音などのアウトプット部分の核を中心に制作します。

　プロトタイプのアウトプットについて、極力気を付けている点は、誰かに見せる場合にはちょっとひと手間をかけてわかりやすく見せるということです。たとえば、センサを使って何らかのビジュアライズをする際のプロトタイプで、結果画面に「1」とテキストが表示されるというアウトプットでは、それはプログラミングする開発側のプロトタイプやデバックでしかありません。これでは人に理解してもらうための提案の説得材料としては使えません。仮に提案に使ったとしても、見る人が身を乗り出してくれるのはごくまれです。

　プロトタイプ制作は、開発側のためのプロトタイピング、実験の意味でもありますが、最後にアプトプットのひと手間をかけることで、文化的な背景が異なるエンジニア以外の人にも体験を理解してもらうための説得材料として利用できる素材作りも兼ねています。

開発の制作プロセス

開発の地図を作る

　設計した体験システムの開発に取りかかるため、最初に全体の開発の地図を作るところから始めます。

　まず、人数とその携わるパートを決めます。このシステムは、機材選定やプロジェクトマネージメントを行う人が1人、全体を見渡しながらメインでプログラムを書き、開発するオーサーがiPhoneアプリ側で1人、デバイス側で1人、各分割されたパートで開発者が2人といった、計5人で行いました。

　そして、全メンバーの得意な領域を考慮し、どの部分をどの言語で開発すればよいかを検討します。最近は、本当にたくさんの開発言語や開発環境があるため、この部分は常に迷うところでもありますが、基本的には開発に参加する人たちが普段から開発慣れしているプログラム言語で、それなりに開発言語の特性を知っていることを1つの条件にして選定を行います。このシステムでは次のようにしました。

パート	言語
映像配信部分	Max 5
カメラ制御部分	Processing 1.0.9
iPhoneアプリ部分	Objective-C++

主要パートと開発言語

2
有料のプログラム言語や開発環境であっても、そこで利用しているライブラリやフレームワーク、APIなど、関連するプログラムのうち1つでもバグを持っていることは少なくありません。

　次に、本格的な開発作業に入る前に、オーサーが開発の地図となるクラスマップを作成し、誰がどの開発を行うのか、それぞれの分担を考えます。

　こういった開発のためのモデリング方法はたくさんありますが、あまりルールやアプローチにこだわると、逆になかなか地図が作れず、時間だけが過ぎて、よけい悩んでしまうことが多かったので、「自分はまず何を開発するべきか」を洗い出すことを目標にして作るようにしています。

　そのときどきの必要に応じてですが、柔軟にUDP

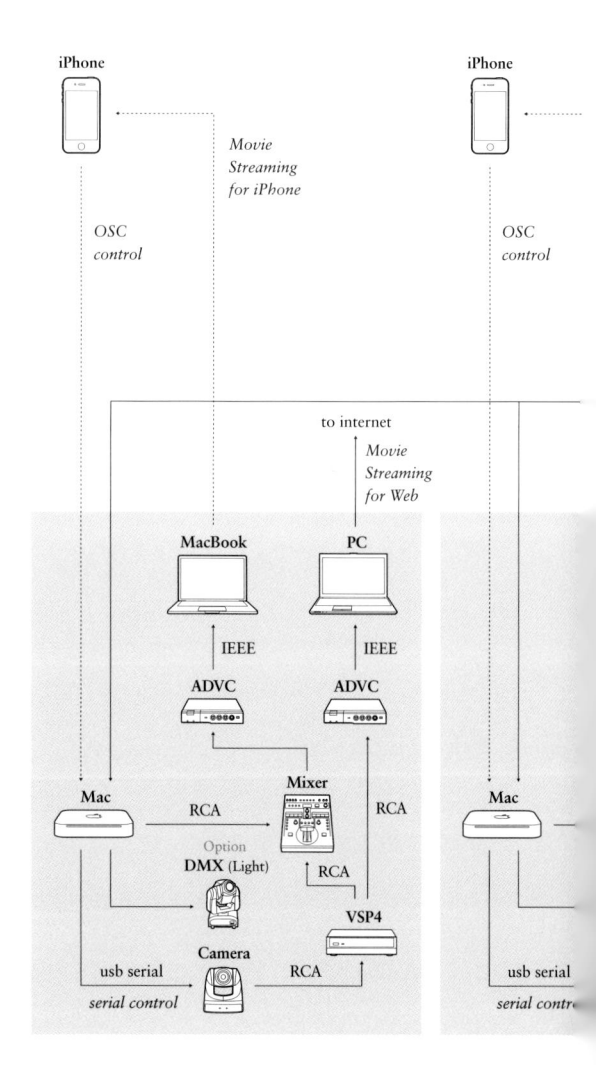

（User Datagram Protocol）やHTTP（Hypertext Transfer Protocol）といったネットワーク技術を利用し、アプリケーションの処理を分散させる方法を活用します（fig.15の仕組みでも利用しています）。

たとえば、1台のPCや1つのアプリケーション内での処理が難しいと判断した場合、アプリケーション間や異なるPC間でUDPやHTTPといったネットワーク通信を使い連動させて、それぞれが処理を行うことで、処理の負荷を分散させることが可能になります。

また、1つの言語で開発が閉じていると、利用しているライブラリやフレームワーク、APIにもし1つでもバグが見つかった際、大きな問題になりかねません[※2]。安全策としてUDP通信やHTTP通信などのネットワークを使った通信機能を実装しておくことで、プログラム言語・環境を変えて処理を分散でき、いざというときに共倒れすることのない、より柔軟で安全なシステムを構築することができます。

こういったインタラクションの結果をすぐに別のソフトウェアに送るといった通信が必要な場合、主に同期型のネットワーク通信方法を利用します。XMLソケット、Open Sound Control（OSC）など、さまざまな形式がありますので、利用している開発言語に合わせて、どの方式であれば相互に通信可能か調べておき、状況に合わせて利用できるようにしておきます。

fig.15　全体の仕組み図

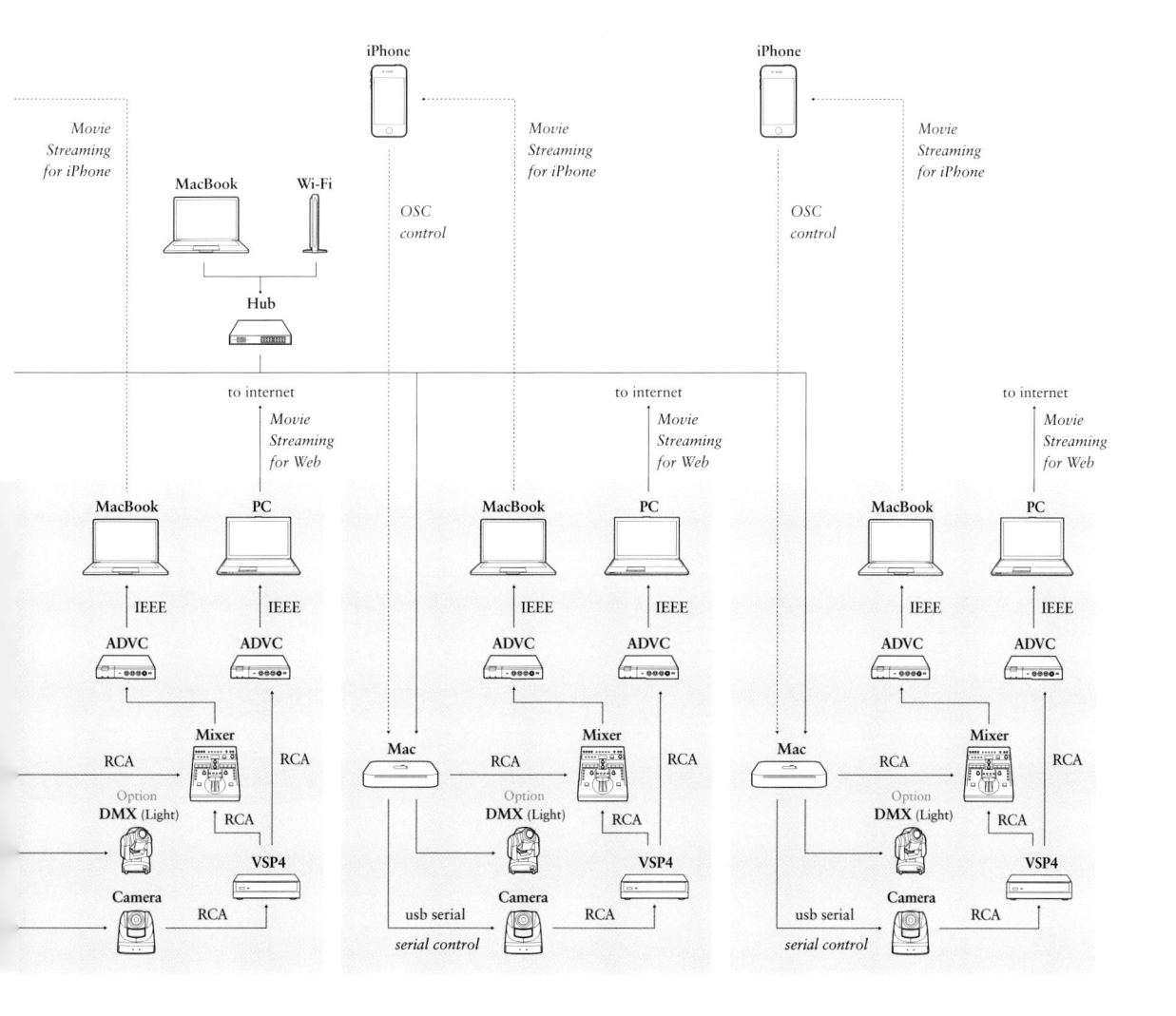

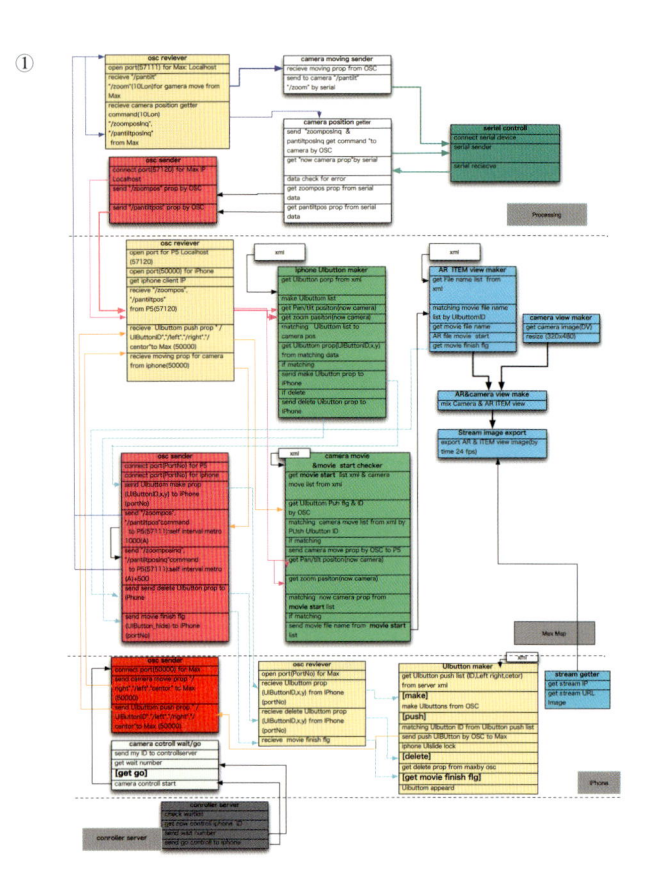

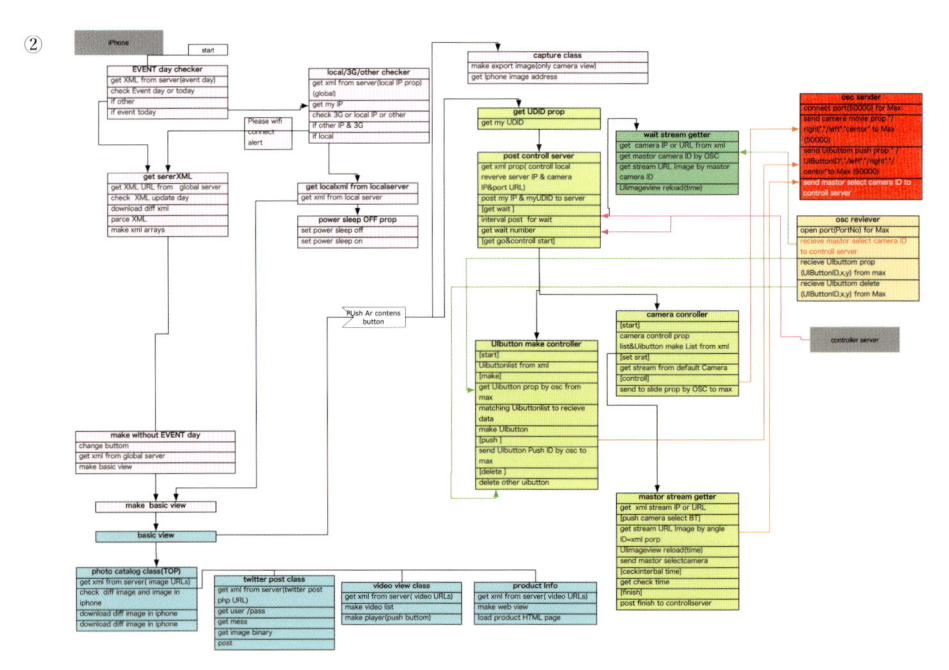

4.1 仕事化するプロセス：イメージソース／ノングリッド

fig.16　開発の初めの段階で作った開発地図（①カメラ制御、映像配信ソフト部分／②iPhoneアプリ部分の地図）

地図から道を作る

次に、開発の地図をもとに、パートごとに実際のクラスを作っていくのですが、その際にまずは、大まかに必要なクラスごとの名前が付けられたクラスファイル（「スケルトン」と呼んでいます）を作ります。中身は空でも問題ありません。

山を登るときに、道なき荒道をかき分ける登山より、階段がある舗装された登山ルートを一歩一歩登るほうが、はるかに早く登頂することができます。登山者にとって、頂上までの階段の数が目で確認できると、その足取りもずいぶんと軽くなるでしょう。開発でも同じことが言え、空の内容でもそれぞれのクラスファイルをスケルトンとして最初に作っておくことで、スケルトンはこれらから登る登山道のための階段となり、開発者たちは、これからの開発の道のりをつかむことが容易になります。

また、共同で開発をする場合には、必ずSubversionやCVS、Gitなどのバージョン管理システムを利用するルールにしています。こういったバージョン管理システムを利用すると、「誰が」「どの」プロセスで開発しているのか、明らかなログとして残ります。また、問題が起きた場合、バージョン管理システムに参加している開発者の誰もが、問題が発生する以前のプログラムに戻すことが可能になります。

実寸の検証空間を作る

実空間内の位置を利用する制作の場合、開発が佳境になると、やはり実寸の空間における位置情報が必要になります。この案件では、実際の車体の高さと奥行きのスケールが重要でしたので、検証のため、社内に車体実寸の空間を作りました。

時間や予算に余裕があれば、車のモックまで作ってしまうのかもしれませんが、残念ながらそれは難しかったため、手持ちの素材（カーボンコピーの箱や養生テープ）を使って、図面から位置やカメラアングルの目標となるポイントがわかる目印を作り、それをもとにカメラのアングル情報などを取得して検証していきます。そして、案件終了時まで、システムに利用する機材のうちネットワークやカメラなど核となる部分を実寸の検証空間内で稼動させておきます。それにより、開発者が検証のたびにセッティングをする手間がなくなる上、いつでもそれぞれが自由に検証することができるため、その後の開発のスピードがぐっと速くなりました。

インプットとアウトプットが1つのPC内で収まらないような「ものづくり」において、簡易でもそのシステムを試せる状況を作ることは、開発者やデザインを考える人にとっても、とても重要な要素だと思います。

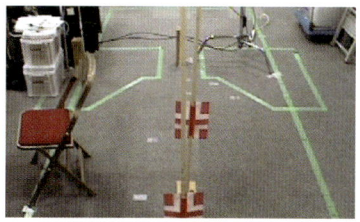

fig.17　検証のために実寸の空間を作り、必要に応じて開発者が自由に検証できるようにした

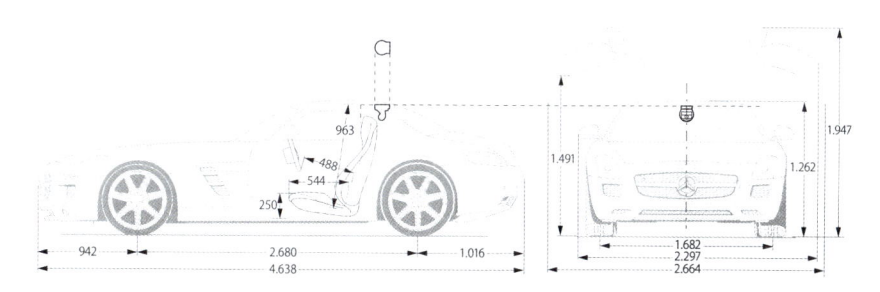

fig.18　SLS AMGの図面

本番までの流れ

プレビューを行う

　基本的に、デバイスや表示器を使う体験型の案件の場合、本番一発勝負で臨むということはほとんどありません。何度か実際のプレビューを行い、現状のプロセスに間違いがないか、問題はないかなどを、社内スタッフやクライアントとともに確認を行います。

　1つの仕事には、プロジェクトを管理するプロジェクトマネージャー、プログラマー、デザイナーや機材の管理および貸し出しをしてくれる機材レンタル会社、空間を作る施工業者、そしてクライアントなど本当にたくさんの方が関わっています。

　実際に手を動かして開発し組み込む作業は、本当に最後の部分のため、スケジュール的にも切迫してしまうことは多いのですが、定期的にデモを行い、進行状況を共有して問題を明らかにしていくことも重要です。

　今回も、実際の本番までの間に、何度も実際の車両や社内の検証空間を使ってデモを行いました。

搬入／設営

　駅などの公共空間での常設型展示や企業のイベント型展示では、長い設営時間が取れることはほぼありません。

　特に、イベント型展示の場合、閉店後の夜10時から朝までの間など、かなりの短時間で設営を行うことが多いのです。そのため事前準備を十分に行い、搬入経路を確認しておき、いろいろな方の仕事の手順を待ちながら、搬入と設営を進めていきます。

　事前準備としては、搬入や設営がしやすいよう、先に組める部分はシステムを組んでおき準備します。また、使用するケーブルなどに問題がないかを調べ、すばやく設営できるように、ケーブルに設置場所をラベリングをしておきます。

　また、何らかの問題が起こることを想定し、システムのバックアップとして開発したソフトウェアをインストールし、メインの環境と同じ条件にしたコンピュータや主要な機器の代替えを準備しておきます。

　現場によっては、椅子や机などを使って作業できる状況ではない場合も多くありますし、また、ときに炎天下に24時間立ち続けて作業しなければならないこともあります。普段、開発しているような静かな環境ではなく、設営工事を行っている最中や音楽がかなり大きい音で鳴っている中で作業することも多くあります。

　搬入や設営の経験が少ないうちはとまどうこともたくさんありますが、積極的に設営の現場を経験して、知識面／精神面／体力面を鍛えておくと、現場で何か問題が発生したときに、自然と過去の経験から冷静に判断して問題を解決できるようになると思います。

fig.19　先に組める部分は事前に組んでおく、ケーブルに設置場所をラベリングしておく、など、搬入や設営がしやすいよう事前準備は十分に行う

fig.20　何らかの問題が発生しても対応できるよう、システムのバックアップや主要な代替機器を準備しておく

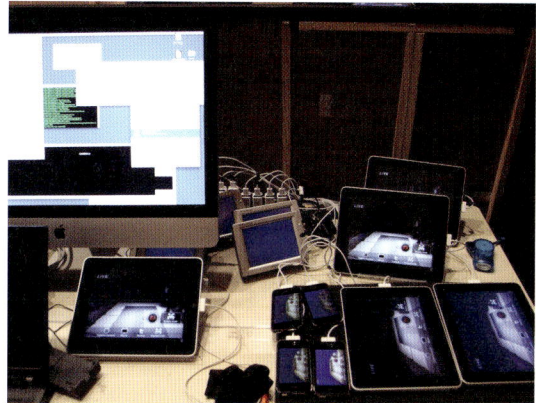

4.1 仕事化するプロセス：イメージソース／ノングリッド

fig.21　設営は、さまざまな方の仕事の手順を待ちながら進めていく。現場によっては、椅子や机がないことも多い

本番

　SLS AMG Showcase は、2010年の6月10日の新車発表イベントにて展示された後、羽田空港第2旅客ターミナルにて、同年7月17日（土）から30日（金）までの2週間設置されました。
　展示の様子は動画でアップしておりますので、ご覧ください。

　　・展示ドキュメントビデオのリンク
　　http://www.youtube.com/watch?v=yelNIcLWGk0

　2010年の4月5日に具体的にこのお話をいただいてから、6月10日の本番を迎えるまでの間、本当にたくさんの方々と関わりながらお仕事を行いました。
　大きなお仕事というのは当然のことながら、そのすべてを自分たちだけで成り立たせることができるわけはありません。当然デザイナーさんや展示の設計士、施工業者、また、このチャレンジを受け止めて企画として大きく羽ばたかせてくださったクライアントのみなさま、たくさんの方々のお力添えにより成り立っております。この機会に関係者のみなさまへ、書中ながらお礼を申し上げたいと思います。

fig.22　SLS AMG Showcase
CLIENT: Mercedes-Benz Japan
AGENCY: HAKUHODO
PRODUCTION: IMG SRC, NON-GRID, S2 FACTORY, POWER SPOTS
CREATIVE DIRECTOR: Hiroshi Koike
PRODUCER: Tatsuaki Ashikaga
ART DIRECTOR: Kohei Kawasaki
DIRECTOR: Masanori Mori
PROJECT MANAGER: Tatsuhiko Akutsu
DEVELOPER: Noriko Matsumoto, Georg Tremmel, Ken Ishizuka, Yuichiro Katsume, Yoshihiro Kunihara
SYSTEM ENGINEER: Jun Kuriyama (S2 FACTORY)
DESIGNER: Mayuko Kondo
MOTION DESIGNER: Kazzmasa Tsujimura
DESIGN ASSISTANT: Yuichiro Katsume

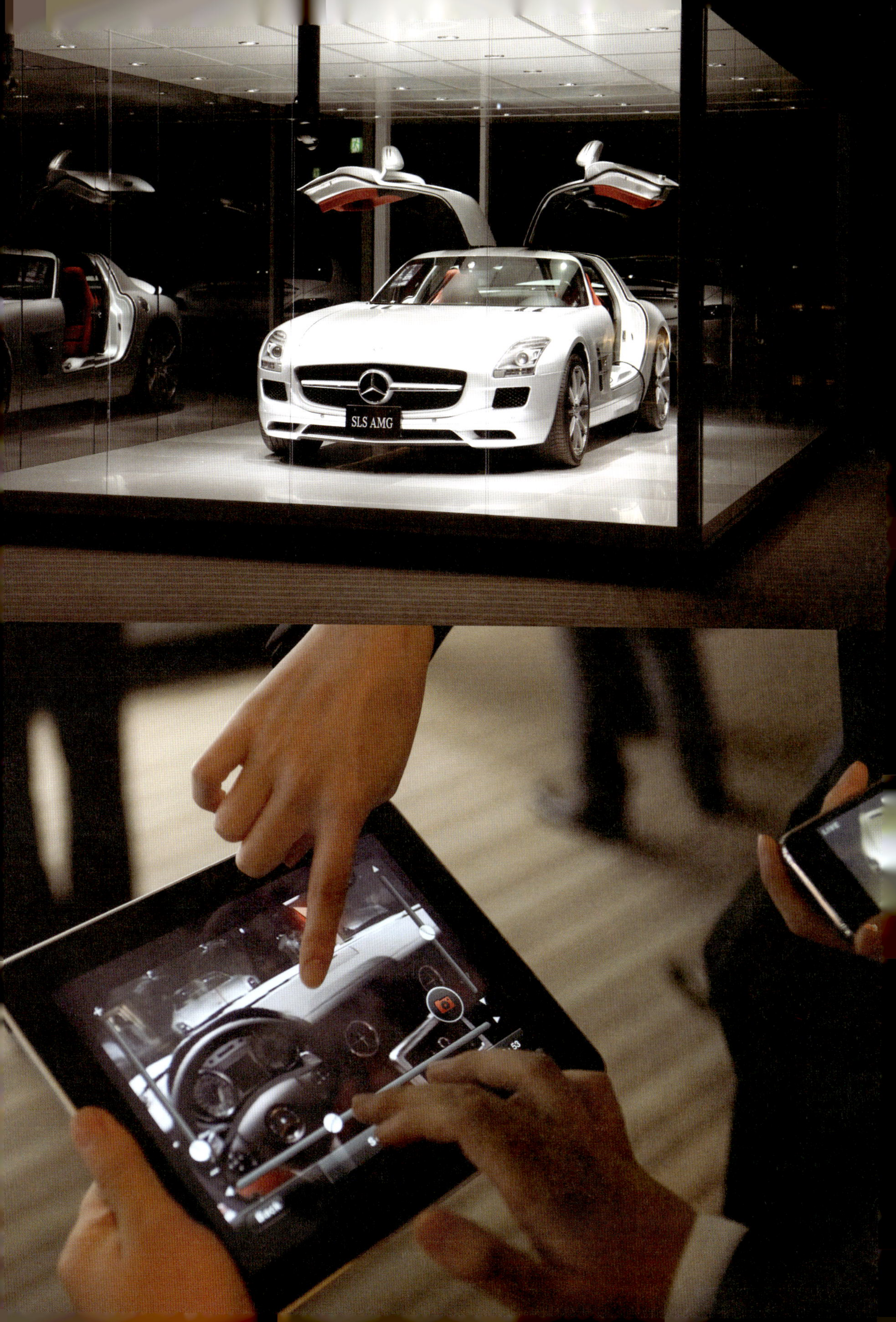
SLS AMG

常にプロトタイプを作る

　日々、ちょっとした実験や遊びを行い、ときにはプロトタイプを作り、「こういったことができるな」とか「これがこうなったらおもしろいな」などを考えます。仕事に追われて、なかなか手を動かすことを忘れてしまうことも多いのですが、できるだけ空いた時間を見つけては、気になっている技術、おもしろいと思うアイデアを、実際に手を動かし、制作するように心がけています。

　ちょっとした実験でも手を動かして現実化しその結果を蓄えておくと、場面に応じて「こういったものがあります」とか「こういうのはどうでしょう？」と、実際に作ったプロトタイプを動かしながら提案ができます。どんなに小さくても「動いているか／動いていないか」には大きな違いがありますし、体験することができて目の前で動くものは、やはり十分に説得力があります。

　こういった「動くもの」を蓄えておくことで、エンジニアからの視点を含んだ企画として提案ができるようになり、エンジニア自身がやりたいことを仕事に取り込んでいける道具にもなります。ただし、どうしてもインプット／アウトプットのメディアや技術は変化していますので、提案する以上、常にアンテナを張っておくことが大切です。

　最近の仕事ができ上がるプロセスを見ていると、企画とその表現の間には、企画を成立させるための技術が大きく関わっていることも事実です。そのため、まずは「いったい何ができるのか？」と「どのように使えるのか？」といった疑問を取り除き、それを実証することが大切です。

　人はまったくのゼロから想像を深めていくというのはとても難しく、やはり何かのきっかけやインスピレーションを受けることで、想像は加速するものです。ディスカッションを次の段階に進めるためにも、動くものを作るということは重要な作業でもあります。

　そのため、イメージソース／ノングリッドでインスタレーションなどを担当するチームのメンバーは、空き時間があれば、それぞれが気になることや今後使えそうな技術を「リサーチ」して、実際にコードを書いたり、検証、共有をしています。

　ここでは、こういった空き時間に実際に制作したものを例に、プロトタイプ作りについて紹介したいと思います。

ちょっとしたもの

　「ちょっとした実験」や「遊び」をする場合、最初の段階では、何に使えるものかよくわからなかったり、誰かにそのおもしろさを説明するのは難しいような、そんな実体のないものがほとんどです。

　最終の「成功の形」や「大きなビジョン」があるというのは素敵なことではありますが、最初の段階でそ

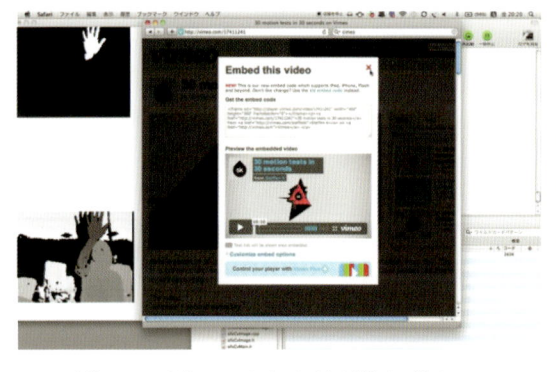

fig.23　実際にKinectを使ってWebブラウザ上を操作する様子

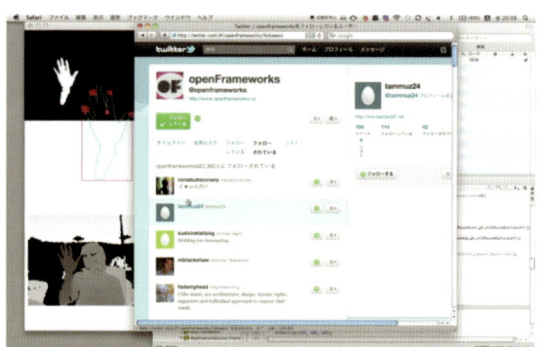

れらがないからといって手を付けないのではなく、とりあえず、遊んでみる、作ってみる、というのも重要です。小さなアイデアだからと見捨ててしまうことは簡単ですが、「ちょっとこのハードウェア気になるな？」とか「このへんなデバイス使ってみたい」というような気持ちを忘れず、ときには技術の流行に流されて、遊びながらコードを書いてみてはどうでしょうか。常に自分の使える道具を磨いておくことも大切です。

1. プロトタイプ制作のためのツールを作る

Kinectを開発環境で利用する方法が公開され始めていたので、OS上でKinectをマウス代わりに使うことができるマウスドライバを、2日ほどの自由時間を使って作ることにしました。

Kinectの解析結果を擬似的にOS上のマウス座標にすることにより、ブラウザなどのアプリケーションを操作することができます。またActionScriptやopenFrameworks（以下、OF）など、いろいろな開発環境でも、マウス座標を取得する基本的な命令だけでKinectの値が受け取れます。もし、今後Kinectのようなデバイスに直接ふれずに操作する非接触型のインタラクションを使うコンテンツを作る場合、独自アプリケーションだけではなく、Webに表示させているコンテンツでもそのインタラクションを取り入れることができれば、応用の幅はさまざまに広がります。

そこで、そういったコンテンツ制作のための実験ツールとして、OFのofxKinectとofxOpenCvを使い、さらにObjective-C++を組み合わせて擬似的なマウスドライバを開発しました（fig.23参照）。

Cocoaでは、CGEventCreateMouseEventというEventを作ることで、OSのマウスの移動や疑似クリックを行うことができます。

KinectとofxKinectとofxOpenCvを組み合わせることで、実際の手の位置を解析することができますので、その地点をマウスの値としています。また、クリックに関しては、人の目には手が停止しているように見えても、実際のマウスとは異なり、数値上は細かく揺れ動いているため、一定時間その付近で停止していた場合にクリックとして判定するようにしました。

Objective-C++　Kinectの解析結果をOS上のマウス座標にするソースコード

```
1   // Kinectの解析情報から取得したptsX、ptsY座標に代入する
2   // マウスの移動
3   CGPoint mousePoints=CGPointMake(ptsX,ptsY);
4   CGWarpMouseCursorPosition(mousePoints);
5   CGEventRef theEvent = CGEventCreateMouseEvent(NULL, kCGEventMouseMoved, trys, kCGMouseButtonLeft);
6   CGEventSetType(theEvent, kCGEventMouseMoved);
7   CGEventPost(kCGHIDEventTap, theEvent);
8   CFRelease(theEvent);
9
10  // マウスのクリック
11  CGPoint mouseClickPoints;
12  mouseClickPoints.x = ptsX;
13  mouseClickPoints.y = ptsY;
14  CGEventRef mouseDownEv = CGEventCreateMouseEvent (NULL,kCGEventLeftMouseDown, mouseClickPoints,kCGMouseButtonLeft);
15  CGEventPost (kCGHIDEventTap, mouseDownEv);
16  CGEventRef mouseUpEv = CGEventCreateMouseEvent (NULL,kCGEventLeftMouseUp, mouseClickPoints,kCGMouseButtonLeft);
17  CGEventPost (kCGHIDEventTap, mouseUpEv );
```

2. 実寸のモックアップを作るプロトタイプ

fig.25は、2007年の夏頃に実験を行っていたテーブルの試作になります。自作の赤外線投光器とビデオカメラを使って、テーブルに置いたコップの位置を解析して、下からプロジェクション投影をし、その位置を表示しています。

この実験は、東芝製と三洋電機製の超単焦点のプロジェクタを使った場合に、それぞれのプロジェクタで投影に必要なテーブルの高さを割り出し、コップの位置を画像解析することができるビデオカメラの画角の最大値を割り出すために行いました。

プロジェクタなどの表示器を用いる企画の展示設計をする場合、照射距離、または光の広がりなどを考慮し設計する必要があります。そのため、必要に応じて検証機などをお借りして、具体的なデータを取る検証を行います。

そのたびに木材などを使って実際のテーブルを作っていては大変なので、撮影用のオートポールやスーパークランプなどを利用して、実験用のテーブルの骨組みを作ります。撮影機材を使用するメリットとしては、重量に対しても耐久性がありますし、長さや方向を変えやすいため、この実験のように、盤面の高さを上下に移動し、位置決めをしながら検証しなればならない場合に最適な骨組み機材になります。

fig.24 マンフロットのダブルスーパークランプ（定価：10,500円）

この実験のためのスケッチ段階では、検証機の貸し出し期間が短かったため、

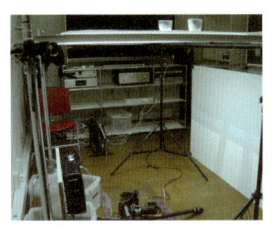

fig.25 インタラクティブテーブルの試作実験「Interactive Table」

SYSTEM ENGINEER: Masanori Mori
DEVELOPER: Noriko Matsumoto
ASSISTANT ENGINEER: Akiko Rokube

fig.26 2010年に制作したインタラクティブテーブル「New Year Interactive Table 2010」

PRODUCTION: IMG SRC, NON-GRID, POWER SPOTS
CREATIVE DIRECTOR: Hiroshi Koike
DESIGNER: Takanori Nishi, Tomoaki Suzuki
TECHNICAL DIRECTOR: Masanori Mori
DEVELOPER: Noriko Matsumoto, Georg Tremmel, Yoshihiro Kunihara
SOUND DESIGNER: Takeshi Yoshimori

A　画像解析でビデオカメラの画像を二値化した後、何も置いていない状態の画像をプログラム内に記録しておく
B　その画像とビデオカメラの画像を差分解析し、移動するコップの位置を線でつなぐビジュアライズをする

という極めてシンプルなもので終えました。この実証結果を使って、2010年のイメージソース／ノングリッドの新年会で、紙のレコードの位置を画像解析し、そこに表示されるコンテンツが変化するテーブルとして設計／展示しました。

3. Tweetaro

Tweetaroは2009年に京都で開催されたWebを中心とした、ものづくりのためのイベント「dotFes」で企画・展示した作品になります。ちょうどその頃、Twitterが普及してきたため、Twitter APIのリサーチと実験の意味も含め、Tweetテキストを合成音声で読み上げてくれる仕組みと、体験者が話しかけると音声認識して、その内容をTwitterに投稿してくれる仕組みを「Tweetaro」というキャラクターにしました。

新しいサービスやAPIが出た場合、その耐久性はなかなかすぐに実証できるものではありません。長時間行われる展示などで利用すると、さまざまな問題がわかるようになったり、その解決策が見つかります。そのため、自主的な企画などで長時間の展示に利用して、耐久性や問題点を洗い出し、実際の仕事で即戦的に使える知識を蓄えておきます。

Tweetaroでは主な技術として

・OpneCVによる顔認識
・Arduino＋赤外線センサでの入力
・音声認識エンジン
・音声読み上げWeb API

を利用しました。

fig.27　Tweetaro

PRODUCTION: IMG SRC, NON-GRID, POWER SPOTS
PRODUCER: Hiroshi Koike
PROJECT MANAGER: Masanori Mori
DESIGNER: Takeshi Yoshimori
DEVELOPER: Noriko Matsumoto, Georg Tremmel
SYSTEM ENGINEER: Noriko Matsumoto, Masanori Mori, Yuichiro Katsume, Georg Tremmel

オープンソースのエンジン／ライブラリを利用したプロトタイプ

前述のTweetaroにはJuliusやOpenCVといった、無償でオープンソースとして公開されているエンジンやライブラリを利用しました。

こういった社内プロジェクトの場合、このような何らかのエンジンが必要なときに、初めの段階ではソースが公開されている無償のエンジンやライブラリを利用して制作することが多くあります。現在、GitHubやGoogle Codeなど、たくさんのコミュニティプラットフォームで、世界中の人たちが開発に参加して、さまざまなエンジンやライブラリが公開されています。ソースが公開されているエンジンやライブラリを読み解くことで、技術的に新しい視野を広げる大きなきっかけにもなりますし、自分1人ではとうてい作り上げることができないようなものも公開されていますので、蓄積され洗練された技術のすごさを学ぶことができます。

ただし、このように無償でソースコードなどが公開されているエンジンやライブラリを利用する場合、商業利用できない場合もあるため、ライセンスについても気を付けておく必要があります。利用しているものの持つライセンスが商業利用できない場合をふまえ、代替として利用可能であり、ライセンス上の問題がない同等のものも探しておき、制作するように心がけておくと、後々安全ではないでしょうか。

しかし、初期の段階では、商業利用できないなどのライセンスの問題だけで断念せず、先人の視野や知識を学ぶ意味でも、フォーラムなどにも積極的に参加し、世界中で公開されているコードやエンジンを走らせてみて、それらを組み込んだプロトタイプの制作にチャレンジすることも1つの方法だと思います。

Webで使われている技術を使う

開発環境にライブラリやクラスをインポートするソースコード型のエンジンだけでなく、状況に合わせて、HTTP通信を使ってCGI上へデータを送信し結果を取得するWeb APIタイプを利用する場合もあります。

Tweetatoでも音声読み上げ部分では、日本語の読み上げの必要性から、WebサイトやWebアプリケーションから利用できるWeb APIである合成音声配信システム「VDS」[※3]を利用しました。

HTTP通信を介してWeb APIを叩くため、開発の中でWebKitのフレームワークを利用しました。WebKitはAppleが中心となって開発しているオープンソースのHTMLレンダリングエンジン群の総称で、さまざまな開発プラットフォームからそのフレームワークを利用することができます。これはSafariのもととなるエンジンですので、当然インターネット上のWebサイトにアクセスして表示することや、HTTPアクセスでPHPを実行して結果を受け取るなど、HTTP上で

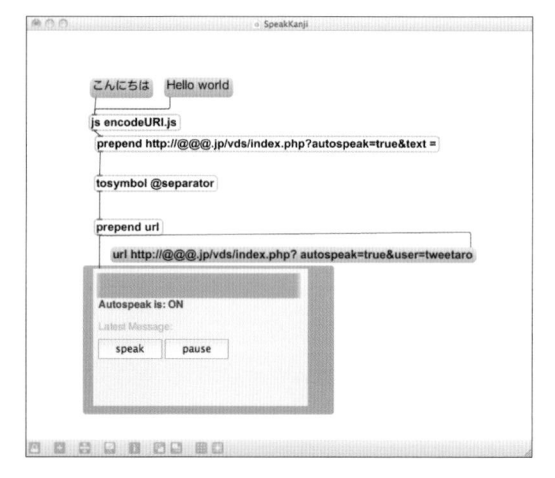

fig.28　Tweetaroで開発したWebKitを利用し音声読み上げを行うMaxパッチ

3
ナレッジクリエーション提供のもの（現在無料版のWeb APIはサービス終了）
・Web合成音声配信システム
http://www.vdsapi.ne.jp/

利用されている技術がソフトウェアの中で利用可能です。TweetaroではWebKitの描画をそこまで深くは利用していませんが、たとえばObjective-C++などの開発言語の中でもWebkitのエンジンと描画を組み込むことができますので、HTML 5やFlashなどのブラウザベースの描画をCベースのソフトウェアの中にうまく取り入れることが可能になります。

また、このようにWebベースの技術を取り入れることで、FlashやHTMLのWebサイト開発者とも共同で開発を行うことができ、それぞれのよいところを利用するアプリケーションを作ることができます。

実案件の「PUMA STORE HARAJUKU INTERACTIVE MIRROR」でもCocoaアプリの上でWebKitを取り入れ、SWFファイルとCocoaの描画を組み合せる仕組みを利用しました。

これは、自由時間にApple Developer Libraryを読んでいたときにCallJS[*4]のソースコードを見て、ふと思いついて、CocoaとFlash（ActionScript 3）との連携を実験したことが最初のきっかけでした。

CallJSのサンプルコードは下記のURLからダウンロードできます。なお、CallJSを参考にCocoaとFlash（ActionScript 3）の連携を行う場合、Flash（ActionScript 3）側はJavaScriptを経由して情報のやり取りを行いますので、ActionScriptにてExternal Interfaceクラス[*5]を利用します。

CocoaなどOSが持つフレームワークを扱うことのできる開発環境の場合、膨大な機能や命令を持っているため、自分がいま理解している範囲はとても狭い視野でしかないと思っておいたほうがよいでしょう。勉強も兼ねて、時間を見つけてリファレンスやフォーラムをのぞいてみると、世界中の人が集まって同時進行で集合的な知識を作ってくれていますので、おもしろいアイデアや驚くような開発方法に出会えることがあります。

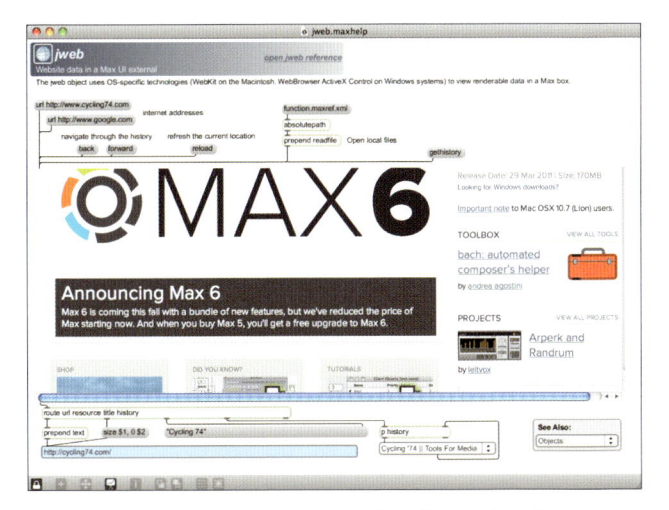

fig.29　Max 5上で、WebKitを扱うことができる「jWeb」のヘルプパッチ

4
・Apple Developer Library [CallJS]
http://developer.apple.com/library/mac/#samplecode/CallJS/Introduction/Intro.html

5
・ExternalInterface - ActionScript 3.0 言語およびコンポーネントリファレンス
http://livedocs.adobe.com/flex/3_jp/langref/flash/external/ExternalInterface.html

iPhoneアプリケーションの実験

　スマートフォンが普及する以前、GPSなどの値をリアルタイムに取得し移動しながら利用するコンテンツを作りたい場合は、小型ノートPCなどにさまざまなセンサを組み合わせて、試行錯誤して表示デバイスを制作していた方がほとんどだと思います。そういった意味でも、iPhoneはそれ1つで、GPS、方角センサ、ネットワークアクセス、その他のさまざまな機能を標準で搭載し、また容易に開発することができる魅力的なデバイスです。そのときどきで、iPhoneはセンサデバイスでもあり、また音楽プレイヤー、ときにはテレビのような表示器にもなります。

　2009年から、野外フェスティバルにおいて、デバイスとしてiPhoneを使って具体的に何ができるか、どういった遊びができるかといった実験を兼ね、毎年大型野外音楽フェスティバル「METAMORPHOSE」のための公式iPhoneアプリを平林真実氏（岐阜県立国際情報科学芸術アカデミー［IAMAS］准教授）と共同開発・制作しています。

　METAMORPHOSEはイベント性が高く、フェスティバルの空間も毎年さまざまに変化します。1万人以上が来場するため、公式アプリとして、開場後は携帯回線を使ってデータ通信を行わないなど、回線負荷をかけない仕様にするといった課題もあります。

　このような状況では、常時ネットワークにつながる日常とは異なり、さまざまな問題や課題を見つけることができますし、また、その上で遊びの可能性を考え開発、制作、実験を行うことができます。

● GPSの位置情報によって変化するイベント型コンテンツ

　2009年の初年度より搭載している「Track Gatter Game」について紹介したいと思います。

　METAMORPHOSEでは10kmほどのフィールドの中に、3つのステージが離れて設置されています。Track Gatter Gameは、体験者が各ステージを回りながら、GPS情報を利用してMETAMORPHOSEに参加しているアーティストの音源を取得できるフィールドゲームです。

　iPhoneは、ネットワーク回線がない状態でも単体でGPS情報を取得できますので、山の中などのネットワークが不確定な状況でもアプリ内で利用することができます。それらを加味し、GPSを使ったTrack Gatter Gameの企画・開発を行いました。

　位置情報を使った制作を行うときは、必ず実際に移

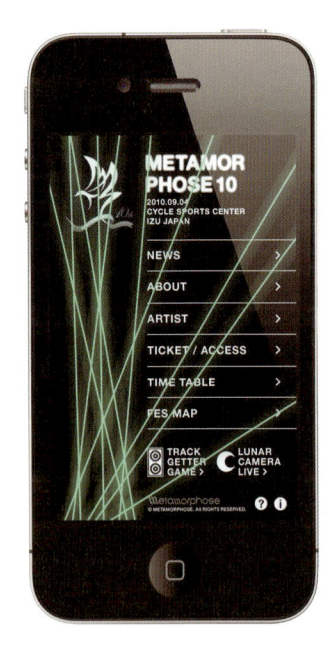

fig.30　METAMORPHOSE公式アプリ「Track Gatter Game」GPS情報を利用し、参加アーティストの音源を取得できるフィールドゲーム

CLIENT: METAMORPHOSE Official Office
PRODUCTION: IMG SRC, POWER SPOTS, IAMAS
CREATIVE DIRECTOR: Noriko Matsumoto, Masami Hirabayashi (IAMAS)
ART DIRECTOR: Takanori Nishi
DIRECTOR: Masanori Mori
DEVELOPER: Noriko Matsumoto, Masami Hirabayashi (IAMAS)
SYSTEM ENGINEER: Masanori Mori
ASSISTANT SYSTEM ENGINEER: Ken Ishizuka

動しながらコンテンツを稼動させる検証が不可欠です。実際に伊豆の会場を使ったフィールド検証作業ができればベストなのですが、参加している開発者が遠方のため、お互いの地点で検証できるよう、会場とお互いの拠点を実際の縮尺で重ねたフィールドマップを作成しました。またソースコード上でも、お互いの拠点でフィールドを再現できるように想定し、ゲームフィールドの拠点を変化できる仕組みを作っておきます。

　これらの地図をもとに、それぞれで設定したフィールドを実際に歩き、音源を取得した際の実際のインタラクションや移動中のアイテムのアニメーションなどを検証します。また、イベント会場の空間は例年変わるため、ときには各音源の取得ポイントに大きなPAブースなどが立ってしまうといった状況が起こります。そのため、各音源の取得ポイントの緯度経度情報はサーバ上のテキストファイルに記述し、現地から変更できるように開発します。当日の15時まではアプリはサーバ上のテキストファイルを取得しにいきますが、それ以降は取得しない仕様にしているため、前日に会場の状況を見ながら各音源の取得ポイントをどこに配置すればよいかを検討し、サーバ上にある設定ファイルのGPSの値を書き換えます。

　このように、現場は常に状況が変わることが予想されるため、極力、修正が行えるよう開発の段階で仕組みを作ります。

　2008年11月に日本国内でiPhoneが発売開始となったこともあり、2009年前半であった当時はあまりiPhoneアプリでの具体的な案件はありませんでした。その時点では、何ができるのかといった提案も難しかったため、METAMORPHOSEアプリをリリースすることで、1つの観測気球としました。

　このように、プラットフォームが未知数で何ができるのかまだ見えない段階で、たくさんの遊びや実験をすることは、その結果をフィードバックして具体的な仕事として役立てることができますし、逆にその時点では仕事としてはまだ難しいようなことをリサーチすることが可能となります。実際にMETAMORPHOSEアプリで開発した、現在地のGPSの緯度経度からある緯度経度までの距離と方角を決めるプログラムは、実地で精度の実証が取れていたため、その後2011年に制作した「DROW」というiPhoneアプリの中の機能として利用しています。

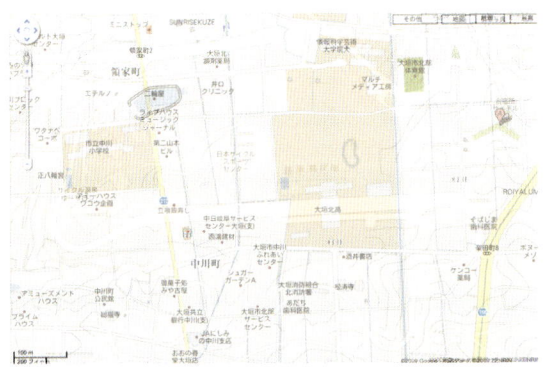

fig.31　渋谷、大垣と会場をマッピングさせた検証地図

4.1 仕事化するプロセス：イメージソース／ノングリッド

Objective-C++　開発者の場所に合わせて、フィールドの拠点を変化させるためのソースコード

```objc
- (void)locationManager:(CLLocationManager *)manager didUpdateToLocation:(CLLocation *)newloc fromLocation:(CLLocation *)fromloc
{
    NSDate* eventDate = newloc.timestamp;
    NSTimeInterval howRecent = [eventDate timeIntervalSinceNow];
    if (abs(howRecent) < 2.0)
    {
        // center of CSC
        double clat_csc = 35.00880367885017;
        double clon_csc = 139.01270057120485;
        //center of Ogaki
        double clat_ogaki = 35.38359521311144;
        double clon_ogaki = 136.6196041838511;
        //center of Shibuya
        double clat_shibuya = 35.656841;
        double clon_shibuya = 139.693344;
        double lat_drft, lon_drft;
        // for debug
        // place  0:CSC 1:Ogaki 2:Shibuya
        int place =0;
        if(place == 0){
            lat_drft = newloc.coordinate.latitude;
            lon_drft = newloc.coordinate.longitude;
        } else if(place == 1) {
            lat_drft = newloc.coordinate.latitude + (clat_csc - clat_ogaki);
            lon_drft = newloc.coordinate.longitude + (clon_csc - clon_ogaki);
        } else if(place == 2){
            lat_drft = newloc.coordinate.latitude + (clat_csc - clat_shibuya);
            lon_drft = newloc.coordinate.longitude + (clon_csc - clon_shibuya);
        }
        self.latStr = [NSString stringWithFormat:@"%.4f", lat_drft];
        self.lonStr = [NSString stringWithFormat:@"%.4f", lon_drft];
        [[NSNotificationCenter defaultCenter] postNotificationName:@"update_location" object:self userInfo:[NSDictionary dictionaryWithObject:[NSNumber numberWithInt:0] forKey:@"state"]];
        
    }
    locState = 0;
}
```

プロトタイプと仕事の違い

　ここまで、具体的な仕事になる前のプロトタイプをいくつか説明しましたが、実際のところ、こういったスケッチやプロトタイプと実際に仕事化した「もの」では大きな違いがあります。空いた時間を見つけ、1つ、2つとプロトタイプを作っても、必ず実案件になるわけではありません。2年も眠ったままのプロトタイプや自主的な企画などもたくさんあります。

　技術やエンジンがあったとして、それを使ってある体験を作るには、次の段階として体験への没入感や体験としての楽しみが必要になります。そこには、技術以上の厚みが求められます。また、その厚みを持つために、耐久性や表現レベルなどクリアすべき問題も多く含んでいます。

　そして、さまざまな人が関わり、実際に仕事化していくプロセスには、簡単にルールといってしまえるようなものは何ひとつありません。タイミングや時勢など、何かがきっかけとなり動き始めたり、また眠ってしまったりします。ただ、実際に手を動かし、体験を具体化できるというのは、ときには言葉より強い道具ともなります。

　インプットまたはアウトプットとして利用される技術やメディアのプラットフォームはそのたびに異なりますし、ときに思いもつかない角度で変化したり、また成熟して時代に戻ってきたりします。その中で何かを作っていると、いつか人が自分の考えていることや話に耳を傾けてくれることもあります。また、そのために証明していく――そのプロセスの繰り返しが制作における重要な第一段階だと思っています。

●謝辞

　本項執筆にあたり、小林茂様また、編集の大内様、METAMORPHOSEアプリの共同開発者である平林真実さん、またイメージソース／ノングリッドのみなさま、また2007年に結成した後、過去4年間にわたるたくさんの試行錯誤に、ともに挑戦してきたインスタレーションチーム（Powerspots）のメンバーのみなさま（小池博史さん、森正徳さん、Georg Tremmelさん、前川峻志さん、石塚賢さん、勝目佑一郎さん）に感謝をいたします。

（松本典子／國原秀洋）

CASE STUDY
4.2

ラボによるクライアントワーク：面白法人カヤック
――『攻殻機動隊 S.A.C. SOLID STATE SOCIETY 3D』
プロモーションコンテンツ「電脳空間システム」――

2011年3月、攻殻機動隊S.A.C.シリーズの電脳空間が東京・渋谷に出現した。
「攻殻機動隊 S.A.C. SOLID STATE SOCIETY 3D」の劇場公開を周知するプロモーションの一環として、
渋谷パルコ パート1のアニメショップmonozokuに期間限定で展示されたもので、
攻殻機動隊S.A.C.シリーズの世界観を象徴する電脳空間が体験可能な体験型のコンテンツだ。
国内外を問わず、さまざまな分野で話題となったコンテンツの誕生を聞く。

※本項では、制作にあたった面白法人カヤックのクライアントワークラボチームの
村井孝至さん、原真人さん、佐藤嘉彦さんにインタビューを行い、
お聞きした話をもとにその制作過程を紹介するものです。

Title: 電脳空間システム（『攻殻機動隊 S.A.C. SOLID STATE SOCIETY 3D』プロモーションコンテンツ）
Client: PARCO CO., LTD.
Production: KAYAC Inc.

電脳空間を再現する「電脳空間システム」

アニメ『攻殻機動隊 STAND ALONE COMPLEX』（以下、攻殻機動隊 S.A.C.）[1]の中で登場人物は電脳空間に接続し、その中でストーリーが展開していきます。「電脳空間システム」は、その電脳空間をまるで泳いでいるかのように体感できるコンテンツです。

前方2面の大きなスクリーンに電脳空間が広がり、体験者は電脳空間を飛び回る「タチコマ」をつかまえるミッションに参加します。電脳空間では体験者のボディアクションをKinectで感知し信号化することでインタラクティブな操作が提供されます。

仕組みはfig.1のとおりです。体験者はCの位置に立ちます。体験者の足元にMac-Aとプロジェクタ（2台）を配置し、Mac-Aから電脳空間の映像を2台のプロジェクタに出力、前方の2つのスクリーンに投影しています（実際は、Mac-Aと2台のプロジェクタはボックスの中に入れて配置していました。）。

スクリーンの裏側にMac-Bを配置し、こちらではKinect+OpenNIで人の動きを検出し、その信号をOSC（Open Sound Control）を通してMac-Aに送り続けています。Mac-Aでは、openFrameworks（以下、OF）で作ったタチコマと電脳空間の映像部分を展開して、Mac-BのOpenNIからの信号で操作するという仕組みです。

Kinectは結局のところ赤外線照射装置と深度カメラ＋RGBカメラというセンサ類でしかないので、カメラで取得したその情報を解析させて、人間だということ、人間の関節の座標を検出するというKinectらしい処理計算はすべてMac-Bで行われています。Mac-BからMac-AにはWi-FiネットワークごしにOSC経由で値をやり取りしています。Mac-A側では、OFで作られたソフトウェア（ゲーム画面）が動作し、操作を反映した画面を出力しているという構造になります。

全体を面白法人カヤックのクライアントワークラボチーム[2]で仕上げています。ここでは、制作過程やデバイスを使ったコンテンツを展開する上での注意点などを中心にご紹介します。

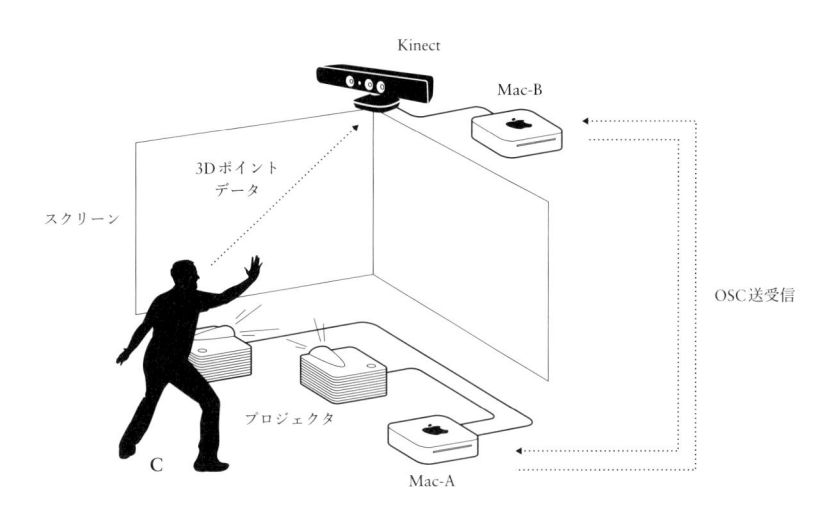

fig.1　システムの構成図

1
計52本のシリーズからなるテレビアニメーション（シリーズ構成／監督：神山健治）。

2
2007年より続く面白法人カヤックのラボチーム「ブッコミ」において、2011年に新たに結成されたクライアントワークに特化したラボの名称。ブッコミクライアントワークラボでは、主にデジタルサイネージやプロジェクションマッピングなど、ブラウザ上の表現にとどまらない、Webメディアから一歩踏み出した実験的なコンテンツ制作を行っています。

偶然を起こす―タイミングの合致

そもそもの制作に至った過程ですが、このコンテンツはさまざまな要因が合致した結果といえます。まずはそこから始めましょう。

Kinectハックと攻殻機動隊S.A.C.の文脈

みなさんご存知のとおり、2010年にXbox 360の専用デバイスとしてKinectが登場すると、世界中でKinectハックのムーブメントが起こりました。ちょうど、プログラムを操るクリエイターやアーティストたちが何か新しいデバイスを使って新しいコンテンツを作っていこうとする流れが広まってきた時期でもありました。

これにより、Kinectハックの流れは、プログラム的にKinectとPCを接続し、操れるようにするという初期の段階から、次に「よし、Kinectで何かを作ってみよう」とコンテンツを生み出そうという段階に移行します。

● Kinectハックのデモ

・3D Video Capture with Kinect
http://www.youtube.com/watch?v=7QrnwoO1-8A&feature=player_embedded

・Interactive Puppet Prototype with Xbox Kinect
http://vimeo.com/16985224

・Optical Camouflage Demo with Kinect: artandmobile.com
http://www.youtube.com/watch?v=4qhXQ_1CQjg

・Kinect Hand Detection
http://www.youtube.com/watch?v=tlLschoMhuE&feature=player_embedded#at=47

・Real time lightsaber on the Kinect on PC
http://www.youtube.com/watch?v=3EeJCln5KYg&feature=player_embedded

fig.2 「3D Video Capture with Kinect」Kinectセンサの深度情報と色情報を組み合わせて、取り込まれた人や物体のホログラフィック表現を実現している

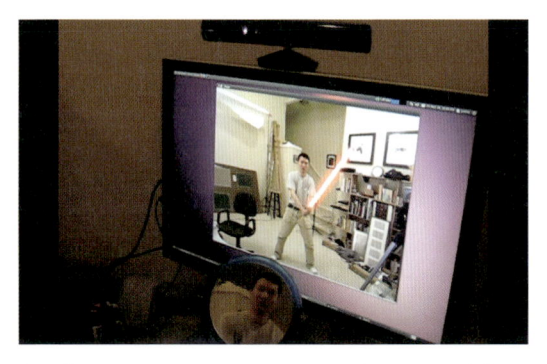

fig.3 「Real time lightsaber on the Kinect on PC」Kinectセンサを使ってリアルタイムに木刀を追跡し、コンピュータ上で光を重ねることでライトセーバーを描画している

ラボメンバー内では、そのあたりの流れは自然に追いかけていて、いざ流れがコンテンツ方向に変わったというタイミングで、「仕掛けるならいま！」とKinectをさわり始めたのがきっかけです。ただの骨（骨格検知された座標をつないだボーン）が出るものであったり、何かが追従してくるような簡単なデモ、サンプルから始まりました。そのうち、これでコンテンツが作れてしまうんじゃないかという、期待感みたいなものが社内でも出てきました。

ただ、ラボとしては世界中でハッキングが行われているKinectというデバイスで何かしたいという気持ちと、実際に作ることは可能だけれど世の中に出すというときに、そのゴールをネットでの映像公開だけに留めるのではなく、一般の人に実際に体験してもらえるものにしたい、そんな2つの気持ちが同居していました。そうして、次第に、コンテンツとして街に出そうよというところがコンセプトになっていきました。

それとは全く異なる別軸で、攻殻機動隊 S.A.C. で何か……というお話が聞こえてきました。攻殻機動隊 S.A.C. というともう長いシリーズなので、モチーフや概念などから、編集軸で切り取ろうと思えばいろいろな要素を切り取ることができます。そして、そのときちょうど一番ホットなテクノロジーにKinectというものがあって、それをどう攻殻機動隊 S.A.C. とつなげようかと考えるのは、僕らの得意とするところでした。

みんなでアニメ本編を見ながら、「アニメの世界を表現するには……」というお題でアイデアを練りました。実際に作品を見ながら、というのがミソで、細かくどこが使えるというところを映像で確認しながら複数人で話し合うのは、アイデアに結び付くスピードが速くなります。

動く資料としてのデモ

「Kinectを使って電脳空間を体感できるコンテンツ」と決まってから2週間くらいで、ある程度動くものをデモとして作成し、こんな感じに電脳空間を表現したいとプロダクション I.G[3]さんに持っていきました。

最終的にはゲームの仕組みを入れていますが、デモの時点ではゲームのところまでは作り込んでおらず、球体と3Dの空間があって、画面が遷移して3D空間の中を飛び回れるというものでした。この段階では、基本操作はKinectではなくPCのマウスなどでプレイする形です。このデモと実際にプロジェクタで投影したときはこうなるという投影イメージの映像の2つを見ていただきました。「おもしろいね、やりましょう！」という流れで、お仕事として決まりました[4]。

本来の意味でのクライアントワークとして考えると、商品を訴求したターゲットへいかに届けるか、広めることができるかと何度もクライアントとチェックを重ねていくのですが、今回の場合はデモ段階でOKをもらってからは、ある程度は好きなように、僕たちの中で納得のいくまで詰められるように余白をいただきました。どう世界観を表現するか、こちらがイメージするプレイヤー体験に信頼感のようなものがあったため、頭の中にあるイメージを具現化する時間を多くいただくことができました。

---

[3] プロダクション I.G：アニメーションを主体とした映像作品の企画・制作を行う。手がけた作品に、『攻殻機動隊 S.A.C.』シリーズや『東のエデン』など。

[4] 直接、神山監督に持っていったわけではないのですが、担当の方に持っていったところ、おもしろそうだし、言葉で説明するよりも実際にプレイしてもらったほうが理解できるということで、監督をその場に呼んでいただいて、神山監督に操作デモを実際にプレイしてもらいました。

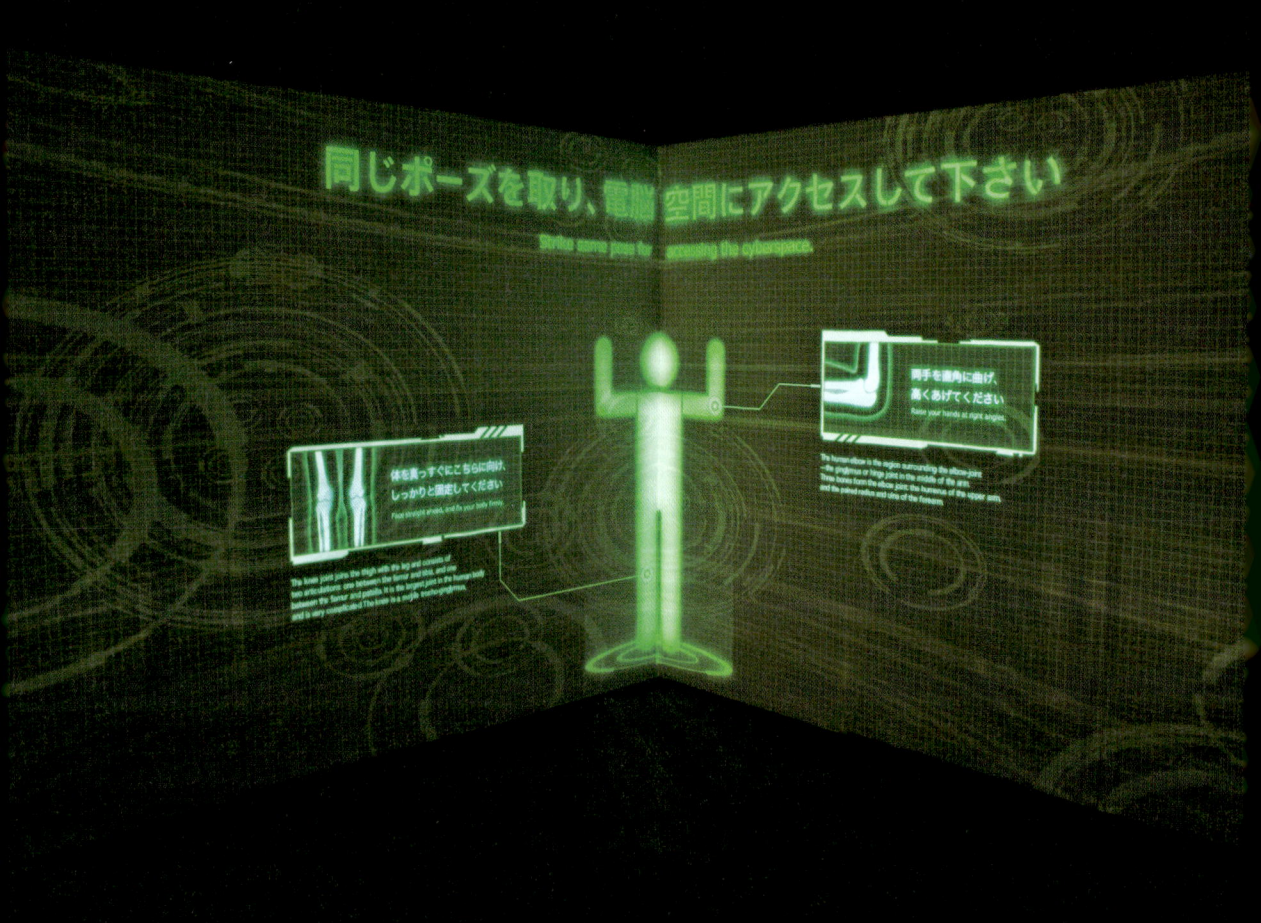

fig.4　電脳空間システム

DIRECTOR: Tomoyoshi Kuba
DIRECTOR/PROGRAMMER: Makoto Hara
MARKUP ENGINER: Kazuya Nishiyama
ART DIRECTOR/DESIGNER: Yoshihiko Sato
SOUND DESIGNER: Koujiro Seo
TECHNICAL DIRECTOR: Takashi Murai
3D MODELER: Kiyoyuki Amano

body:2839.902100
framRate:19.989418
TIME
1:29:51
Best Time
01:43:41

デモからコンテンツへ

　KinectとPCをつなげるというだけであれば、オープンソースを含むたくさんのリソースがすでにあります。プログラムコードが読めれば、どういった仕組みで何ができるのかという点で理解はでき、新しいコンテンツが作れるでしょう。ただ、その領域までたどり着いて、「じゃあ、それを何に使おう」というところで、もうワンアイデアが必要になるのだと思います。よくできたデモはYouTubeにたくさん上がっていますが、デモをまとめあげてコンテンツにするには、ときには何段階ものジャンプアップが必要です。

　みんなが理解できるコンテキストがあるかどうか、動線設計はどうか、ブース／空間としてどう設計するかというところであったり、それを体験したから何になるのか、誰かのプレイを見て自分もやりたくなるかどうか、というゲームやサイネージ的な設計も必要です。もちろん、グラフィックやユーザーインターフェイスという側面もあるし、インタラクションのデザインも必要になります。そんな視点を入れながら、さまざまな角度から検証しつつ、デモレベルからコンテンツへと組み上げていきました。

　技術的なところでは、最初のデモの段階から全部OFで作っています。これは、速度が速い、OpenGLが扱いやすいという理由からです。最終的にMac2台を通信させていますが、アプリケーションは最初からサーバとクライアントとして分けて作っています。デバッグ時には2つのアプリケーションを1台の開発機で立ち上げて、1つの端末でプレイするというふうにしていました。この方法をとることで環境や構成が変わっても小回りが利き、デモもすぐにできます。開発機、実機の間をスムーズに移行できたので、あえて2つに分けて開発したのは効果的だったと思います。

　ただ、設置場所が実店舗になるため、十分に実験することが難しく、設置後の調整が必要になるというのは、開発上困難な部分でした。

　最終的に店舗をアトラクション化してしまうコンテンツなので、店員さんが強制的にアテンダントになってしまうことになります。そこで、店員さんの教育やそのためのマニュアルが必要になりました。体験者の服装によってはどうしても反応しない場合があるので、インフォメーションの画面を印刷してパネルを準備する、また最終的に調子が悪いとき遠隔操作での再起動を可能にする、などの運用面、メンテナンスの仕組み化も行いました。

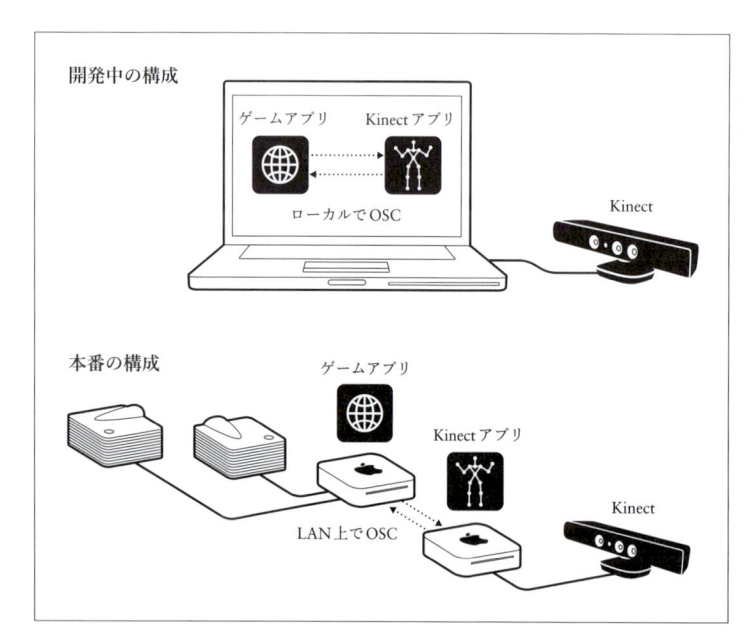

fig.6　実店舗をアトラクション化するため、店員／スタッフの教育やマニュアルも準備。また、体験者にはインフォメーションのパネルを用意するなど、運用面の仕組み化も必要だった

fig.5　サーバ／クライアント、別アプリとして開発。開発およびデモは1台のPCでローカルでOSC通信を行い、本番では2台のPC間でLANネットワーク上でOSC通信を行った

身体をコントローラにするコンテンツ

　今回の展示では、NUI（Natural User Interface）の障壁、身体をコントローラにするということの難しさを痛感しました。体験者が果たしてキャリブレーションのポーズをとってくれるのか、たとえば身長180cmの人と160cmの人ではプレイ感が違ってしまう……など、さまざまな課題がありました。1点のポインティングデバイスであるマウスと106個のボタンがあるキーボードというデバイスでしか育ってこなかったインタラクティブコンテンツ制作のノウハウが、ある日突然9点の座標で制御する、身体で操作するコンテンツになった、その違いです。

　そもそも、Kinectと攻殻機動隊S.A.C.で何を表現するかと考えたとき、「ボディジェスチャーで空間を飛ぶ」という体験に至った背景には、OpenNIに用意されている基本のAPIでできる操作という制限がありました。Kinectのすべての機能を利用できる通常のXBox 360のゲームのように、細かい挙動を取得するAPIが用意されているわけではない（たとえば指をピースの形にしたときに、中指の3次元座標を正確に取るというのは難しい）[※5]ので、制限を含めて一番効果的にコンテンツとして落とし込むにはどういうものがいいかと考え、最終的に、今回のような全身を使った姿勢の制御でコントロールできるような、人として自然な動作をすることで空間を飛べる、という仕組みに着地させました。

日常のふるまいをボディジェスチャーに

　最初はルールを決めて、手を前に出すと前に進むなどとやっていましたが、これは途中で変更することになります。「ボディジェスチャーで身体をコントローラにする」なら、使い方を見なくても「普通、人間はこう動くだろう」というものが操作方法になっているべきだと考えたからです。

　次に、「普通、人間はこう動く」の部分ですが、ボディジェスチャーにもいろいろな種類があります。たとえばWiiリモコンの場合、ハンドルやテニスのラケットであったり、何かを持っている動きを模しています。しかしKinectの場合、何も道具は持ちません。つまり、過去に自分がそのポーズをとったときの記憶をもとに、想像だけで動作とコマンドをひも付けることになります。前のめりになる動作だったり、首を右や左に動かしたら当然視界が付いてくる、ということであったり……。そういうものをひとつひとつ、つないでいきました。

　具体的に、Kinect+OpenNIで取れる座標を使って動作を割り当てていくのですが、「視点を下方に移動させること」と「前に進むこと」が、両方とも動作としては「かがむ」ことになってしまい、その違いが取れないため、「前に進む」には「一歩身体を前に出す」ことにしました。

　最終的には、身体の前のめり／後ろへの反りを前後移動に、首の向きを視点の上下移動に割り当てました。しかし、人間の身体の性質として、前のめりになると首の向きも下がるので、どうしてもそのまま視点が下にいってしまうことになり、そこは体験者に細かく制御してもらわなければならない操作になってしまいました。それでも、自分が前に行ったらそのまま前に進んでくれる、振り向いたら向こうの風景が出てくるということは実現できているので、最初の操作方法よりも直感的になっていると思います。

　もちろん、調整は何度も行いました。「前にかがむ」のも、これはかがみ過ぎだろうとか、こんなに首の動きに視界が付いてきたら酔ってしまうとか、いろいろ

5
制作当時。2011年6月に公開された「Kinect for Windows SDK beta」では、原則的にX-Box 360のゲーム開発者に提供されているものと同等のライブラリが含まれるそうです。

fig.7　日常的なジェスチャーを使ったコントロールにするために、何度も調整を行った

な身長の人で試して、テスターの実際の使用感をベースに加速度を調整しています。

経験のない動作の難しさ

　制作者として考えたことは、アニメ本編の世界観で、「攻殻機動隊S.A.C.のキャラクターが電脳空間に入りました」と想像して、じゃあそのときに、どんな意識を持って自分の移動を操作するだろう？ ということです。そして、これぐらいの身体の姿勢制御の感覚で動けば直感的なのではないかというところを試行錯誤で作っていました。ただ、現実には存在しない、誰もまだ作ったことのない操作を再現しようとしているので、そこは挑戦でもありました。

　たとえば、スノーボードをやったことがない人がいきなり雪山に連れてこられてスノーボードを履いたとします。でも、たいていの人はどう滑ればいいかわからないから転んでしまうと思います。それと同じで、電脳空間でも練習しないと自由に動けないということが起こります。

　まして、身体を回転すると視点が移動するというのは経験値としてありますが、そもそも人間は空を飛べないので、○○すれば空を飛ぶという経験値はありません。体験者は自身の経験にない動きを頭で論理的に考えたり、自分の姿勢を想像しながら、成功／失敗のトライ＆エラーで覚えていかなくてはならないということになります[6]。

　厳密には、電脳空間だから本当は頭の中で念じた動きが実現されるべき……というところまでいってしまいそうですが、実際に使えるデバイスやシステムなどとのバランスを探っていったときの落としどころが今回の形だったということです。たとえば、眼球のトラッキングで方向を示唆するというのも技術的には可能ですが、それには予算がかかり過ぎます。いろいろな落としどころの中ではかなりおもしろい体験になったのではないかと思います。

[6]
おもしろいことに、操作のうまい人は後ろからビデオで撮ってみると本当に空を飛んでいるように見えます。

設営〜公開─運用しながらのブラッシュアップ

現地の店舗での調整は2週間ほどかけてブラッシュアップしていきました。

まず、スクリーンの設置です。スクリーンの後ろは渋谷の公園通りなので、リア打ち*7が不可能な状況でした。その関係でプロジェクタはスクリーンの前に置いています。今回の設置場所というのが、もともとはガラス張りの四角い空間になっていて最高の日当たりなのですが、そこを全部遮光してスクリーンを立てました。ケーブルの取り回しも込みで、この構成になっています。

フロント側にプロジェクタを置くことについては、体験者の足元になってしまって危ないのではないかという懸念はあったのですが、結果的には空間の中にうまくとけ込んでくれました。攻殻機動隊S.A.C.の世界観もあったので、配線もパイプを通すなど何となく電脳空間っぽくしています。ここから先に人が入ってしまうといけないというところに黄色と黒のコーションラインを貼っています。必然性もあり、うまく攻殻機動隊S.A.C.の世界感と合ったのではないかと思います。

調整に一番時間がかかったのは、やはりコンテンツとしてのブラッシュアップです。

会社内でデバッグするのと実際の店舗でデバッグするのでは、データも体感値も全く違っていました。設置先の店内のほうが奥行きが広かったため、Kinectにとっては条件が悪かったのです。会社内では壁までの距離が一般家庭レベルの場所でやっていたため発生しなかったエラーが、店舗では発生してしまいました。

たとえば、Kinectは赤外線のレーザーをプラネタリウムのように拡散させて飛ばしているのですが、それが店内のハロゲンランプの反射板に当たってカメラに跳ね返ってきてしまい、エラーで止まってしまったこともありました。公称の数字では動作範囲1.8〜2.5mとなっていますが、実際はもっと遠くまで映っています。公称値は正しいと思いますが、精度の問題で、20mも奥行きがあるような空間に設置すると正常な挙動とは多少違いが出てきます。やはり室内で遊ぶ

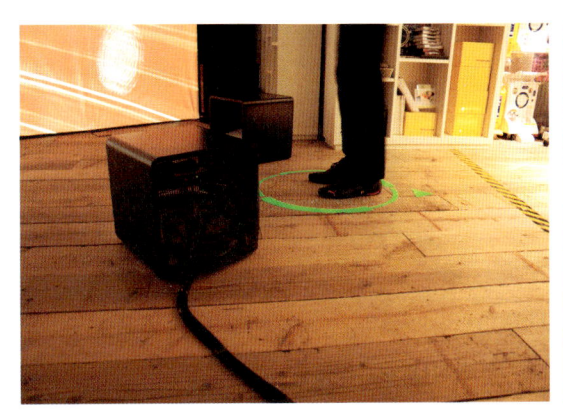

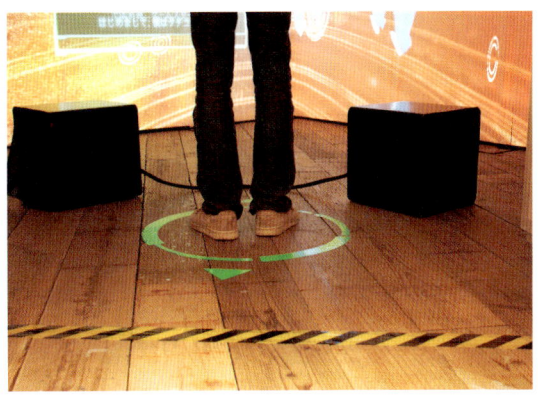

fig.8 プロジェクタの配置（右）、黄色と黒のコーションラインを使うなど必然性を伴う攻殻機動隊S.A.C.の世界感の演出（左）

7
スクリーンの後方から投影すること。スクリーン、プロジェクタが対応している必要があります（もちろん、空間的にも）。

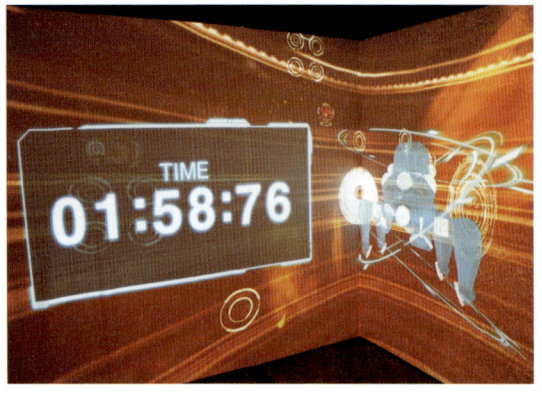

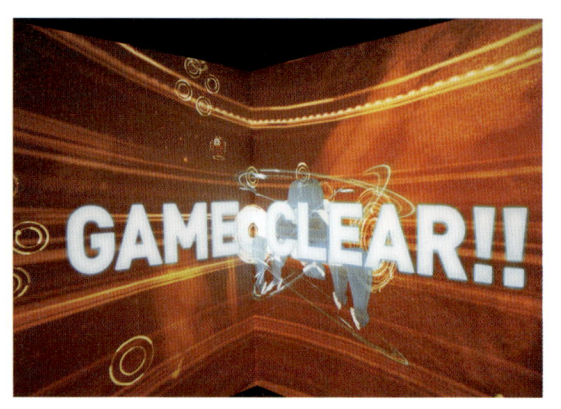

fig.9　体験者の視界を考え、重要なUIは中央寄せで配置した

ものとして、Kinectはバランスのいいところで製品化されていると思います。

　また、コンテンツが完成して体験者としてその場に立ってみたたときにはじめてわかったこともあります。コンテンツに対して深く没入できるように、2枚のつい立てを90度になるように組んでいるので、体験者は有視界が全部画面で埋まっている状態になります。構造上、目の前の2枚のスクリーンが大き過ぎて画面の端に目がいかないために、タチコマのセリフやGameOverの表示、ランキングの結果などのUIは中央寄せにしました。

　このように、一番時間がかかったのはコンテンツとしてブラッシュアップしていく部分と空間にオプティマイズしていくという部分、環境に適した形に編集するという視点での調整でした。一応、3D模型のベースで店舗の感覚は見て、(当たり前ですが)ケーブリングや機械の選出など、ハード的な設計とソフト的な設計は終わった状態で現地入りしています。それでも、やはりこの手の調整は発生しました。実際、設置自体は3日程度で済んでいますが、調整にはさらに日数をかけました。

体験者の反応から思うこと

　公開後の来場者の推移としては、当初はバルト9で『攻殻機動隊 S.A.C. SOLID STATE SOCIETY 3D』を見て、その流れでプレイする(要所要所を回るスタンプラリーがあるので)という方が多かったです。国の内外、分野を問わず、さまざまな媒体に取り上げていただいたこともあり、テクノロジー系のネットニュースを起点に、さらにそれがTwitterでバズって、そのTweet経由で「どうやら話題のコンテンツらしい」「攻殻機動隊なう」という流れが広がっていった印象です。やはり土日のほうが人が多いというのはありましたが、期間中コンスタントにプレイされていました。

●反応を見て機能追加や微調整

　ラボメンバーも、会期中は体験者がプレイする様子を実際に店頭で確認しながら細かなアップデートを繰り返していきました。基本的にはリモートのアップデートでしたが、土日に入ると人が増えることもあり、現地でチェックしておこうと実際に店舗に行ったり、相当な数のプレイを観察しました。実際にレジのところに立って、どういうお客さんがどういうふうに

受け入れてくれるのか、どういう印象を持ってくれるのか、どう世界観に入っていって、プレイできたのか、できなかったのか。というようなことを真剣に観察していました。そして、新しく仕入れた気付きをコンテンツにプラスしていったり、また微調整したりというサイクルです。

例をあげると、プレイしたあとにクリアしたタイムが表示されるのですが、実際プレイした人の気持ちとしては、クリアしたときに自分は何位だったとか、その結果を人に言いたいという欲求が起こります。そういう実際の反応を見て、ランキングをわかりやすくしたり、ランキングが表示されている時間を長くして写真が撮れるようにしたり、といった調整をしました。

最初はランキングも機能として実装されていなくて、「電脳空間を泳ぎ回れる」という体験だけを売りにしたコンテンツでした。しかし、さすがにそれだけだと何の目的もありません。たとえば、3人でいらした方たちが誰か1人のプレイを見て、まあいいかで終わっていたのが、他の2人もやってみたいと思わせるには？と、インタラクションデザインとして昇華させていく段階で、ランキングやTwitterでのつぶやきであったり、そういうコミュニケーションが生まれるようなひっかかりをたくさん付けていったという感じです。

● NUIを使ってみて

NUIをコンテンツに使ってみて感じたのは、なかなか人間は自分の姿勢はわからないんだなということです。「（キャリブレーションの）このポーズを取ってください」というとき腕の角度が直角にならなかったり、

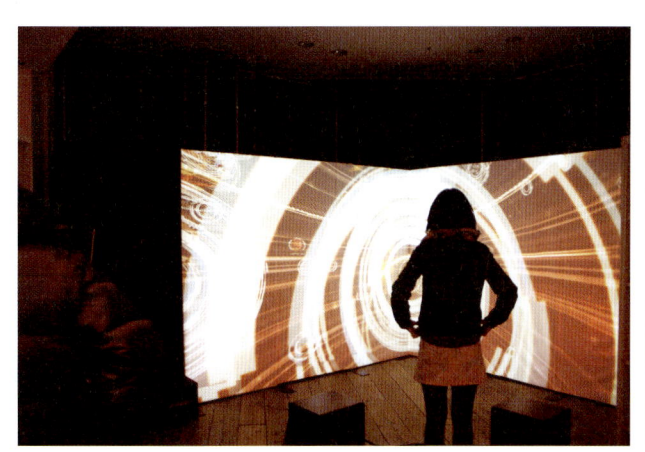

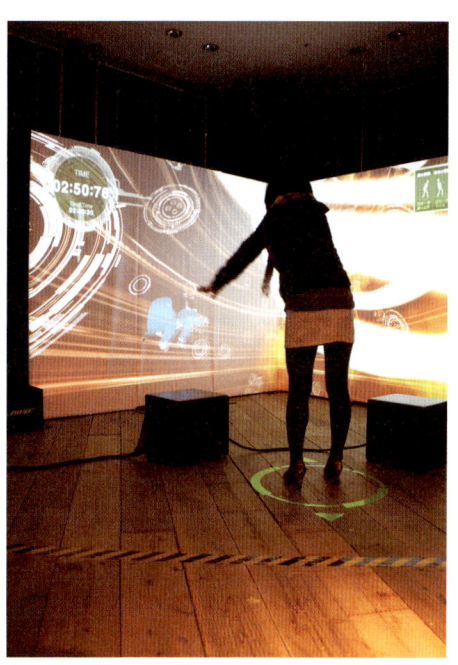

fig.10 体験者のプレイの様子

「前にかがめ」という指定のときに首だけ前に出してよくわからない格好になってしまったり……。「鏡がない」状況というのは、想像以上に自分の姿勢を把握しにくいようでした。

その点、今回は右手がここを越えたら、というざっくりとした仕組みにしていたのが幸いしました。このあたりのパラメータバランスも難しい気がします。どこまで厳密なボディジェスチャーを取るか。結果、プレイできる人がごく少数になってしまっては意味がありません。技術的に値が取れる／取れない、というのもありますが、このあたりの「操作のあそび」の幅も考慮に入れる必要があるでしょう。

予期しなかったデバッグ

デバッグというと語弊がありますが、実際の運用中に予期しなかったことがいくつかありました。

展示していた頃はまだ肌寒い日が続いていて、みんなコートを着ていました。するとKinectはもともと室内用なので、身体のラインが変わる影響でうまく値が取れなくなってしまうのです。テレビコマーシャルなどを見るとわかるように、(プレイをしている人の中に)スカートの女性はいません。みんな一様にフィットネスの格好です。なぜかというと、足が検出できなくとも、一応、人としては認識してくれるのですが、骨全体が正確に取れずに精度が下がってしまうからです。また、コートを着ることで着ぶくれして、肩の関節部分がうまく取れなくなるパターンもあります。こういった問題はいろいろな人が実際にプレイできる段階になって、「なぜ反応しないんだろう？」ということで気付きました。

結局、この問題は脱いだコートを入れるボックスを置くことで回避しました。カテゴリとしては、本来はアトラクションのシミュレーション的なところに属する問題だと思います。

ゲームとインタラクティブの境界

制作の段階からあったことですが、ゲームとインタラクティブ性の強いコンテンツとのバランスが難しかったです。フライトシミュレータを作りたいのにシューティングゲームを推薦される。また逆に、電脳空間ではなくて全然違う文脈の空間でやりたいという意見が出る。技術の新しい可能性と「アニメの世界」を表現する期待値の部分が織り交ぜになったような現象です。

確かにゲームというのはアイデアの宝庫で、「盗めるところはいくらでもある」というくらい考え抜かれています。そのため、たとえば「身体をひねって前に押し出して」というボディジェスチャーをなんて説明すればいいんだろう。どこで説明するんだ？というような勘所は、たくさんのゲームに影響を受けています。意匠は当然、攻殻機動隊S.A.C.という世界を踏襲していますが、体験者に提示する方法についてはかなりゲームを参考にしました。

ただ、あまりやり過ぎると、もともとのアニメの世界観を浸食してしまう。それもどうなんだろう？あくまでこれはプロモーションである、という思いもありました。僕たちとしてはゲームを作ったという感覚ではなくて、あくまで電脳空間を再現して体験できるコンテンツという定義です。前述のように、体験者のプレイする様子や反応を見て微調整していくのですが、ゲームとして参加してくる人の要望を取り込み過ぎると、今度はゲームとして期待され過ぎてしまい、コンテンツとしての方向性にブレが生じてしまいます。そこで、たとえばランキング機能も、ゲームが本懐ではないのでトータルランキングではなくデイリーにし、コミュニケーションのきっかけにするという部分に重きを置いた形としました。

今後の展開

ここで紹介した「電脳システム」は、僕たちクライアントワークラボとして2つ目の作品[8]で、今後も、今回と同じようなNUIコンテンツを、研究ではなく実際の現場で生かしたものとしてやっていくつもりです。

Kinectというデバイス自体がゲームコントローラという枠とは全く異なる使い方／使われ方ができる可能性を秘めたデバイスなので、それらを模索していきたいと思っています。Kinectはそのくらい幅のあるものだと思うので、もっと違った楽しみ方を研究しながら、それをコンテンツとしてまとめていく、外に出していくということをしたいと思っています。

仕事を受注するラボ

現在、クライアントワークラボのチームは5人です。個人のスキルセットの集合でできること、としてやっているので、特に、誰がどの役というのは決まってはいません。ただ、職能を超えて「ここの部分はこうだろう！」という言い合いが活発なのは特色かもしれません。

カヤックのクライアントワークは、まずはご相談いただいてお話をさせていただき、変わったことがしたいというお客様がいれば、その場に即したもので、かつこれを使ったらおもしろくなっていくというものを提案していきます。

また、Webの場合と違って見積りにくい世界のでは？と思われるかもしれませんが、ソフトはソフト、ハードはハード、それに何が起こるかという予測・リスクヘッジ、どの分野のプロが必要かということで考えれば見積ることはできます。センサとして使うものは研究して解析していますし、その上でコンテンツとなり得る部分を抽出してプログラミングして、それでもし補えない部分があれば、デザインやさまざまな部分でカバーして仕上げていきます。そのアプローチの結果かかる時間がコストとなるので、結果的に、知見をもとに見積ることはできます。とはいえ、より見積りにくいチャレンジングな案件をやっていきたいというのが、ラボの総意でもあります。

Webから一歩踏み出したクリエイティブ

クライアントワークラボとしては、「Webメディアから一歩踏み出したクリエイティブを提供します」という表現をしています。通常のWebサイトを……ということならクライアントワークチームで受け、もうちょっとこの場を使って何かおもしろいものをやりたいということであればクライアントワークラボで、という切り分けです。

僕たちは、このフィールドが何かハブになるコンテンツを作れる分野なのではないかという切り口で見ています。たとえば携帯電話などモバイルのデバイスであればみんなが持っていて、それなりに速く動きます。もちろんそれだけで完結してもいいのですが、もっとおもしろいことができるかもしれない。携帯電話を持ってみんながここに集まったら、新しい何かを起こせるかもしれない。そういうことが実現できるのがこのデジタルサイネージ分野だと思っています。そこでしかないスペシャルを体験する、そういう意味で、Webメディアから一歩踏み出したクリエイティブだというメッセージを発信しています。WebはもうモバイルもPCもいろいろなところがつながっていて、いまでは家電にまで及んでいるという世界です。でも、

8
Kinectを使った1つ目の作品に「ぐったりくまリオネット（右）」、3つ目の作品に「漫才体験つっこめ屋（左）」があります。

CASE STUDY

もしそうなったとして、結局スペシャルなもの、たとえば花火大会やお祭りのようなものにみんな集まってくるのではないでしょうか。だからこそ、この分野のものを作っていきたいというところでラボの活動をしています。

そして、単純にラボの制作物で終わらせない、実際のクライアントワークにつなげていく、コンテンツとして仕上げていくところに特化していければと考えています。この「コンテンツの形にするところまでやる」というのが、このラボの一番の特徴といえるかもしれません。通常、「ラボはプロトタイプまででコンテンツの形にしない」ということが多いと思います。ホットな技術を使えるところを見い出して加工して、コンテンツにして出す。実は、これはけっこう勇気がいることなのですが、僕たちはそこを楽しみでやっています。もちろん、それには弊社がいろいろな仕事をやっていることが強みになっています。通常の案件の中に「実はこういうこともラボでやっています」という形で持っていけるような多様性があります。他のところとは違う持っていき方ができるのが強みと考えます。

ここに至った経緯としてさまざまな要因がありますが、テクノロジーが進歩し一般に普及したという流れは大きいと思います。このKinectの技術群は研究として古くからあるもので、それが驚くほど低予算でできるようになった。民製で、量販店で1万円出せば買えるものになっているというのが一番熱い部分なわけです。ハードとして買ってくれば、半田を付けなくても、もうモノがある。オモチャとして買えるハードウェアに最新のソフトウェア技術を注ぎ込むことで、こんなことができるぞと、そのレベルが格段に上がってきています。そういった背景があって、「これはもう僕らのクリエイティブの範疇に入るし、生かせる知見はあるよね」と考えました。お客様もそういうものを求めてくれるようになっています。そういうさまざまな気運が盛り上がってきているのがいまなのだと思います。これは、FabLab[9]やパッチベイ[10]など、啓蒙している研究者のみなさん、やはりそう考えていると思います。

僕たちは学生さんがこういうのを見て、あ、これ合ってるんだ、これがあるから（自分のやりたいことが）やれるじゃん、というように思ってもらえるものが作っていけたら本望です。

（村井孝至／原真人／佐藤嘉彦）

9
FabLab：3次元プリンタやカッティングマシンなどの工作機械を備えた、誰もが使えるオープンな市民制作工房と、その世界的なネットワーク。日本でもFabLab Japanが2010年より積極的に活動を行っている。
・FabLab Japan
http://fablabjapan.org/

10
パッチベイ：さまざまな環境データをリアルタイムにアップロード、公開、共有できるWebサービス。2011年3月に発生した東京電力福島第一原子力発電所の事故による放射線量の変化を可視化した放射線量地図「Japan Geigermap」(*http://japan.failedrobot.com/*)のバックエンドとして活躍したことなどでも注目を集めた。
・Pachube
http://pachube.com/

CASE STUDY
4.3

TEAMLAB HANGERの軌跡：チームラボ
―プロトタイプから店舗導入に至るまで―

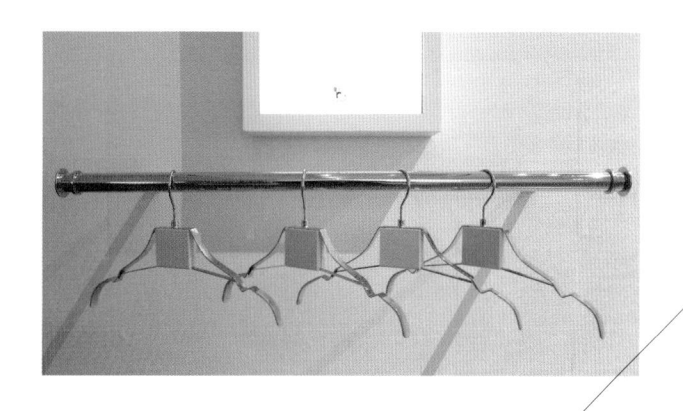

2011年3月3日、新宿LUMINE ESTに株式会社クロスカンパニーが展開する
『earth music & ecology』の新店舗がオープン。
この店舗は、インターネットをはじめとするデジタルテクノロジーを用いて、
商品のレコメンドやイメージ訴求を行う「digital store」を構築するという大きなミッションを持った店舗であり、
またチームラボにとってはTEAMLAB HANGERを実店舗に導入するだけでなく、
実運用に耐え得るプロダクトにするという大きな仕事であった。
Webのプロデュース、システムインテグレーションのみならず、
さまざまな分野での研究開発、アート活動を行うウルトラテクノロジスト集団「チームラボ」。
本項では、彼らが展示作品からプロダクトに育て上げたTEAMLAB HANGERの軌跡を追う。

TITLE: TEAMLAB HANGER
CLIENT: ANSWR inc., CROSS COMPANY Co., Ltd., BIGI CO., LTD, adidas JapanK.K.,
PRODUCTION: TEAMLAB Inc.

About TEAMLAB HANGER

　TEAMLAB HANGERは、アイテムを手にするという行為をネットワークにつなぐことで、手にしたものに付加価値を提供するハンガー型のインターフェイス。ECサイトでは、商品単体の写真だけよりもコーディネートされた写真のほうが圧倒的に売れます。TEAMLAB HANGERは、店舗でも同じように、商品に興味を持ったときにコーディネートされたイメージを伝えることによって商品がもっと魅力的に映るのではないだろうかと考えて作ったハンガーです。

　たとえば、ハンガーにかけられた服を手に取ると、前方の大型ディスプレイにその服をコーディネートした写真が表示されます。また、店舗の照明やBGMと連動させれば、手に取った商品によってお店の演出をインタラクティブに変えることも可能です。商品に興味を持ったとき、多くの人は商品を手に取るので、それをインターフェイス（スイッチ）にしました。

　コーディネートされた写真だけではなく、商品の裏側にある物語やもっと伝えたい情報、細かいディテールなど、商品の裏側にあるいろいろなものを伝えることもできます。また、（どのハンガーがどれだけ手に取られたかをカウントすることで）来店者が、どの商品に興味を持ったかをリアルタイムに知ることができるので、ディスプレイに人気の商品やランキングをリアルタイムに表示するなど、他の来客者にもっと興味を喚起させる仕組みも可能です。また、これまで計れなかった、どの商品にいつ興味を持ったか、などのマーケティングデータを取得することができます。

　こう書くと、チームラボ社内にプロダクトの設計や開発のノウハウが最初からあるように思われるかもしれませんが、全くそんなことはありません。TEAMLAB HANGERはまぎれもなく、半田の焼ける匂いや絶縁テープ、電圧計や工具に囲まれた「電子工作」として始まったプロジェクトなのです。

　本項では、そんな電子工作の産物であるTEAMLAB HANGERが、実際の店舗に置かれ使用していただけるような1つのプロダクトに成長するまでの軌跡を、実際の展示の話をベースに、工夫点や失敗談を含めて振り返りたいと思います。

　これからTEMLAB HANGERの話をする前に、まずは、TEMLAB HANGERの仕組みについて簡単に解説したいと思います。ざっくりと全体像を把握していただくことで、より理解が深まれば幸いです。

　右図に示すのは、TEMLAB HANGERを動かす上での最小の構成例になります。

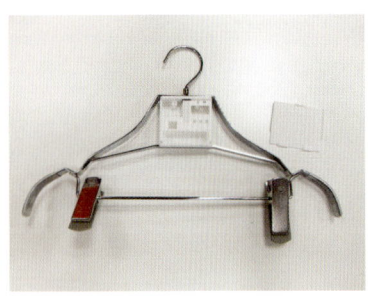

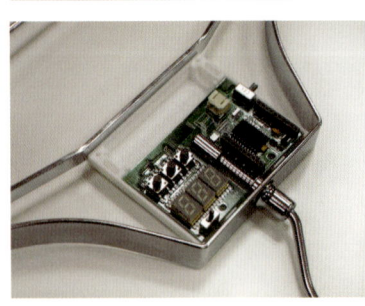

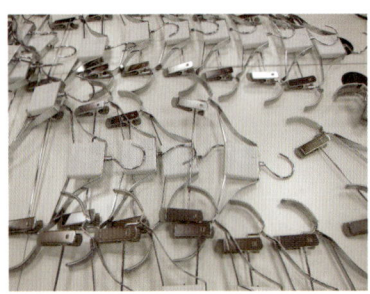

fig.1　TEAMLAB HANGER

CASE STUDY

③ PC
OSはWindowsでもMac OSでも、どちらでも対応可能になっています。通信モジュールとのやり取りからモニタへの表示まで、ほぼすべての挙動を制御します。表示するモニタのサイズに比例して高いグラフィック性能が必要となることがありますが、通信やデータ処理に専用のPCを用いたり、表示は表示専用のPCにするという構成も可能です。複数のPCを使う場合は別途LANを必要とします。

④ モニタ
一般的なモニタです。表示するサイズが大きくなるにつれてPCに求められるスペックも変化します。もちろんプロジェクタでもかまいません。ですが、ここで一点注意すべきことがあります。それは、最小構成としているものの、必ずしもモニタやプロジェクタである必要はないという点です。仔細は後述しますが、TEAMLAB HANGERは極力表現手法を限定しないように設計しています。アウトプットは、ロボットであっても音楽であってもよいのです。

② 通信モジュール
ハンガーからの通信を受信するためにPCに取り付けられるものです。接続はUSBですが、極力、ハンガーの近くにあることが望ましいため、USB延長を間に入れることが多いです。しかしUSBの延長には2.5m[*1]という限界があるため、配線に悩まされることもしばしば。

① ハンガー
TEMLAB HANGER＝金属製のハンガーにセンサや電池、通信モジュールが取り付けられたものです。ラックにかかっているときはOFF、ラックから取られたタイミングでONになります。ONになると通信モジュールが自分のIDを送信し、②の受信用の通信モジュールがそれを受け取ります。細かな説明は後述します。

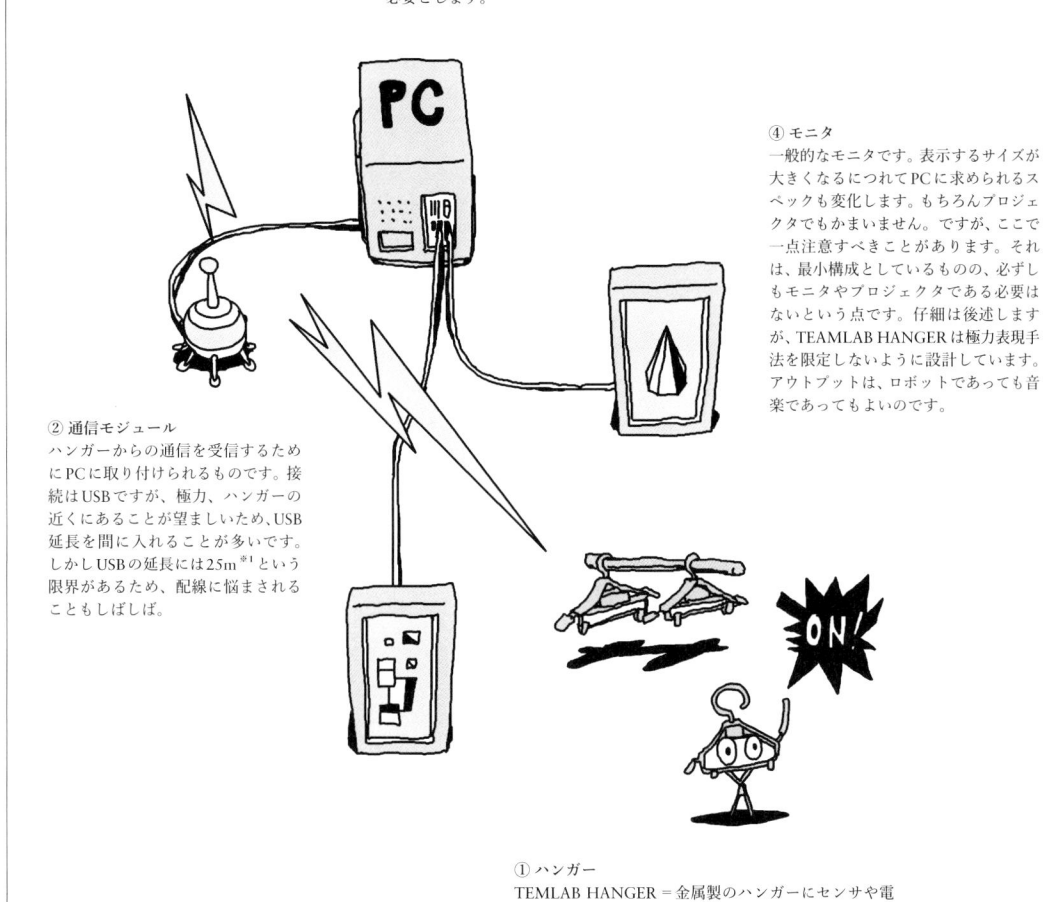

fig.2　TEMLAB HANGERを構成する要素

1
USBの規格では、リピータ（中継器）などを使わない延長は5mまでとなっています。また、一般に5mごとにリピータを介することで最大25mまで延長することができるとされています。しかし、実際には長くなると安定しません。

Prologue

　TEAMLAB HANGERは、普段店舗で何気なく行われている「ハンガーを手に取る」という行為をトリガーにして、その服がコーディネートされた写真や映像といった付加情報をモニタなどに映し出すという、いままでにない店舗体験を提供するものとして試作されたものです。多くの展示やイベント（特にアパレル業界）に採用していただき、さらには2010年度文化庁メディア芸術祭にて、エンターテインメント部門の審査委員会推薦作品に選ばれるなど、多方面から大変ありがたい評価をいただきました[※2]。

すべてのはじまり

●何かおもしろいことを

　最初にTEAMLAB HANGERが社内の議題に上がったのは、2010年の初頭くらいだったでしょうか。クライアントから「店舗で何かおもしろいことができないか？」といった漠然とした相談をいただいたのがきっかけです。ちょうど店舗でのデジタルサイネージの活用法に注目が集まっていたこともあり、ちょっとやってみようという形でやんわりとチームが発足し、「店舗の新しい体験とは？」「チームラボにできることとは？」と、さまざまな議論を経た末、ECサイトの知見に基づいて店舗内の情報を再構築してはどうかという話に落ち着きます。

　その知見とは「コーディネートされた写真がある商品は、単体の写真しかない商品よりも圧倒的に購入されやすい」というもの。商品のコーディネートのイメージ、つまり商品の情報・魅力をより多く伝えることができれば、より多くの顧客を獲得、ひいてはより多くの商品の購入にまでつなげることができるのではないかという予測を立てたわけです。

　目標が設定されれば、あとはそれをどうやって体験に落とし込むか、です。コーディネートのイメージが来店者に伝わればよいわけですから、単純に考えれば、大きなモニタを置いてひたすらコーディネートされた写真や映像を流すことなどが考えられます。しかし、それであれば雑誌や印刷物でよいでしょう。せっかくデジタル技術を用いることができる環境と技術があるのだから、よりパーソナルな体験、つまり来店者の興味と映像を直接結び付ける仕組みを作れないだろうか。プロジェクトメンバーは、その課題をクリアする方法を模索しはじめました。

●New Value in Behavior

　チームラボには「New Value in Behavior」というデザインコンセプトがあります。行為の中に新しい価値を、つまり新しい行為を作るのではなく、普段何気なく行っているいつもの行為そのものに新たな価値・意味を定義し直そうという試みです。

　最初のクライアントの提案に関しても、QRコードやタッチパネルモニタといった新しいデバイスを使うために、それまで日常的ではなかったアクションを人々に起こさせるようなことは避けようという方向で議論が進みました。そんな中、弊社代表の猪子が持っていたプランが「ハンガーを手に取る」という行為でした。ハンガーを手に取るとその服のコーディネートが表示される、そんな店舗体験を「インタラクティブなハンガー（仮）」として提案したのです[※3]。

　このようにしてTEAMLAB HANGERのプロジェクトは動き始め……と言いたいところなのですが、準備期間などの兼ね合いで、残念ながら、この提案はお蔵入りになってしまいます。プロジェクトメンバーの多くがこのまま終わるのかと思っていた最中、PUBLIC/

2　最初の展示から多くの反響をいただきましたが、それはアパレル業界をはじめとする方々へ向けてあらかじめ広報活動していたことが現れた結果だと思います。いくらいいものを展示しても本当に伝えたい人に見てもらえなければ意味がないと、とても感じました。

3　他には、たとえば試着室で鏡を見ると服が自分の身体にARのように投影されるといった案もありましたが、完成されたイメージのほうがよりコーディネートの情報を伝えやすいという理由から、今回の仕様になりました。

IMAGE.3D [4] で何か展示をしてみないかという話が舞い込みます。メンバーはそれを快諾し、展示を『COORDINATION』と題して、この全く新しいハンガーを作るべく、電子工作を開始するのでした。

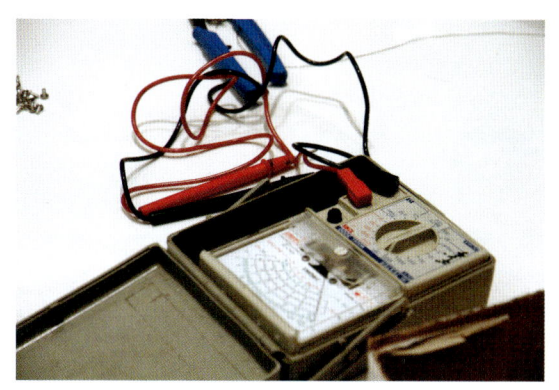

fig.3 当時のチームラボは、電子工作に挑戦する敷居はある程度下がっていたといえる。ハンガー以前にも、「TEAM LAB BALL」など無線モジュールを用いた電子工作のアウトプットを作成しており、電子工作のハウツーはある程度社内に蓄積されていた

4
PUBLIC/IMAGE.3D：クリエイティヴスタジオ「ANSWR（アンサー）」のオフィスに併設するオルタナティヴスペース（池尻大橋）。
http://3d.public-image.org/

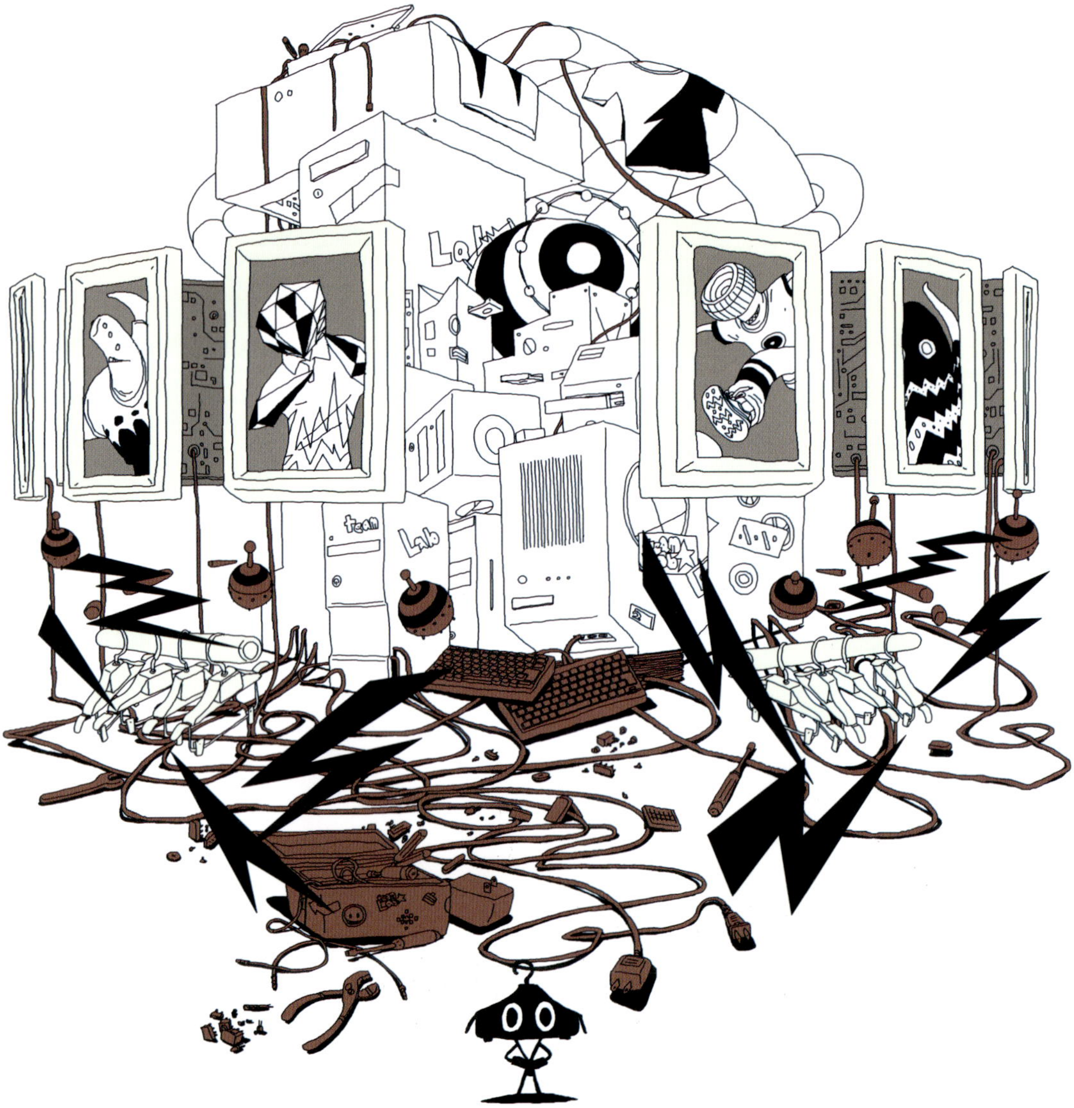
team
Lab

ハンガーの誕生

TEAMLAB HANGERがはじめて世に出たのは、2010年7月にPUBLIC/IMAGE.3Dにて行われた展示『COORDINATION』。この展示の実施が決まったタイミングから、制作時間として残ったのはわずかに3週間弱。改善すべき点（282ページを参照）も多々ありましたが、予想をはるかに超える反響をいただき、1週間の期間延長を経て、約3週間に渡って展示をさせていただくことができました。

『COORDINATION』に向けての制作が開始した時点では、チームラボは電子工作の経験は浅く、（多少はあったものの）ノウハウもあまり多くない状態でした。ましてや製品化を前提とした電子機器やハードウェアの製造まで行ったことなどもちろんありません。完全に手探り状態でのスタートです[5]。わからないことだらけの中、プロジェクトが動き始めます。

fig.4 COORDINATION @ PUBLIC/IMAGE.3D （2010年7月）

[5] 当たり前ではありますが、TEAMLAB HANGERがまだ世の中に存在すらしていないときの話なので、誰もその仕様を知りません。どういった使われ方をされるかすら未知の領域です。まずどこから手をつけるべきか、何をすべきかを決めなければプロジェクトは前に進むことができません。しかし、前述したように達成すべきことが明確であったため、類似する製品・研究・作品などを探すことから始めました。

インターフェイス設計

　TEAMLAB HANGERは、手に取られたハンガーのIDがPCに送られ、表示アプリがそのIDをもとに設定された画像や動画をモニタに表示するだけの単純な仕組みです。この仕組みは本項執筆時点でも大きくは変わっていません。

　ハンガーごとに画像を表示する時間を変えたい。画像をランダムに表示したい。音を鳴らしたい。複数のハンガーを取ると組み合わせた画像が出るようにしたい……。さまざまな要望が出てきますが、そういった表現に対応するためにも、TEAMLAB HANGERは単純である必要がありました。

　しかし、ここで1つ問題があります。何かを作るためには設計が必要です。設計とは言い換えるならば「制約」の定義です。「自由」と「制約」、一見すると相反する2つの事柄をうまく調整しなければなりません。

　今回は、ハンガーが手に取られたことさえわかればよいだけです。ただその場合、不確定な要素が多く、設計に時間がかかってしまいます。かといって、設計にばかり時間を費やしていては、開発を始めることができずプロジェクト全体が足踏みをしてしまいます。

　そこで僕らは、単純なところは単純でいこうと、単純かつ小さい制約を1つ決めることにしました。その制約とは、ハンガーと表示アプリの通信内容の定義です。「いつ」「どんな値を」「どのようなフォーマットで」やり取りするかを決定することで、ハンガーはハンガー、アプリはアプリの作業範囲を完全に分けることができます。作業の影響範囲を明確にすると、結果として各人の作業の選択肢が増え、開発がやりやすくなります。技術力のある人間に内部設計を委ねたら、概ねうまくいくだろうという信頼もありました。

● 設計のポイント
　インターフェイスを定義するポイントは大きく分けて以下の3つです。どれも電子工作に限ったことではなく、普段、何らかの開発に関わっている方であれば、馴染みのある話かもしれません。

①開発者（センサ・通信・表現）の責任範囲を明確にする
　手に取られたハンガーのIDを特定する処理と、IDに関連付けられたコーディネート画像・映像を表示する処理を連携させるのに、ID以外の情報は必要ありません。つまり、ハンガーとPCのIDのやり取りのみ保証できれば、ハンガーはどのようなパーツ・機構を採用しても問題がなく、表示側はIDから表示内容が判断できればよいだけになります。これはすなわち、各パートの責任範囲が明確化されたことにもなります。当たり前のような話ですが、この小さな制約を決めることが開発の自由度を大きく左右します。

②やり取りする情報は汎用的なフォーマットにする
　ハンガーを通じた表現方法はモニタだけとは限りません。それはロボットに踊らせることかもしれないし、音楽を奏でることかもしれません。発生するであろうさまざまなニーズに対応するために、ハンガーをそのつど改修するのは現実的ではありません。表現の変化やデータの使い方の定義、制作に使用する言語も含め表示側で柔軟に対応できるよう、通信される情報のフォーマットは汎用的に扱えるものにしました。

③情報をむやみに変換しない
　たとえばハンガーAにかける服とハンガーBにかける服が同一で、モニタに表示する映像も同じときは、どちらもAとして扱ってしまったほうが表示処理の実装が楽になります。しかし、BをAとして扱う処理を通信の途中に設けてしまうと、別の処理でBの情報が必要になったとき、関係するすべての実装を見直さなければなりません。表示側で実装する手間は増えてしまいますが、汎用性や拡張性を考えると、情報を整理する処理は表示側で行うほうがリスクが少なくて済み

ます。

● I/Fのクッション

　ハンガーと表示アプリの責任範囲を決定する上での論点はシリアル通信の扱いでした。表示アプリにとって重要なのは、ハンガーとPCが通信している内容ではなく、「どのハンガーが手に取られたか」です。また、通信モジュールやセンサの仕様によっては、シリアル通信の内容も変化する可能性があるため、シリアル通信の内容に制約を設けることはハードウェア開発の首を絞めかねません。そして、ハンガーに限らずチームラボの開発スタンスは、実際に作ってみてから問題を吟味し直すことも多いため、作ってみた後の自由もある程度担保する必要がありました。

　そこで僕らは、シリアル通信で直接やり取りするのをやめ、通信内容を整理しハンガーのON/OFF状態のみを汎用的な別フォーマットに変換して送信するような、中間レイヤとなる通信管理アプリを間に挟むことにしました。こうすれば、シリアル通信の内容を後まわしにすることができます。結果、機材選定が楽になり、表示アプリは必要な情報のみやり取りするようになるため、表現の実装に集中できるようになります。このような仕組みを、僕らは「クッション」という言い方をしたりします。

● OSCを用いた内部通信

　通信管理アプリと表示アプリの通信フォーマットにはOSC[6]を採用しています。通信管理アプリは、ハンガーから送られてくるシリアル情報をもとに、現在ONになっているハンガーのIDを整理し、それを列挙した次のようなOSCメッセージを送信します。

```
/hangers ,iii 1 13 24
```

　表示アプリは、このメッセージを受信してIDに関連付けられたコーディネート画像や映像を表示する仕組みです。

　通信のプロトコルは、OSC以外にもXMLソケットを検討していました。XMLソケットはXMLを用いるため、バイナリデータに比べて処理に時間がかかったり、サイズが大きくなるなどの欠点はありますが、可読性がよく扱いやすいためです。チームラボの過去の展示で使われていたプッシュ型通信もXMLソケットが主流でした。そのため、Processingや他の実装環境でもXMLソケットを扱えるのに、そこまでしてOSCにこだわらなくても、という意見もありました。

　では、なぜOSCを採用したのか？　それはUDP通信やOSCの実装を試してみたかったというエンジニアの趣味的な部分もあったりします。設計や実装上の制約がある部分以外は、自分のテンションが上がる方法を選択することも大切です。テンションが低いまま作業をすると、全体のモチベーションも下がります。もちろん、十分な実装の見積りをし責任を負うことができる範囲での話ですが。

fig.5　要件を満たすことがまずは重要だが、その上でいかにエンジニア自身のモチベーションをキープするかがポイント

　これで、ハンガーと表示アプリの責任分担が明確になりました。以降では設計や実装について見ていきましょう。

6　OSC（Open Sound Control）はMIDIに代わる音楽演奏データの通信プロトコルとして開発され、主にネットワークを通じて演奏データをリアルタイム共有するなどの目的で使われています。OSCは文字列、整数、浮動小数点数などを扱うことができるため、演奏データの通信以外にもよく使われています。可読性もよく、ブロードバンド環境でのUDP通信を前提としているため、処理も高速です。また、OSCはMax/MSP、Processing、openFrameworksなど、プログラミングによる音響・映像表現を主とするさまざまな開発環境ですぐに扱うことができます。まあ、ハンガーのデータのやり取りに用いるのは本来の使い方ではないかもしれません。

CASE STUDY

ハンガー・センサ・通信

ハンガーを手に取る。その行為をいかにしてセンシングするか。そもそもハンガー自体はどうやって作るのか。この開発は、TEAMLAB BALLの共同開発を行った吉本英樹[※7]氏とともに、幾多の試行錯誤とプロトタイピングが行われました。

● 設計時のポイント

TEAMLAB HANGERは、ハンガーが手に取られたことをセンシングし、取られたハンガーの情報を無線通信を用いて表示アプリ側に通知しています。この機構を実現するための機能は、大きく4つに分類できます。

① 無線通信ができること
② 手に取られたことをセンシングできること
③ ハンガーそのものを作ること
④ ハンガー内に機構を収めること

それでは、これらの機構がハンガーに組み込まれるまでの過程を、順を追って見ていきましょう。

① 無線通信を行う

本プロジェクトでは、最初から基板の設計を行うことはせず、初期の段階では電子工作界隈でよく使われているFunnel I/O（現在はArduino Fioという名称）を使ったプロトタイピングを行いました。というのも、センシングするための仕組みが決定していなかったため、さまざまなセンサでプロトタイピングを行う必要があったからです。また、Funnel I/Oはセンサを使ったプロトタイピングとの相性がよく、無線通信を使った実験がすぐに行えるため採用しました。

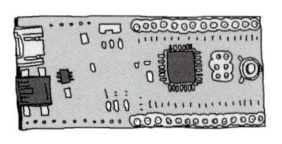

fig.6　Funnel I/O（Arduino Fio）

② センシングする

ハンガーが手に取られたことをセンシングする。この実現は、一見シンプルなように見えますが、ざまざまな要求が含まれていました。

まず「電池の交換頻度を低くする」こと。展示期間中、電池交換をするために毎日わざわざ会場へ行くのは好ましくありません。最低でも数週間交換不要になるような設計が必要です。そのため、ハンガーが1日当たり100回手に取られる想定での電力消費量を計算し、1ヵ月以上電池が持つセンシング方法を模索しました。

次に「システム部分がデザインに露出しないようにする」こと。ハンガーは服をかけるために存在するものであり、その機能が損なわれてしまっては本末転倒です。たとえば、配線が服に絡まってしまったり、電流を流して生地を傷めてしまっては誰もハンガーを使おうと思わないでしょう。また、センシングの機構はデザイン性を損なわないように、夢と希望を詰め合わ

---

[7] 吉本英樹：東京大学工学部航空宇宙工学科卒業、東京大学大学院工学系研究科航空宇宙工学専攻修了を経て、現在、英国王立芸術大学院Innovation Design Engineering Department博士課程在籍。

せた箱に収めることにしました。

　いかにハンガー本来の機能は失わず、かつ、手に取ったことをセンシングできるように組み込むか。これは、このプロジェクトにおいて大きな課題となりました。センシング方法を決定するにあたって行った実験のいくつかをコラムでまとめておきます。

　その他にもさまざまなセンサを使ったセンシングを試してみましたが、導入コストやセンシング仕様、開発期間などの点で断念しました。
　ここで、もっと単純で堅牢な仕組みにしてもいいのでは？　とチーム内で話が上がります。これまで試してきた方法は、いずれもハンガーが手に取られたときに、何かしらのセンシング結果を通知するスイッチとして用いていました。それならば、そもそも最初からスイッチを作ってしまって、ハンガーが手に取られたときに通電して、信号を送るようにすればよいのではないか、となりました。
　この方法は、センサがハンガーのフックの下に集約されているため、ケースを用いて隠すことが可能です。また、センシングの精度としても高く、最終的にはこの方法が採用されることになりました。このように、紆余曲折を経てハンガーのセンシング方法は決定したのでした。

③検索エンジンが教えてくれないこと
　チームラボは、レコメンデーションエンジンや検索

●センシングの実験

○感圧センサ
　ハンガーはポールにかけます。ポールにかけるフックの部分には圧力がかかります。この部分の圧力の変化をセンシングすることで、ハンガーが手に取られたことをセンシングする、という方法を試してみました。
　この方法は、センシング方法としてはシンプルかつ妥当な方法だったのですが、ご覧のとおり（fig.7参照）、感圧センサからマイコンへの配線がどうしても露出してしまいます。メカを作る場合なら線が露出しているとテンションが上がるのですが、我々が目指しているのはハンガーだったため、採用に至りませんでした。

○静電容量センサ
　ハンガーを手に取る際は、人の手がハンガーにふれます。センサに指が近付くと、静電容量が変化するという原理を利用した静電容量センサというものがあり、こちらも試してみました。
　この方法もセンシング自体はできました。ただ、ハンガー全体にセンサを張り巡らさなければなりません（fig.8参照）。センサが組み込まれていない部分にふれてしまった場合センシングできないため、残念ながら採用されませんでした。

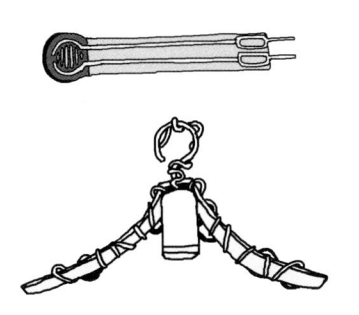

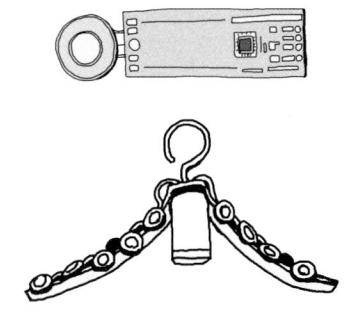

fig.7　感圧センサ（上）、感圧センサを使うイメージ（下）　　　fig.8　静電容量センサ（上）、静電容量センサを使うイメージ（下）

エンジン、デザイン、アートまで含めた広範囲にわたるソリューションの提供を目的としている会社です。仕事の性質上、わからないことはたいていWebに情報があるため、検索します。いままでほとんどの疑問はそれで解決してきたので、今回も何の疑いもなく検索していたのですが、さすがにどうがんばってもわからないことがありました。それは、

「ハンガーとかどうやって作るの？」

ということ。

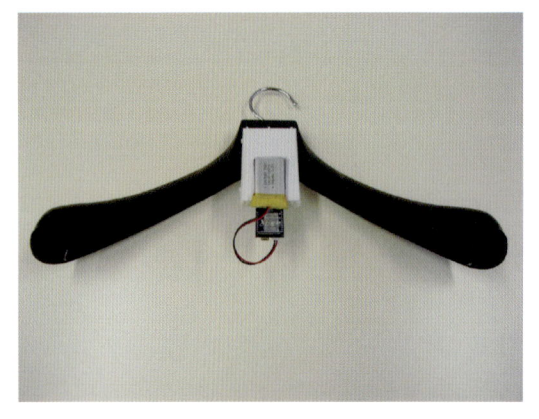

fig.9　バージョン1のハンガー（Funnel I/Oを使用）

　そもそもハンガー自体をどのように制作するのか、というものすごく大きな、そして根本的な壁に直面しました。休日を利用してハンガーを専門に扱っているお店（Webで検索しました）をひとつひとつ回っていきました。店員さんに「ハンガーを作りたいのですが、どうしたらいいでしょうか？」と聞いて回ったのです。その過程で、木製のハンガーは、構造上そしてコスト上、センサを組み込むことが難しいというアドバイスを受け、金属製のハンガーで制作するしかないという結論に達しました。

　こうして、金属製のハンガーを制作しよう！　となったわけですが、やはり、自分たちでは制作できません。そこで、ハンガー専門店で紹介していただいたTAYA[8]という会社を訪ねました。門前払いを受けるかとドキドキしながら訪問したその日、僕らは初めて、プロダクトを作る人間としての道程へ足を踏み出したのです。そして、TAYAの社長さんをはじめ社員の方々が、僕らの荒唐無稽なアイデアを聞いておもしろい！と言ってくれたのです。さらに、その場で機械を動かして、プロトタイプを作ってくれました。「首の部分がひっかかるから、穴をもう一回り大きく」とか「服がひっかかるかもしれないから、そこ削って」とか、会話の中からプロダクトが進化していく様を目の当たりにして、日本のものづくりの底力を感じました。

　もちろん、その場ですべてが完成したわけではありません。けれども、僕らが気が付きもしなかった問題点が明確になっていき、その解決策にも目処を付けてもらい、プロダクトとしてのTEAMLAB HANGERの感触をつかみました。製品化なんて夢のまた夢。それほど荒唐無稽な僕らのアイデアに付き合ってくださったTAYAのみなさんの協力なくしては、今日のTEAMLAB HANGERはありませんでした。その日制作したプロトタイプから一年、幾度ものバージョンアップを重ねて、現在のTEAMLAB HANGERは存在するのです。

④どうやって、収めよう？
　センシング方法も決定し、ハンガーも作れる目処が立った。となると、次はスイッチの機構をいかに隠蔽するかです。プロトタイピングに用いたFunnel I/Oは電源供給を行っているだけなので、無線モジュールと電池が入りそうなケースを探せばこと足ります。今回は開発期間も短く、ケースを特注する時間がなかったため、秋葉原の電子部品のショップを駆け回りました。その結果、千石電商さんで売っていたアルミボックスがちょうどよいサイズなのでは、となり、TAYAさんに相談したところ、これなら組み込めるということで

8
・TAYA（株式会社タヤ）
http://www.e-taya.co.jp/

金属材料	比導電率	比透磁率	比反射損失
銅	1.000	1	0.0
銀	1.064	1	0.3
金	0.700	1	-1.1
アルミニウム	0.630	1	-2.1
鉄	0.170	200	-30.7
パーロマイ（78）	0.108	8000	-48.7

代表的な金属材料の比導電率と比反射損失（『電磁波の吸収と遮蔽』日経技術図書、1989年刊より）

決定しました。ここまではよかったのですが、金属には電波遮蔽という特性があります（上の表参照）。たとえば、アルミには電波を反射させるという性質があります。鉄は電波を吸収してしまいます。そのため、ケースの材質を後々見直すことになるのですが、この話は後述します。

● 電池の選定

前述の通り、プロトタイピングで用いた Funnel I/O で行っていることは、基本的には電源供給だけでした。つまり、電源供給を基板上で行えば、マイコン部分は不要になります。これを考慮した上で、電池を選定する際に挙がった条件は2つです。

・無線モジュールに必要な電圧（3.0V）を満たす
・かつケースに収まるサイズ

最初に思い浮かんだ電池は、単3電池（1.5V）を2本使うという方法でしたが、これは大き過ぎてケースに収まりません。となると、候補は自然とボタン電池に絞られていきました。

その後、何度か実験を行った結果、携帯ゲームでよく用いられていて比較的手軽に手に入るCR2032はサイズも小さく、よさそうだったのですが、十分な電流が取り出せず、安定しませんでした。そのため、一回り大きいCR2450を用いることになりました。

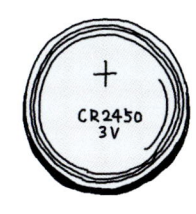

fig.10　CR2450

試行錯誤の末、完成したハンガーがこちらです（fig.11）。

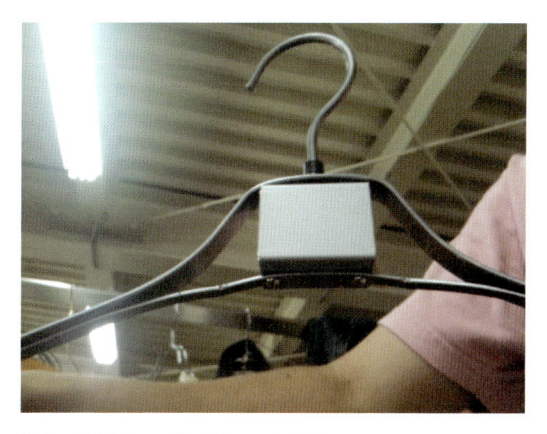

fig.11　完成したハンガー（プロトタイプ段階）

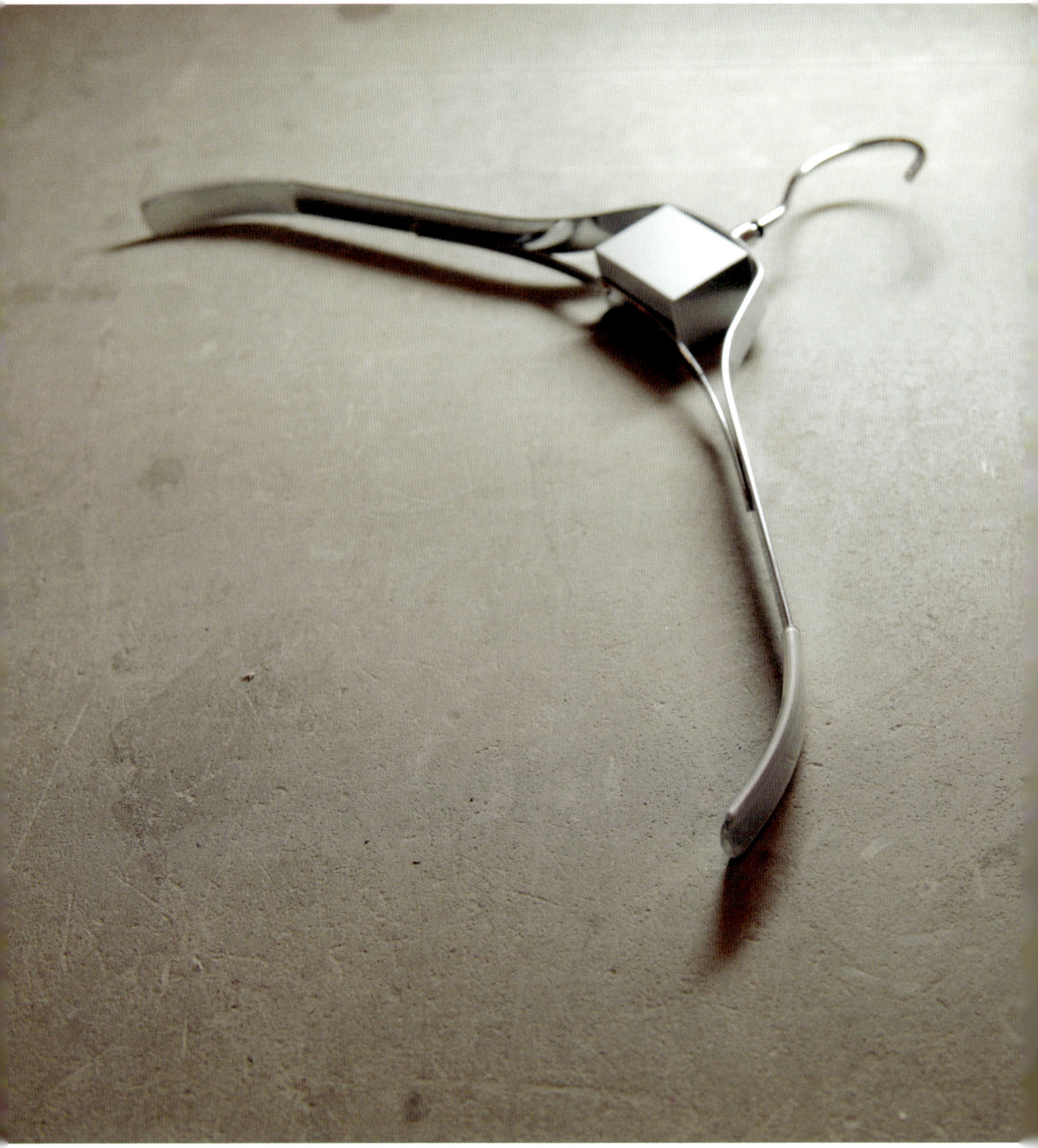

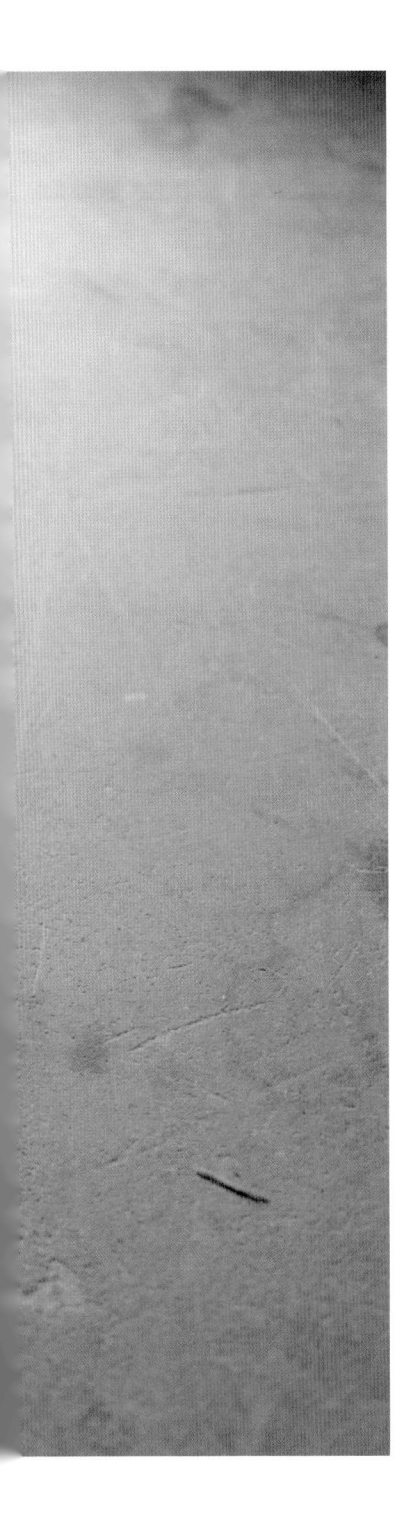

fig.12 TEAMLAB HANGER

CLIENT: ANSWR inc., CROSS COMPANY Co., Ltd.,
BIGI CO., LTD, Reebok Japan

PLANNING AND PRODUCING: TEAMLAB [Toshiyuki Inoko,
Kentaro Suzuki, Hirofumi Kawakita, Yuki Anai,
Shinobu Fujita, Takashi Kudo *and more*],
TEAMLAB OFFICE [Shogo Kawata], TAYA Co., Ltd

SPECIAL THANKS: YUKAI Engineering LLC [Shunsuke Aoki,
Shota Ishiwatari], Royal College of Art Innovation Design
Engineering Department [Hideki Yoshimoto],
NUKEME, bibariki, Kidai Hayashi, Asana Kitami *and more*

表示アプリ・通信管理アプリ

　モニタに情報を表示するアプリ（以下、表示アプリ）、ハンガーのON/OFF情報を管理し、表示アプリと連携するアプリ（以下、通信管理アプリ）の設計・実装は、ハンガーの設計・製造と並行して進められました。TEAMLAB HANGERは、表示のためのトリガーでしかありません。手に取られたハンガーのコーディネートをモニタに表示する。ルール自体は単純ですが、単純な分だけ、その先の表現の自由さ、柔軟さが求められます。そのためには「自由」と「制約」をバランスよく設計・開発する必要があります。ここでは、その実装の概要を簡単にご紹介します。

● Processing × AIR × OSC

　通信管理アプリはProcessingで作成しました。前述したように、表示アプリ自体は直接ハンガーと通信しておらず、ハンガーのON/OFF情報を管理する通信管理アプリと連携しています。表示アプリとハンガーが直接やり取りをせずにこういったアプリを挟む理由は、データフロー上で発生し得る技術的な制約や仕様の相違を吸収し、実装の切り分けをより行いやすくするためです。

　細かい挙動の解説は割愛しますが、簡単に説明すると、通信管理アプリではハンガーから送られたデータをシリアル通信で取得し、内容を解析します。その情報をもとにON/OFFのハンガーのIDの配列を変更します。そして、状態変化があったときに指定されたアドレス、ポートにOSCメッセージを送信するだけの比較的軽量なアプリです。

　また、ハードウェア上の制約で特殊な通信を行わなくてはならなくなった場合なども、通信管理アプリが間に入って暗躍することになるため、縁の下の力持ち的な存在といえます。このアプリをProcessingで作成した理由は、シリアル通信や通信モジュールのサポートが充実していたこと。そして、開発メンバーがその実装に比較的慣れていたことなどがあげられます。

　表示アプリはAdobe AIR 2.5で作成しました。通信の仕様をハードウェア側と調整し、汎用的なインタフェースがあらかじめ定義されていたので、表現部分の設計・開発は比較的スムーズに進みました。前述のとおり、OSCを用いたことで実装には何を使ってもよいのですが、現在実際に使われているハンガーのアプリに関しては、動画の再生やアニメーションの作成が容易なこと、Web開発でいままで培ったノウハウやライブラリをそのまま流用できることなどから、Adobe AIR 2.5（以下、AIR）を用いました [9]。

　AIRはバージョン2.0からDatagramSocketというクラスを用いてUDP通信を扱えるようになりました。そのため、UDP通信を用いたOSCのプロトコルを扱うことが可能です。しかし、AIRはOSCプロトコルを標準ではサポートしていないため、DatagramSocketでやり取りされるバイナリデータをOSCの仕様に則って処理するプログラムを実装する必要がありました。この点に関しては、OSCの仕様に対し不完全ではありましたが、過去に趣味でOSCSocketというクラスを自作していたので、それを用いて解決しています。

● 表現の自由の実現

　表示アプリに課せられた最大の課題は表現の自由の担保です。通信部分を汎用的なものにしたことで、ゼロから表現を作る際の自由は比較的保証されています。問題は、表示アプリ側で起こり得るすべての状況を考えることです。

○複数のモニタ

　『COORDINATION』展では1つのハンガーラックに対し、モニタが4台だったり、プロジェクタが2台だったりと、通常スペックのPCでは表示が難しい展示となっています。そのときに限定した形で高スペックのPCを持ち込んで解決してもよかったのですが、低

9

Adobe AIRやMicrosoft Silverlightなどの登場により、筆者のようなWebアプリケーションの開発経験しかない人であっても、比較的ローカルアプリケーションを作りやすい環境になってきました。また、こういったWeb開発の延長線上にある技術を用いることで、「ハンガーを使ったマーケティング、クリエイティブを自分たちでも作りたい」というようなニーズに対し、第三者が参加しやすく

なることも期待されています。もちろん、利点ばかりではありません。開発環境が有償であること、仕様がAdobe（SilverlightであればMicrosoft）の方針に依存することなどが欠点としてあります。ですが、それは他の開発環境でも多かれ少なかれ存在する問題とも言えるでしょう。

4.3 TEAMLAB HANGERの軌跡：チームラボ

Processing
ハンガーの状態を管理・整理しOSCで送る

USB接続された通信モジュール

TEAMLAB HANGER

- Serial
- oscP5

状態を保持 / OSCに変換

ハンガーのON/OFFは、IDと状態の連想配列で管理している

```
101 > OFF
102 > ON
103 > OFF
    :
```

`/hangers ,i 101` OSC

AIR Application
OSCを解析し、手に取られたハンガーの表示を行う

OSCSocket.as
DatagramSocketを継承しOSCを扱えるようにした独自クラス

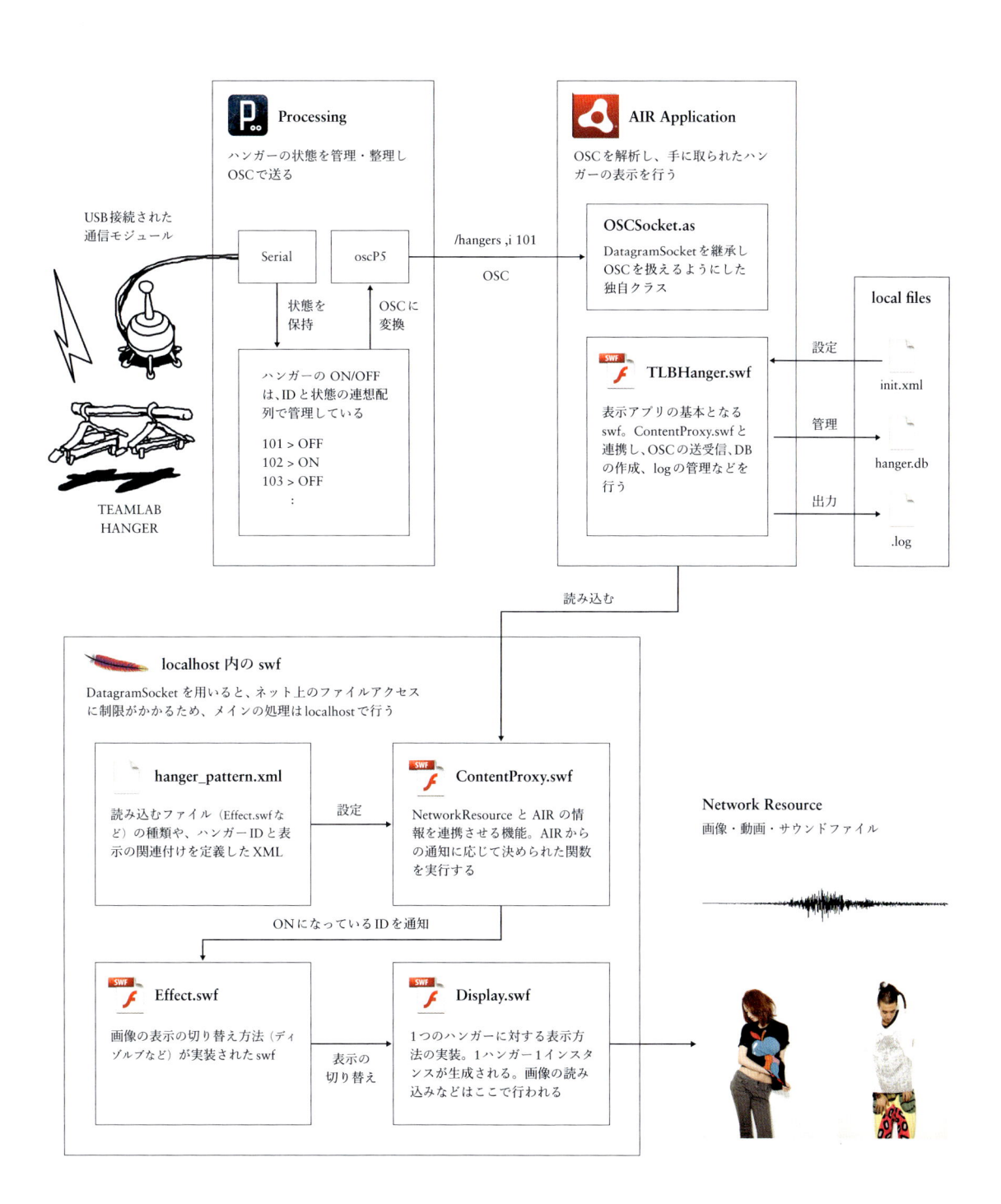

TLBHanger.swf
表示アプリの基本となるswf。ContentProxy.swfと連携し、OSCの送受信、DBの作成、logの管理などを行う

local files
- init.xml — 設定
- hanger.db — 管理
- .log — 出力

読み込む

localhost 内の swf
DatagramSocketを用いると、ネット上のファイルアクセスに制限がかかるため、メインの処理はlocalhostで行う

hanger_pattern.xml
読み込むファイル（Effect.swfなど）の種類や、ハンガーIDと表示の関連付けを定義したXML

設定 →

ContentProxy.swf
NetworkResourceとAIRの情報を連携させる機能。AIRからの通知に応じて決められた関数を実行する

ONになっているIDを通知

Effect.swf
画像の表示の切り替え方法（ディゾルブなど）が実装されたswf

表示の切り替え →

Display.swf
1つのハンガーに対する表示方法の実装。1ハンガー1インスタンスが生成される。画像の読み込みなどはここで行われる

Network Resource
画像・動画・サウンドファイル

fig.13　システムの全体像

CASE STUDY

スペックマシンの利用は商品化に向けて必須であると判断したのと、今後の展示でモニタが10台、100台と増えていった場合でも動くようにしたかったので、複数台のPCを連携させて表示する仕組みを考えました。

複数台のPCが同期する仕組み自体は単純で、1台がホストとなり、他のPCにOSCで命令を送る一方通行の同期です。UDPのため、通信が失敗する可能性がないわけではないですが、LAN内の通信に限定されるため心配するほどではありません。現に、いまのところ通信に失敗したことはありません。この仕組みを利用し、実際の展示ではモニタ4台とプロジェクタ2台の表示は、それぞれ2台ずつ、計4台のPCで表示をしています。

○複数のハンガー

表示アプリはハンガーのON/OFF情報を受信すると、その情報をもとに画像や動画を出力します。その際、複数のハンガーが同時にONの状態だった場合、どういった表示をすべきかは悩ましい問題です。実際の展示では、ハンガーが手に取られた順番で一定時間ごとに表示をローテーションするようにしました。ローテーションといっても、モニタ4台の表示とプロジェクタ2台の表示では挙動が違うようになっています。

ローテーションするか同時に複数のコーディネートを画面に出すか、などハンガーの表示は比較的自由に切り替えられるように設計をしています。簡単に設計を説明すると、ハンガーのIDに関連付けたコーディネートを表示するだけのパーツ（画像や動画）と、そ

fig.14 　同期処理は、同期される側のPCが「僕も同期させて」とお願いする形になっているので、設定の変更は不要で、いつでも増やすことができる

のパーツをどういったルールで表示するのか（ローテーションなのか画面分割なのか、など）のロジックを分けて実装し、両者を組み合わせて表示するという方法です。

しかし、どれだけの対策を持ってしても、人の心変わりを止めることは残念ながらできません。やはりここはフェードで出したい。この画像は3秒間表示して欲しい。人の気まぐれは容赦なく状況をぶち壊します。ですが、そこはソフトウェア、やんわりとそれに応えてあげる柔軟さが必要です。設定可能なパラメータは設定ファイルに記述しておくとよいと思います。

また展示をしていると、現地で実際に動いているものを見てみないとわからないことがたくさん出てきます。主観的な話になってしまいますが、「気持ちよい」と思える動きは会場ごとに違います。こればかりは、現地で最終調整をする以外ありません。最後の踏ん張りどころです。

ハンガーに表示される画像や動画の関連付けは、表示パターンを定義したXMLファイルによって管理されています。そのため、表示順序の変更や素材の差し替えは比較的自由がきくようになっているのです。

この最終調整は、展示開始のギリギリまで続きました。展示の最中も何度かメンテナンスを兼ねて、来場者の方々の意見などを取り入れた微調整を行っています。トラブルへの対処やメンテナンスの面から見ても、パラメータを外部ファイルに定義したり、ソースコー

fig.15　4つのモニタは画像が順番に表示される（2台のPCで出力）

fig.16　2台のプロジェクタはそれぞれ1台のPC、計2台で出力

fig.17　たとえば4本同時に手に取ると、左から順番に画像が表示されていく

ドのリファクタリングを行ったりといった作業は、時間の許す限りしておいたほうがよいと思います。

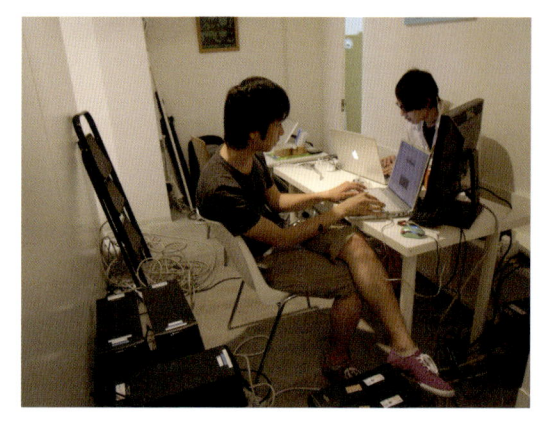

fig.18　細かな動き、画像の順序、表示タイミングなどは、現地で最終調整

●スケジュール管理について

○プロジェクト管理者の注意点

　展示プロジェクトはWeb開発と大きく違う点が1つあります。それは現場の存在です。プロジェクトの管理者は、開発の進捗だけでなく展示する現場の状況を把握し、効率よくことが運ぶように、開発と現場で二重にスケジュールを管理しなければなりません。

　たいていの場合、前の展示などが直前まで催されているため、搬入は3日前ならまだ早いほう、遅い場合には当日搬入ということもあります。また、環境の変更や急な機材調達ができないことがほとんどです。それらのリスクを見据えてコミュニケーションを取る必要があります。

　什器の設営や搬入出のスケジュール、電源やディスプレイケーブルの配線など、すべてを滞りなく限られた時間の中で完了させる必要があるため、プロジェクト管理者は、現場と開発の両方の状況や制約の変化を常に把握し、明確化すべき課題は何かを適宜判断しなければなりません。

○開発者の注意点

　『COORDINATION』展の場合、開発に関しても非常にシビアなスケジュールで、ハンガーの製造・センサの開発・アプリの実装のうち、どれか1つでも失敗すると間に合わない状況にありました。そこで、開発チームは実装よりも、その影響範囲と責任範囲の明確化を優先にコミュニケーションを取るようにしていました。そうすることで、各人の実装時の懸念も明確になり、実装の失敗が減ると考えていたからです。

　インターフェイスの設計を最優先した理由もそこにあります。もちろん、各実装者のスキルが信用できる故の判断ではありますが、結果として、ミスを最小限に抑えられたと思っています。

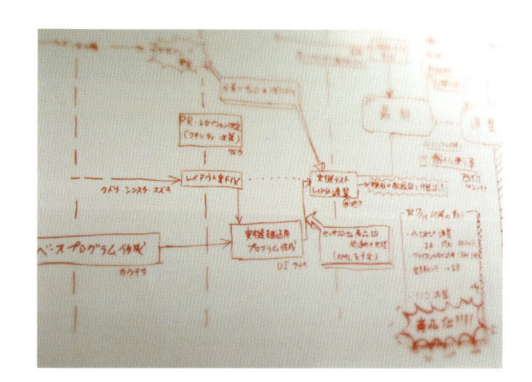

fig.19　プロジェクトの管理

CASE STUDY
—
274

展示の醍醐味

こういうことは、本当は書いてはいけないのかもしれないのですが、展示の醍醐味は、「予想外の出来事」にあったりします。電気系統など会場自体の問題であったり、クライアントの意向であったり、現場ではさまざまなことが起きます。そういう予想外の出来事、アクシデントをいかに発見し、解決していくか。そこで分泌されるアドレナリン量が、展示のおもしろさに正比例している気がします。

電気製品を動かしているもの

現在までに行った約10回の展示を振り返ってみると、よくも悪くも、1つとしてアクシデントに見舞われなかったものはありませんでした。中でも、僕らチームの記憶に強く刻まれたのは、某展示会場で起きた事故でした。一番アクシデントが起こりやすく、しかも一番クリティカルだったりするのは、やはり現場での設営時です。

いまでは半ば笑い話として記憶に残されたその日は、朝から雨が降りしきっていました。綿密に準備をし、展示2日前に現地入りして、黙々と什器を組み立て、各機器に配線をするチームメンバー。スケジュール表と設計図を片手に作業工程を黙々とこなす作業員たち。いわゆる外側の作業を終え、あとはPCのセットアップをして、夕方にはディスプレイに表示される画像などの微調整を行えば、次の日は表現の更なるレベルアップさえも可能かというほどの作業の進み具合でした。作業は順調に進み、和やかな昼ご飯を済ませ、さあ、午後の仕事をしようかとテープカットよろしく電源タップオン。その瞬間、シュバーン！ という音がしました。してはならない音が鳴りました。そして、

fig.20　上がFRAPBOIS展示会、下が六本木ヒルズで展開したテンポラリースペース「Reebok Cafe」

CASE STUDY

エンジニアの「そりゃ、ないぜー！」の悲鳴。見ると、PCから煙が出ていました。一瞬の後、全員に訪れた圧倒的な脱力感。「してはならない音がしました」と報告を受けた現場指揮の人間はすべてのPCとディスプレイを確認。ディスプレイは全12台生存していたものの、生き残ったPCは9台中わずかに3台。けれども、すべてのディスプレイが生き残ったのは不幸中の幸いでした。次に、配線を再確認しました。すると、なんと原因は単純な配線ミス。流れてはならない電圧の電気が流れ、一瞬でPCを破壊してしまったのです。電気の恐ろしさを改めて実感した事件でした。

　ただ、アクシデントを想定して、当日はいつでも動ける人間を用意してありました。すぐに電話で緊急事態の発生を連絡し、絶対に必要なPCを6台購入するために秋葉原に直行してもらいました。6台のPCを積んだタクシーが現場に到着したのは、20時頃だったでしょうか。その間、待つこと5時間。現場チームは無力感に苛まれながら、いまや「ただの箱」と化したPCの上に座っていました。これまで綿密に準備してきたものを圧倒的な力で吹き飛ばすアクシデント。二度とこのような悲劇が起こらないためにも、現場での哀愁があふれる、エンジニアが当日書いたメールをここに転載しておきます（次ページのfig.21参照）。

　このメールは、その後、展示チームに新しく加わった人間に毎回、共有しています。僕らは電気製品に囲まれて仕事をしています。そういう人間が、絶対に忘れてはならないこと。それは「電気製品は電気で動いている」という事実なのです。
　なお後日談ですが、PCは死んだものの、なぜディスプレイは12台すべて大丈夫だったか。その謎解きは、ディスプレイはDELL製のもので、たまたま海外電圧対応だったのです。そんな予想外のことにも救われた出来事でした。

お疲れ様です、○○です。
今回はかなり怒りつつ反省しました。
すみませんが先に心情的な事を書かせて下さい。

PCの破損に留まりましたが、使用している機器が幸運な組み合わせだっただけで、作業している我々の怪我や生き死にの問題、展示やイベントが継続出来たかと言う問題など、紙一重レで最悪な状態が起こり得ました。
※極端な話、例えば27インチディスプレイが通電した瞬間に12台が火花を上げて吹っ飛んだらどうする？って事です。きっと無いとは思いますが。

なんで怒り心頭なんですが、後述の通り、○○も有資格者なので、配線見落としていたのはご免なさいです。でも、そもそもラボ責任外なので、今回はそこまでは気を回せませんでした。

ただ、通電のプロセスも回避ポイントはいくつかあって、

・業者立ち会いを要求すべきだった
　→で、電圧を確認して、安全確認の後に給電開始
・立ち会いが無理ならラボでテスタを使って電圧確認すればよかった
・未給電の時に上げたブレーカーを戻しておく（根本的な解決にはなりませんが）

など、被害を少なくする手立ではありましたが、そこまで気が回せませんでした。
ご免なさいです。

ただ、後述しますが、業者に本来の給電方式と違う情報が伝わったというのが問題でした。今後、そのまま通電チェック無しの本番は勘弁して下さい。

今後の回避策として簡単なものとして、雷サージや過電圧防止（あるのか？）のような機器を一個かますだけで、大分安全性が増すと思います。UPSでもいいのかも。テスタもいいですね。今回みたいに配電から設置する場合は必須と考えていただきたいです。

今後は誰々が悪いとかの責任追及も必要になると思いますが、より安全な展示を行うための反省として活かす資料になればと、忘れないうちに取り急ぎの報告です。表記揺れは察して下さい。記憶違いや記載漏れなどありましたらお教え下さい。

▼▼▼発生から復旧までの流れ▼▼▼
●注釈
　主電源：ブースへ電源を引き込んだ部分
　分電盤：主電源から電圧を四系統に配電する部分
　業者：施工の電気を担当した業者
　電気担当者：イベントの電気担当者
　ラボ：チームラボの誰か、全体

1. 発生まで
<10/27（前日）>
1.1 業者が配線を行う。ブレーカーは落ちている。
1.2 ラボが設置作業を行い、配線を施す。
1.2 ▲さんが、翌日の朝に主電源と分電盤のブレーカーを上げて下さい、と○○へ説明する。

<10/28（当日）>
<8:30>
1.3 ○○が主電源と分電盤のブレーカーを上げるが、電源は供給されていない。機器に異常は無い。
1.4 事務局に確認する。事務局より順繰りにブースへ電圧が供給されると説明される。
1.5 主電源と分電盤のブレーカーは上げたまま、戻していない。（通電状態）
<9:00～10:00>
1.6 ○○が配線の整理を行っている作業中に電圧が来ている事に気付く。
　※コンセントのLEDが点灯している事から。
　※この時間帯は火災報知器のテストや、隣の施工音でかなり騒音が酷かった。
1.7 ○○がコンセントONのOKを出す。
1.8 コンセントの電源をONにすると、PCから破裂音が聞こえ、軽く煙が上がる。

■発生～原因確認
2.1 ラボが異変を感じて、事務局へ問い合わせに行く。
2.2 ラボから事務局へ事情を説明する。
2.3 電気担当者が火災報知器のテストでブースの巡回を行っているので、○○が携帯電話で電気担当者へ事情を説明し、ブースへ立ち寄ってもらう。
2.4 数分後に電気担当者がラボブースへ来る。
2.5 ○○より電気担当者へ事情を説明し、電気担当者が配線の点検を行う。
2.6 電気担当者より、分電盤の配線に問題があること、電圧が加えられたPCは壊れた可能性が高い事、がラボに告げられる。

■原因確認～復旧
3.1 ラボが各機器の動作確認を行い、機器の破壊、非破壊状態が判明する。
　※コンセントは、個別電源ボタンの付いているもの、付いていないものがあった。
　　ボタンのないものに接続された機器は電源供給のタイミングで電圧が負荷された。
　※海外出荷可能な製品の場合、100V以上の電圧に耐えうる設計を行うので、破壊を免れた機器が存在する。
3.2 現場指揮者が各方面へ連絡を行う。
3.3 現場指揮者が主電源、配電盤を携帯電話のカメラで撮影。
<15:00>
3.4 業者が配線改修へラボブースへ来る。
3.5 業者が配線手違いの経緯を○○へ説明。
<16:00>
3.6 電源が正常に動作する。
<19:30>
3.7 破壊された機器の代替え機器がラボブースへ到着し、設置を行う。

▼▼▼業者よりラボが受けた配線手違いの経緯▼▼▼
・業者へ伝えられた配線方式が実際のそれとは違っていた（※重要）。
・その伝えられた配線方式用に配線を行っていた。
・前日は主電源へ電圧が供給されないために実測確認は出来なかった（※重要）。

▼▼▼破壊に至った経緯▼▼▼
日本国内電化製品の標準電圧は100Vであるが、問題の起こった配電盤からは170Vが供給された（電気担当者からの説明より）。

電気担当者から○○が聞いた説明では、主電源は三相4線式であり、且つ170Vが供給されたと言う説明より、100V三相4線式と思われる。業者から○○が聞いた説明では、単相3線式だと聞かれていた。
　※○○は業者から用語は略称で説明を受けたので、齟齬の可能性はある。

▼▼▼配線手違いの概要▼▼▼
三相4線式より相電圧を供給すべきところ、線間電圧を供給する配線となっていた。

▼▼▼破壊された機器▼▼▼
Vostro 200(でかいやつ) x 4
Vostro 410(50inchにつかってるやつ) x 1

fig.21　アクシデント当日のまとめメール（メール内固有名詞などは伏せ字、それ以外は原文ママ）

TOKYO DESIGNERS WEEK
(2010年10月)

　神宮外苑にて開催された『TOKYO DESIGNERS WEEK』(以下、TDW)では、企業ブースでのTEAM LAB HANGERの出展だけでなく、弊社代表のカンファレンス参加や会場中央に設営されたジオデシックドームでの360度パノラマの映像作品上映など、非常に多くのことに関わる機会をいただきました。

　この展示をきっかけに、TEAMLAB HANGERは次のフェーズを模索し始めました。ハンガーにIDを付け、ハンガーを手に取ったことをセンサリングできるようにすること。そこからさらに、インターネットを通じてさまざまな情報と連動させるだけではなく、デジタルだからこそ可能なスマートなアウトプットを考えることでした。そして、それは次世代型デジタルショップの原型ともいえるものでした(詳しくは286ページで後述します)。

fig.22　TOKYO DESIGNERS WEEK

FRAPBOIS @ BIGI
(2010年10月)

　275ページでは悲しい例をあげてしまいましたが、予想外の出来事は、何も悲しいことばかりではありません。僕らチームラボは、クライアントから仕事を受注して仕事をします。それは、ハンガーの展示でもいえることで、そのお客様の存在が思いもよらない化学反応を起こすことがあります。

　TEAMLAB HANGERを発表した当時の仕様は、「ハンガーを手に取ると、かかっている服のコーディネートされた画像や映像が、ディスプレイやプロジェクタ上に表示される」というものでした。

　最初の展示を見たBIGIから連絡をいただき、2ヶ月後に控えているFRAPBOISの展示会でチームラボハンガーを使いたいと相談を受けました。初めてクライアントから話をいただいた展示でした。僕らは嬉々として打ち合わせを重ね、ハンガーでできることを提案していきました。その打ち合わせの中で、コーディネートを見せるだけではなく、FRAPBOISの世界観を表現したい、という声が上がりました。それは、FRAPBOISの服を着たモデルたちが楽器を弾いていて、服を手に取るたびにプロジェクタ内に映されたモデルたちがそれぞれ音を奏でる、というアイデアでした。ギターを弾くモデル、太鼓を叩くモデル、とても楽しい発想です。けれども、まだプロトタイプで、普通に展示するだけでも不安が残る状態であったTEAMLAB HANGERのシステムに音を追加するのは、とても危険なことでした。

　実際、クライアントワークでなければ、きっと避けたプロジェクトだったと思います。にも関わらず、そのシステム開発に取りかかることになったのは、クライアントの担当者からの思いがけないアイデアにチームメンバーのテンションが上がったからです。無理かも……と言われたことに挑戦するときのアドレナリンがそうさせたのだと思います。

fig.23　FRAPBOIS

Reebok Cafe @ Hills Cafe / Space

(2010年11月)

　世界的なスポーツファッションのブランドであり、ZIGTECHやEASYTONEなどのヒットシューズメーカーであるReebok（アディダスジャパン）からコンタクトが舞い込んだのは、TEAMLAB HANGERの展示も何度か重ね、ある程度知識がたまってきたと思っていた時期でした。

　「誰も見たことがない、何かおもしろいことをやりたい。」Reebokからの相談は、そんな言葉から始まりました。当時Reebokは、六本木にあるHills Cafe / Spaceで販促のイベントとして「Reebok Cafe」を企画していました。サテライト店舗とカフェに分かれたスペースが約10日間オープンする。その企画をチームラボに考えて欲しいという相談でした。スペースがカフェと店舗という二層構造であることも展開としておもしろいことができそうだと、チームメンバーのテンションが上がりました。

●Put Shoes on Hanger

　この六本木ヒルズのHills Cafe / Space内に設営されたサテライト店舗内でのチームラボハンガーの展示はさまざまな化学反応を起こしました。最も大きな要因は、Reebokが靴のメーカーであったこと。チームラボハンガーの開発（特にハード）はすでに改善すべき点が明確で、追加開発の余地も少なかったため、新しい方法にチャレンジすることはとても魅力的でした。

　シューズを置く台にセンサーを仕込む。シューズを振ると映像が出る。履いて試着室に入るとディスプレイに映し出される。そういったシューズならではの案が次々と出される中、ちょっとした違和感に気が付いたのです。ある方法を無意識に除外していました。それは「ハンガーに靴をかけて売る」という、一見すると安直で愚かな方法でした。

　ハンガーを使って靴を展示する――プログラムではどうにも解決できないこの問題を解決するのは、とても難しいものでした。無謀にしか思えないこの展示を、僕らは透明な袋に靴を入れてハンガーに吊るす、という方法で実現しました。

fig.24　Reebok Cafe

4.3 TEAMLAB HANGERの軌跡：チームラボ

　当初、シューズをハンガーに吊るす案は「おもしろいが不恰好だ」といった意見が大半を占めていました。また、自分たちが目指したのは、新しいハンガーを作ることではなく、新しい店舗体験を生み出すことでした。つまり、TEAMLAB HANGERという言葉に縛られず、ハンガーに固執せず、適宜最適な答えを見つけることが大事だと思っていました。しかしその一方で、やったことがないことを否定するのも可能性を殺してしまうことになるという意見もあり、ひとまずプロトタイプを作ってみることにしたのです。

　「ハンガーに靴を吊るしたいので、透明の袋を制作してください。しかも、かっこよく」と相談したときの、デザイナーのヌケメ[10]氏の顔が忘れられません。そして、それから2週間、殺人的なスケジュールの中、ヌケメ氏は30以上もの透明の袋を制作してくれました。
　徹夜明け。開店前の喧噪の中。一列に並んだハンガーに透明袋が吊るされ、その中に設置された靴は、まるで空中に浮いているように見えました。その光景は、僕らを初心に帰してくれました。ハンガーの構想が頭に浮かび、仕組みの目処まで考えたあと、ハンガーそのものを作ることができず、制作してくれる工場を回った日々。そして、初めてハンガーのプロトタイプができ上がってきたときのこと。そういう、自分たちだけでは決して生まれなかったであろうものが、「化学反応」によって生み出されたときの喜びを、またも味わえたわけです。

　予想外の出来事、そして、そこから生み出される予想外の産物。それが、チームや集団で制作することのおもしろさです。

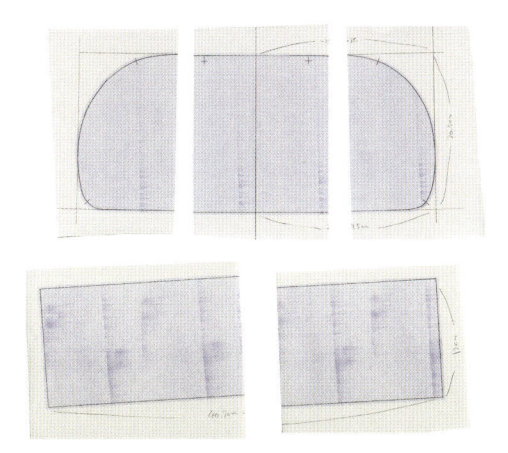

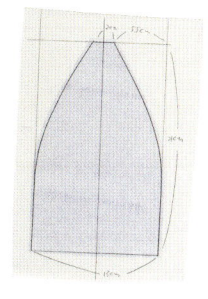

fig.25　ヌケメ氏による袋の設計図

fig.26　ハンガーに靴をかけて売る

10
ヌケメ：ファッションデザイナー。2008年より同名のブランドをスタート。代表作「ヌケメ帽」で注目される。
・割かとナイス コミュニケート
http://nukeme.nu/

CASE STUDY

実店舗導入に向けて／earth music & ecology @ LUMINE EST SHINJUKU

（2011年3月）

『COORDINATION』展から文化庁メディア芸術祭（2011年2月）まで、さまざまな展示を重ねたTEAMLAB HANGERは、2011年の3月、ついに実店舗への導入が決定します。ですが実店舗への導入・運用に耐えられるようにするためには、プロトタイプのハンガーが抱えるいくつかの課題をクリアしなければなりませんでした。

ここでは、展示を重ねる中でわかったそれらの課題のいくつかを、その改善策とともにご紹介します。

ハンガーの改善点

実店舗への導入は、展示とはさまざまな点が異なります。一番の大きな違いは使用される期間とメンテナンスの方法です。実店舗への導入においては、1週間や1ヶ月という単位ではなく、1年以上という非常に長い期間、常にそこで使われることを想定しなければなりません。また、エンジニアではなく店舗のスタッフがハンガーを管理することになるため、ハードが故

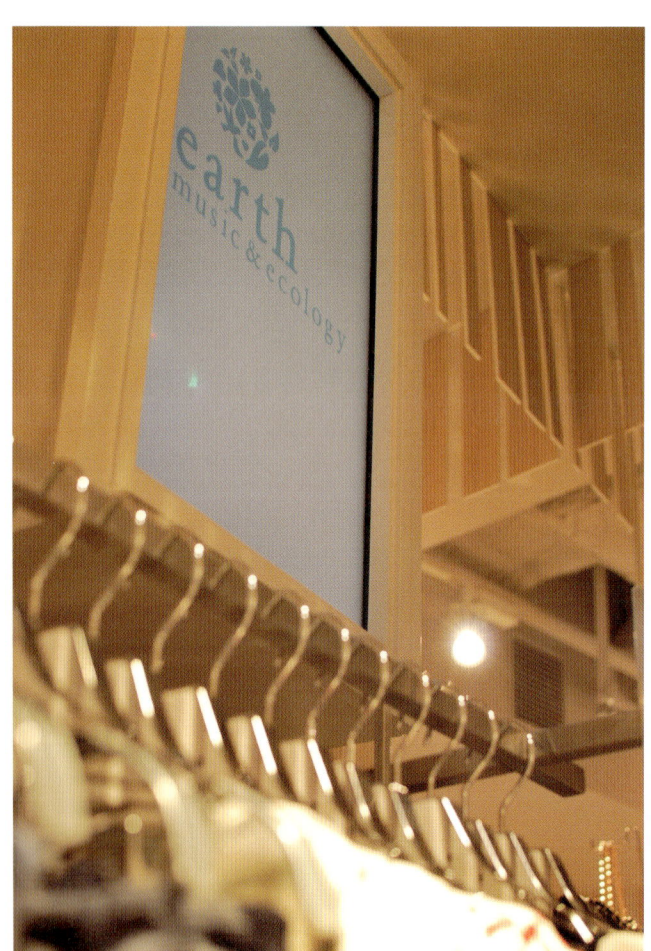

fig.27 earth music & ecology（LUMINE EST SHINJUKU店／梅田HEP FIVE店／LUMINE北千住店）

CASE STUDY

障した場合にその場でメンテナンスをすることはほぼ不可能です。

　これらの問題に対処するためには、故障時の対処方法をマニュアル化するだけでなく、ハードの故障率自体を下げる必要があります。ここでは、これらの問題をどのように解決したかをお話していきます。

　展示で使われたプロトタイプのハンガーは、基板の半田付けからすべて自分たちで手作りし、アセンブリ（組み立て）を行っていました。展示のように製造個数が10〜20程度で済むような場合は特に問題がなかったのですが、実店舗で使うとなると1つの店舗当たり100〜200個の基板やハンガーを製造するケースが多々発生します。

　これを毎回、人の手でアセンブリしていては時間がかかり、それに比例して人件費がかさんでしまうため、コストが見合わなくなってしまいます。そこで、製品化するにあたっては基板の製造を外部に依頼することにしました。具体的には、以下の点を考慮した設計を行っていきました。

● 故障時のオペレーションを簡略化／故障対応の解決

　故障はしないに尽きるのですが、そうはいってもトラブルはつきものです。たとえば、「ハンガー1にAという服をかけていたのだが、ハンガー1が動かなくなってしまった」といったトラブルが考えられます。展示案件の場合は、僕らが直接赴き、ハンガーを入れ替えたり設定ファイルを書き換えたりすることが（実装者であるが故に）簡単にできるのですが、店舗では実際に扱うのは店員になるためそうはうまくいきません。

　そこで、ハンガーのIDは一応固定で持っておくが、緊急時には動的にIDを変えることができるような機構を内部に設けることにしました。こうすることで、故障時に新しいハンガーを用意し壊れたハンガーのIDと同じにするだけで、ハンガーを交換することができるようになります。具体的には、デジタルピンの

High/Lowの値からIDを算出するという設計を行いました。

● 長期運用を見据えた省エネ設計／電池持ちの解決

　展示の際に課題となっていたのが、初期バージョンのハンガーは手に取られている間ずっと信号を送り続けてしまうという点でした。年単位での運用の場合、比較的高い頻度で電池交換が必要となり、導入障壁になってしまいます。

　そのため、手に取られたとき初回で5回ほどまとめて信号を送り、その後はフックに戻されるまで信号を送らないように設計を変更しました。

● 表現の可能性を増やす／設計変更によるバグと解決

　改善の途中で表現上の大きな課題にぶつかりました。前述のとおり、初期バージョンのハンガーは手に取られている間、ONの信号を送り続けます。そのため、信号が一定時間（数秒）送られて来なくなったらハンガーがラックに戻されたと考え、OFFと判断していたのです。しかし、電池対策によってONの信号を送り続けることを止めたため、正確なOFFが受け取れないという状態になってしまったのです。

　OFFがわからないと、表現の切り替えやキャンセルを正確に行うことができなくなります。ハンガーをラックに戻した瞬間に表現をキャンセルしたり、変更したりできないと表現方法は限定されてしまいます。そこで、「スイッチがOFFになった際にOFFの信号を送る」ようにプログラムを変更し、OFFを受け取れるようにしました[11]。

● ケースの製造／電波遮蔽素材の解決

　267ページでもふれたように、金属のケースは電波を遮蔽してしまいます。そこで、製品版では、ABS樹脂で成形を行える会社に発注をし、ケースを作成してもらいました。

---

[11] いままではONの信号を送るだけだったため単純にIDを送ればよかったのですが、この仕様変更により、送る信号はON/OFFを認識できる文字列を付加することになりました。しかし、表示アプリ（AIR）とハンガーの間に信号を変換する通信管理アプリ（Processing）を挟んでいたため、通信管理アプリのみの改修で済み、表示アプリの改修をする必要はありませんでした。

表示アプリの改善点

Web開発のノウハウをつぎ込めたことで、表示アプリを製品化に向けて大きく作り直すことはありませんでしたが、実は、展示ごとに新機能の追加やリファクタを繰り返し、常にバージョンアップをしていました。その追加した機能の中から、重要な役割を持った機能をいくつかご紹介します。

●リアルタイムにパターン定義を更新

表示のパターン定義ファイルを毎回手動で書き換えていては埒が明きません。そのため、表示アプリには、定期的にパターン定義ファイルを読み込み、設定に変更があればその場で更新をかける仕組みがあります。この仕組みとパターン定義ファイルの定期更新を組み合わせることで、遠隔アップデートが可能になります。

この機能の特筆すべき点は、表示アプリを実行中であっても定義ファイルの変更が反映できるという点です。ハンガーにかける服が急遽変更されたときに対応できるのはもちろんのこと、たとえばセールのタイミングで待機画像を「30% OFF」といった画像に切り替えるなどの展開が可能です。

もともとは僕たち自身が、展示中の急な更新作業を楽にできるようにするために作成した機能ですが、使い方次第で店舗内の情報をダイナミックに切り替える強力なツールになります。パターン定義ファイルをGUIで設定できるようなWebアプリと連携できれば、店舗運用に乗せることもできるようになるでしょう。

●HANGER LOG ARCHIVE

TEAMLAB HANGERは「手に取られたハンガーにかかった服のコーディネートを表示したい」という目的から生まれたものですが、実は、単にON/OFFのセンシングだけをしているだけではありません。ソフトウェア側ではハンガーが何時何分に手に取られたのかというログをすべて記録するようになっています。

○ログの仕様

PCに蓄積されるログデータは2種類あります。1つはハンガーから送られてきた通信データの履歴、もう1つはハンガーのON/OFFの履歴です。前者はテキストデータに逐一保管されますが、後者は単純なテキストデータファイルにしてしまうと統計処理などに手間がかかってしまうため、SQLiteを用いて管理されています。

SQLiteはファイルベースの軽量なデータベースで、ログデータのように単純なデータの蓄積・管理であれば問題なく使えます。また、著作権が放棄されパブリックドメインとなっているため、ライセンスの必要もありません。SQLiteの懸念点をあげるなら、情報が単一ファイルで管理されるためデータ量が大きくなるとI/Oの負荷が大きくなること、定期的にコピーを

no	hanger_id	hanger_pattern_code	pull_date	put_date
1	2	2	Mon Apr 25 13:41:35 GMT+0900 2011	Mon Apr 25 13:41:38 GMT+0900 2011
2	3	3	Mon Apr 25 13:41:53 GMT+0900 2011	Mon Apr 25 13:41:55 GMT+0900 2011
3	2	2	Mon Apr 25 13:42:41 GMT+0900 2011	Mon Apr 25 13:42:43 GMT+0900 2011
4	3	3	Mon Apr 25 13:42:45 GMT+0900 2011	Mon Apr 25 13:42:47 GMT+0900 2011
5	2	2	Mon Apr 25 13:44:57 GMT+0900 2011	Mon Apr 25 13:44:59 GMT+0900 2011
6	2	2	Mon Apr 25 14:29:38 GMT+0900 2011	Mon Apr 25 14:29:41 GMT+0900 2011
7	3	3	Mon Apr 25 14:30:40 GMT+0900 2011	Mon Apr 25 14:30:42 GMT+0900 2011
8	2	2	Mon Apr 25 14:30:43 GMT+0900 2011	Mon Apr 25 14:30:45 GMT+0900 2011

fig.28 ログの取得

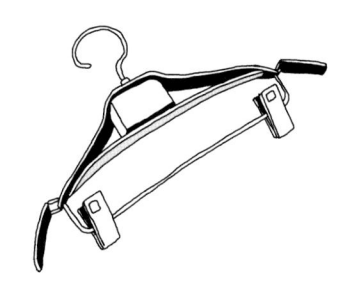

取っておかないとファイルクラッシュ時にどうにもならないこと、などがあります。TEAMLAB HANGERでは、現状では日次の集計が取れれば問題がないため、一定期間ごとに新しいファイルを作る仕様にしています。この点に関しては、今後改善の余地があるかもしれません。

○ログ処理の実装

ハンガーのログデータは、ハンガーに割り振られたユニークなID、そのハンガーに設定された表示のパターン（画像や動画の表示順などはパターンとして管理されています）、ハンガーが手に取られた日時、ハンガーがラックに戻された日時などです。これらの情報は、ハンガーがONからOFFに切り替わるタイミングで保存しています。

全体のデータフローを鑑みれば、ログデータの蓄積処理は通信管理アプリに任せ、表示アプリは表示に専念したほうがよいのかもしれません。しかし、現状TEAMLAB HANGERではログデータの蓄積処理が表示アプリ側に実装されています。これにはいくつかの理由があります。生の通信データは別途保存されていること、ハンガーの通信が発生するタイミングと表示を行うタイミングが必ずしも同一ではないこと、などです。……と、もっともらしい理由を並べてみましたが、本当の理由は『COORDINATION』展のタイミングで、表示アプリの実装者が展示の途中でノリで実装してしまい（当初、ログを取る予定はありませんでした）、それがそのまま残った、という開発者の都合です。

ちなみに、表示アプリの実装に使われているAIRはSQLiteを直接扱うことができます。実装も容易なので、AIRアプリでデータの保管に困ったときはSQLiteを使ってみてもよいと思います。

○ログデータの価値

蓄積されたハンガーのログデータは、POSや入店率などのデータ以上に店舗の設計やレイアウトの評価指標としても有用であると考えています。表示用のディスプレイが設置できない店舗や表示するコンテンツを用意することが難しい店舗であっても、ログデータの蓄積のためだけにTEAMLAB HANGERを導入する価値はあると思います。

また、ログデータは単体で扱うだけでなく、インターネット上のさまざまなサービスやAPIと連携させることで無限の価値が生まれる原石となります。ハンガーのIDや日時といった普遍的な情報以外は時間の経過とともに古いものとなってしまいますが、インターネットの情報は常に更新・アーカイブされています。これを使わない手はありません。

特に、ログデータとして日時や場所の情報を取得しておけば、天気／ニュース／交通情報／地図／ユーザー投稿といった情報を引き出す重要なキーとなります。

TEAMLAB HANGERと
DIGITAL SHOW WINDOW

　『TOKYO DESINGNERS WEEK』出展にあたって、僕らが構想した次世代型デジタルショップは、Webも店舗も、共有のプラットフォームとなるのではないかという思想に基づいていました。それは、いまある技術を使って現実的なコストで可能な姿でした。

　次世代デジタルショップでは、ネットワークにつながったディスプレイ（サイネージ）やタブレットPC（iPad）を利用することで、店舗内の空間が物理的に演出されるのではなく、空間自体がデジタルメディアとして演出されるようになります。店舗に配置するiPadでは、ECサイトと情報を共有することによって、物理的に有限な「空間」の制約を越えてさまざまな商品を訴求し、品切れによる購買機会の損失を軽減できます。さらに、裏側のシステムをWebと同一のシステムとすれば、ECサイト上のトップページやレコメンドされる商品がリアルタイムに変化するように（Webではすでに当たり前のことですが）、店舗での空間の演出やショーウィンドウのリアルタイムな変化が可能になります。

　店舗でのお客様とWeb上でのお客様、お客様の購買のプロセスや行動（何に興味を示したか、何を購入したか、など）を同一のプラットフォームでリアルタイムに処理することにより、さまざまな演出が可能になります。たとえば、店舗で商品を購入したお客様に向けた案内メール（新入荷の商品の告知など）を送る際に、Web上でのお客様の統計データを利用して、そのお客様がより興味を持ってくれるような内容にすることもできるのです。

　そして、『TOKYO DESINGNERS WEEK』で実際に試運転を始めたのが、「DIGITAL SHOW WINDOW」です。たとえば、ショーウィンドウの前を歩いている人も店舗の中に入っている人も、昼間と仕事帰りの時間帯では全く違う客層です。ショーウィンドウから見せるものも店舗内のマネキンに着せて見せるコーディネートも、お客様の層に合わせて変化させたほうが、より魅力的に見え、より興味を惹く可能性が高くなります。ネットワークにつながれたサイネージであるDIGITAL SHOW WINDOWは、店舗の購買の動向や来店者数やWebの動向に合わせて、最適化することができます。

　急に寒くなった日や雨が降り出したときに目に留まる商品は、昨日までは全く気にも留めなかった商品である可能性もあります。TEAMLAB HANGERと連携することで、いま店舗に訪れているお客様が気になって手に取った商品や、この1時間で最もお客様に手に取られた商品に合わせて、ショーウィンドウに表示される写真や映像を変化させることができます。また、メディア露出に合わせて、表示内容をいっせいに変化させるなど、本社からのコントロールも可能になります。刻々と変化する「いま」を道行く人々に伝えることにより、ショーウィンドウの前を歩く人々の興味を強く惹くものにすることができます。

　店舗内に置かれたDIGITAL SHOW WINDOWで、ソフトウェアによる自動化によって商品のコーディネートを積極的に出したり、タイムセールを行ったり、本社からのリアルタイムなコントロールが可能になります。セールの事前に、在庫を積極的にコントロールすることが可能となるのです。

DIGITAL SHOW WINDOW
＝商品レコメンドの延長

　TEAMLAB HANGERを商品詳細や吟味といった「商品検索」の延長とするならば、DIGITAL SHOW WINDOWは、「みんなが手に取っている商品はこれ」「雨の日に売れているのはこれ」といった、商品レコメンドの延長として設計されたものです。過去30分間で最も手に取られている商品は？ 雨の日と晴れの日での違いは？ ハンガーが手に取られた回数と売り上げに相関関係はあるのか？ そういった店舗内の来店者の行動に関する疑問は、ビジネス層であってもユーザー層であっても持っているものではないでしょうか。

　DIGITAL SHOW WINDOWは、管理者が情報を直接配信するようなサイネージとしての基本機能だけでなく、HANGER LOG ARCHIVEのデータやPOSなどの売り上げデータ、天気・気温などの情報を組み合わせ、そのときどきに提供すべき情報を表示できるような枠組みを目指して現在も開発しています。

　DIGITAL SHOW WINDOWは電子工作ではなく、普通にプログラムされた普通のソフトウェアです。ですが、登録された映像や画像を表示するような一般的なサイネージと大きく違う点は、TEAMLAB HANGERなどのセンサと連携することで、実際の店舗空間で起きているアクションがフィードバックできることにあります。単純な広告表示の代替品としてではなく、店舗の一部として機能する新しいツールなのです。

● DIGITAL SHOW WINDOWが変える店舗デザイン
　情報デザインではデータの蓄積とその分析がとても重要です。蓄積されたデータから価値ある新しい情報を生み出すことで既存のものに新しい価値が生まれます。服をかけるために生まれたハンガーが、全く新しいデザインの道具として生まれ変わる。これもまた「New Value in Behavior」の1つの形です（New Value in Behaviorはチームラボが電子工作をする上での1つの指針にもしている考え方です）。

　TEAMLAB HANGERのようなセンシングの仕組みを有効活用し、店舗内のさまざまな行為や現象に着目し、そのデータを収集することで店舗内の導線を評価したり、興味を持たれてはいるが購入までに至っていない商品を把握することができます。店舗に限らず、現実世界にはまだまだ多くの価値ある情報が眠っているはずです。

　もちろんプライバシーに配慮しなければなりませんが、それに反しない範囲でさまざまなセンシングをし、その情報をDIGITAL SHOW WINDOWと組み合わせることで、より満足度の高い新しい買い物の仕方、店舗のあり方が生まれることを期待しています。

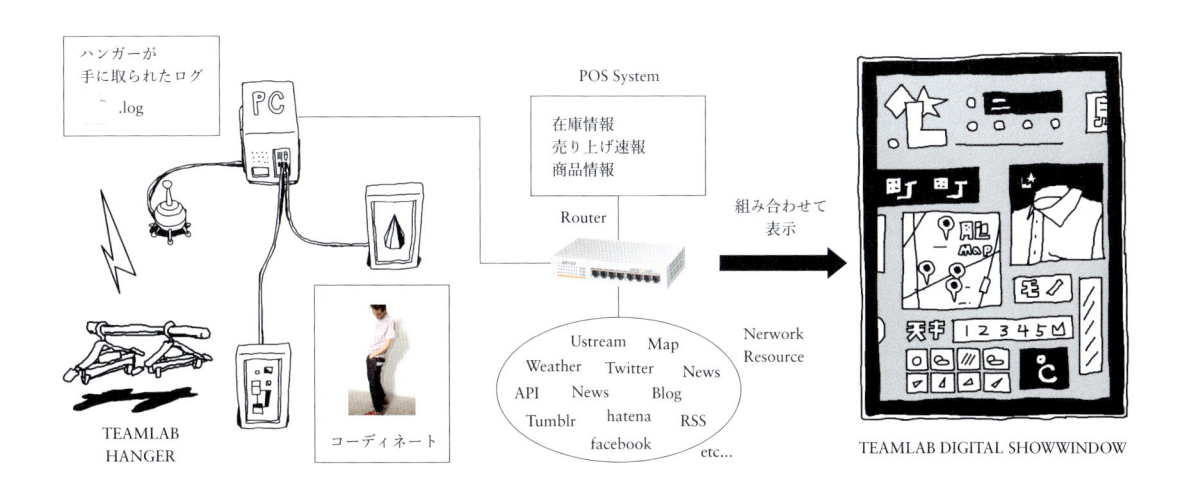

POSのデータや、ネットワーク上に存在する、地図・天気などのあらゆるデータを組み合わせ、そのときどきに適した情報を提供。
TEAMLAB HANGERによって「店舗内の行動の情報」を得られるため、店舗それぞれに意味のある情報を自動的にレコメンドすることが可能になる。

fig.29　DIGITAL SHOW WINDOW 構成図

電子工作とその未来

柔らかいハードウェア

　展示の最中、ハンガーは何度か故障・破損を繰り返していました。僕たちはソフトウェアは柔らかく、ハードウェアは堅く作るという当たり前の目標をどう達成するか、常々悩んでいました。

　電子工作が一般的になる以前は、市販されているハードにソフトウェアを組み込むか、ハードの通信モジュールなりUSBなりを通じてデータをやり取りすることでものを作っていました。市販のハードウェアはもちろんお金を出して買うわけですから、初期不良を除けば、バグはほぼ間違いなくソフトウェア側の実装の問題になります。それくらいハードウェアには堅牢性と安定稼働が求められているものだと考えていました。故に、電子工作で作ったものも堅牢にしなければ、と躍起になっていたのです。

　しかし、これは大きな間違いでした。電子工作の強みはプロトタイピングや実験の速度にあります。これは、ハードウェアは堅牢性が重要という思想とは真逆の考え方です。僕らは電子工作をハードウェアだと思い込んでいたのですが、ハードウェアを作るプロセスである電子工作は、必ずしも堅牢である必要はないのです。最近では、ハードウェアというよりもソフトウェアの延長に近いものなのだと思い始めています。ソフトウェアの開発に携わる人々が電子工作に魅力を感じているのは、そういった部分もあるのかもしれません。

仕事としての電子工作

　電子工作が一般化してきたことで、各種センサやスイッチ、LEDなどの電子機器を用いたプロトタイピングができるようになってきました。これに伴って、Webブラウザの枠を超え、店舗サイネージやイベントの企画、店舗に設置し、来客者が体験できるようなインタラクティブなコンテンツなど、実空間での提案の幅が広がっただけでなく、そういったプロトタイピングを前提とした案件のご相談もいただくようになってきています。

　仕事には必ず、目的に対して解決すべき課題があります。ほとんどの場合、解決すべき課題は複合的な要因を含んでいます。そして、その要因は電子工作だけで解決することが難しい場合がほとんどです。電子工作を仕事にする上でまず理解しなければならないのは、電子工作は目的なのではなく、あくまでも問題解決の手段の1つでしかないという点です。

　とはいえ、悲観的になる必要は全くありません。電子工作の文化がここまで発達したことで、確実に求められる仕事の範囲が増えました。特に、実店舗やイベント会場といったリアルな場で提供する新しいサービスなどの提案などでは、電子工作のノウハウは基礎知識としてなくてはならないものとなるでしょう。今後もそういった需要はさらに増えてくると思います。しかし、大切なのは電子工作だけにとらわれず、電子工作を含めた広い視野を持って考えることだと思います。

電子工作 × New Value in Behavior

　New Value in Behaviorが指す「行為」は大きく分けて2つあります。1つは行為それ自体、もう1つは行為の積み重ねです。2007年のau design projectで発表したコンセプト携帯電話「Rhythm」と「PLAY」は、これらを形にしたものです（fig.30、31参照）。

　Rhythmはボタンを押すたびにディスプレイに水墨

画が描かれ変化し続ける携帯電話、PLAYは電話やメールをした相手とその頻度によって、ディスプレイに描かれる町がビジネス街や南国に変化する携帯電話です。前者は行為それ自体に、後者は行為の蓄積に着目し生まれたものです。

　RhythmとPLAYが生まれた当初、電子工作は一般的なものではありませんでした。当時の僕らのアウトプットも、Webページやデジタルコンテンツにおけるクリックや選択、閲覧時間など、画面の中での行為に着目したものがほとんどでした。しかし、そこに電子工作が登場し、状況が変わりました。さまざまなセンサや通信モジュールが簡単に扱えるようになったことで、現実世界の行為を扱うことができるようになったからです。

　電子工作は、New Value in Behaviorと非常に相性がよいと思っています。豊富に存在する各種センサは、完全ではないものの、さまざまな行為や環境を検知することができます。これは、行為を起点にした新しい目的・価値の創造に大きな飛躍をもたらす可能性があります。

　ドアを開けるためにノブを回す。電話をかけるためにボタンを押す。服を見るためにハンガーを手に取る。

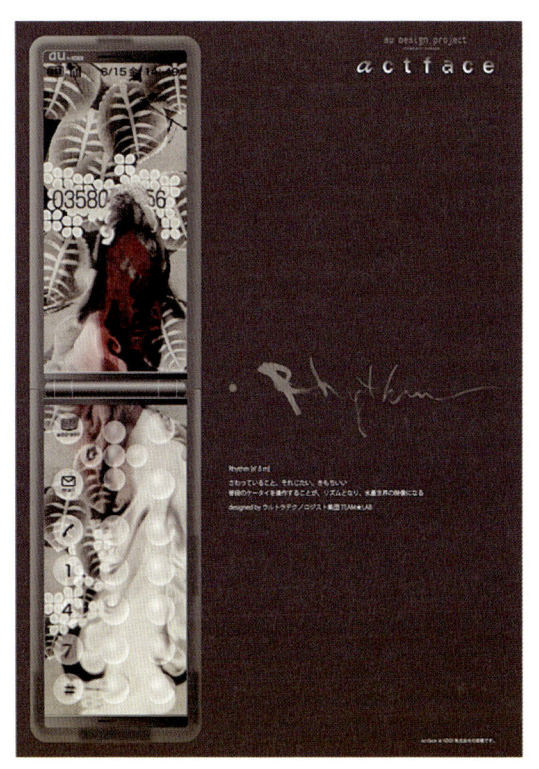

fig.30　Rhythm

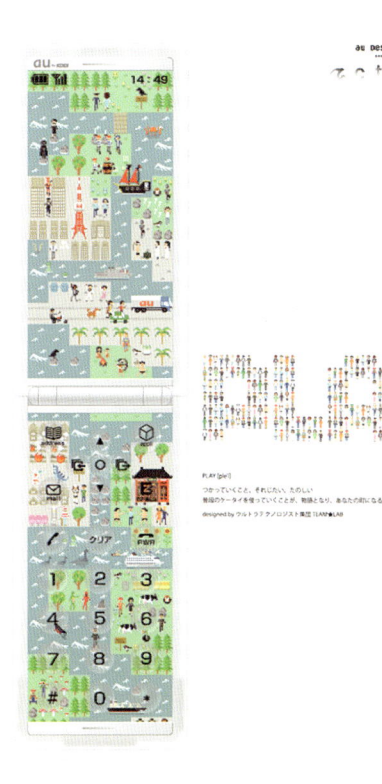

fig.31　PLAY

普段何気なくやっているそれらの行為は、目的のために行われているものです。しかし、その行為自体に新しい価値を与え、行為自体を目的とすることで、新しいものの価値やあり方が見えてきます。新しい行為を作るのではなく、普段行っている行為をより便利に、楽しいものにすることができるのです。

家を出て、コーヒーを飲み、書店で本を探して……そうして家に帰ると、その日に行われた一連の行為から、おすすめのコーヒーや本が見つかる。過去に着た服の組み合わせとその頻度から、履いたパンツにあったジャケットを教えてくれる。そんな、SFのような未来が現実のものになるかもしれません。

（河北啓史／穴井佑樹／藤田忍／鈴木健太郎／工藤岳／イラストレーション：2g）

あとがき

　私自身が仲間と一緒に『+GAINER — PHYSICAL COMPUTING WITH GAINER』（GainerBook Labo+くるくる研究室 著）を出版したのは2007年。「はじめに」でも書きましたが、当時はまだまだ「出口」を模索している段階で、作品紹介パートで紹介した例も、ほとんどがミュージアムでの展示か自主制作でした。しかし、2011年の現在では、本書で紹介した以外にもさまざまなプロジェクトが進行し、ビジネスとしてもすっかり定着してきています。そうしたタイミングで、最近のツールについての基本的なトピックをおさえつつ、先進的な取り組みをされているみなさんの成果、およびそこに至るまでのプロセスを知っていただくことで新しい領域の可能性を感じてもらおう、というのが本書のコンセプトでしたが、それは十分に実現できたのではないかと思います。

　本書『フィジカルコンピューティングを「仕事」にする』は多くの方の力があって初めて完成しました。イントロダクションでは、takram design engineeringの田川さん、畑中さん、渡邉さんに、まさに現在進行形の取り組みに関して長時間に渡ってお話しいただきました。チュートリアルでは、山上さん、木村さん、ソフトディバイスの福田さん、澤海さんに、とてもわかりやすい記事を書いていただきました。続くラボでは、サイバーエージェントの浦野さん、大庭さん、高岡さん、冨塚さん、西原さん、くるくる研究室の尾崎さん、原さんに、チュートリアルから一段階進めた興味深いプロジェクトを紹介していただきました。最後のケーススタディでは、イメージソース／ノングリッドの松本さん、國原さん、面白法人カヤックの村井さん、原さん、佐藤さん、チームラボの河北さん、穴井さん、藤田さん、鈴木さん、工藤さんに実案件の例についてプロセスも含めて詳しく紹介していただきました。いずれも非常にお忙しい中、熱心に取り組んでいただきました執筆者のみなさまに、心より感謝いたします。

　この本を読み進んでいくと、チュートリアル、ラボと来て、その後のケーススタディに入るところで大きなギャップを感じる方が多いのではないかと思います。基本的なスキルを習得し、自主制作をしたところで、それがそのまま実案件に結び付くわけではありません。しかし、ケーススタディで紹介されているプロセスにもあるように、普段からいろいろと新しいことに興味を持ち、自分たちの中に溜め込んでおかなければ実案件として実現できない、というのもまた事実です。実際には、ケースバイケースでどのように取り組めばいいかは大きく変化するため、紹介されているプロセスがそのまま応用できるわけではありませんが、考え方や課題に取り組む姿勢などは大いに参考になるのではないかと思います。また、自分の進路について考えている学生で、どんな仕事があって、どうやって実現されているのかを知りたいという方にとっても、興味深い内容になっているのではないかと思います。

　最後になりましたが、『+GAINER』に引き続いてこのような大変興味深い企画に声をかけていただきました編集の大内さん、膨大なテキストと図版をまとめあげていただきましたエディトリアルデザインの橘さん、DTPの國宗さんにも、この場を借りてお礼を申し上げます。

　この本が、これからフィジカルコンピューティングに取り組んでみようという方々にとって、Webの世界での表現から実世界での表現へと踏み出す掛け橋になれば幸いです。

2011年9月
岐阜県立国際情報科学芸術アカデミー／情報科学芸術大学院大学［IAMAS］にて
小林茂

著者紹介

小林茂
Shigeru Kobayashi
（1および2.4担当）

岐阜県立国際情報科学芸術アカデミー［IAMAS］准教授。Gainer、Funnel、Arduino Fioなどの各種ツールキットを開発。著書に『Prototyping Lab』『+GAINER』など。
Twitter: @kotobuki

山上健一
Kenichi Yamagami
（2.1担当）

フリーランスのデベロッパー、たまにデザインも。Flash、Android、iPhone、Pythonが主な活動範囲。
Twitter: @kappaLab
http://memo.kappa-lab.com/

木村秀敬
Hidetaka Kimura
（2.2担当）

高専で学んだ電子制御やプログラミングの知識を生かし、大学院でインタラクティブシステムの研究、開発に携わる。現在はそういった方面へのアンテナを張りつつ、ソフトウェアエンジニアとして働いている。

福田伸矢
Shinya Fukuda
（2.3担当）

インターフェイスデザイナー。情報科学芸術大学院大学［IAMAS］にてハンドジェスチャーを用いた大画面向けインターフェイスの研究を行う。未来を作る仕事に憧れて、2006年株式会社ソフトディバイスに入社。

澤海晃
Akira Soumi
（2.3担当）

インターフェイスデザイナー。クリエイティブな仕事内容や社風に惹かれて2006年に株式会社ソフトディバイス入社。現在は主にFlashを用いたラピッドなプロトタイプ、展示システム、製品デモなどの制作を担当。

浦野大輔
Daisuke Urano
（3.1担当）

サイバーエージェント所属。アメーバピグやピグライフの制作に携わる。Pigg FighterではKinectハック部分を担当。好きなゲームはロマサガ。
Twitter: @uranodai
http://uranodai.com/

著者紹介

大庭俊介
Shunsuke Ohba
(3.1担当)

サイバーエージェント所属。紙デザイナー上がりのFlash Developer。アメーバピグでコンテンツ企画・実装を担当。PiggFighterではディレクション兼アプリの設計、遷移ロジックを担当。金沢美術工芸大学視覚デザイン専攻卒。
Twitter: @bao_bao
http://reinit.info/

高岡哲也
Tetsuya Takaoka
(3.1担当)

サイバーエージェント所属。Flash Developer兼ゲームクリエイター。アメーバピグでつりゲームやカフェゲームなどの制作に携わる。PiggFighterでは、ゲームロジック部分の実装を担当。お酒と音楽とフェスが好き。
Twitter: @tessonn

冨塚小太朗
Kotaro Tomitsuka
(3.1担当)

サイバーエージェント所属のFlash Developer。アメーバピグで基盤機能の開発を担当。PiggFighterではジェスチャー認識部分を執筆。映画とアニメとおいしいお酒がすき。
Twitter: @sixgraphica

西原英里
Eri Nishihara
(3.1担当)

サイバーエージェント所属。ピグを使ったモバイルゲーム「モグ」のデザイン、ディレクションを担当。PiggFighterではデザインを担当。日本酒とレゲエが好き。
Twitter: @eriiiiiiiiiii

尾崎俊介
Shunsuke Ozaki
(3.2担当)

2007年に書籍『+GAINER』がきっかけで立ち上げた「くるくる研究室」で活動中。株式会社クスールのクリエイティブディレクター。広告系のWebサイトから、スマートフォンアプリ開発まで、制作やディレクションを行う。
Twitter: @biscuitjam
http://cshool.co.jp/

原央樹
Hiroki Hara
(3.2担当)

Flashのオーサリングやサーバプログラムを得意とするWebエンジニア。ひまを見つけては、Flashからラジコンを動かすなど、インターネットと現実世界をつなぐモノを制作。2007年に「くるくる研究室」を立ち上げ、活動中。

松本典子
Noriko Matsumoto
（4.1担当）

2000年よりメディアアート、舞台芸術のクリエイションに関わり、2007年より株式会社イメージソース所属。ディレクターおよびプログラマーとして企業用インスタレーションの設計および施策、ソフトウェア開発などに携わる。
http://norikomatsumoto.jp/

國原秀洋
Yoshihiro Kunihara
（4.1担当）

インタラクションデザイナー。現代美術、メディアアートを学び、2002年からRINPA DESIGN名義で空間と人とをつなぐインタラクティブシステムを構築する仕事に従事。2009年よりイメージソース在籍。
http://www.imgsrc.co.jp/
http://www.rinpa.com/

村井孝至
Takashi Murai
（4.2担当）

面白法人カヤック 技術部所属。電脳空間システムをはじめプロトタイプ製品、iPhoneアプリなど、デザインとテクノロジーの橋渡しに日々奮闘中。主な受賞歴に第4回TIAAコーポレートサイト受賞、第63回広告電通賞キャンペーンサイト部門最優秀賞受賞。

原真人
Makoto Hara
（4.2担当）

面白法人カヤック 技術部所属。iPhone、openFrameWorks、Flashを主な武器としてインタラクティブコンテンツを手がける。最近はUnityに注目。電脳空間システムでは、企画プランニングおよび全体的な実装を担当。

佐藤嘉彦
Yoshihiko Sato
（4.2担当）

面白法人カヤック 意匠部所属。「うんこ演算」から「電脳空間システム」まで、幅広いデザインを手がける。「佐藤ねじ」名義の個人制作では、Web作品「prototype1000」が文化庁メディア芸術祭 審査委員会推薦作品に選出される。

河北啓史
Hirofumi Kawakita
（4.3担当）

チーフUIアーキテクト。1983年生。2008年にUIチームを発足。Flash、JSをメインにUIの設計・開発全般に携わる。TEAM LAB HANGERは途中参加、主に表示部分のアプリ設計・開発を担当。自称「エグゼクティブ雑用係」。

穴井佑樹
Yuki Anai
(4.3担当)

エンジニア。1987年生。Perl信者。Webエンジニア、レコメンデーション研究を経て、TEAMLAB HANGERの開発に携わる。現在はWebエンジニアとしての社内の居場所をなくしつつ、日々新規プロダクトの開発に勤しんでいる。
Twitter: @rin1024

藤田忍
Shinobu Fujita
(4.3担当)

ITエンジニア。1978年生。UIチーム所属。FlashメインでUI設計・開発業務に携わる。通勤プログラマ。TEAMLAB HANGERでは電気工事系の後方支援を担当。設営現場にいるほうが輝きます。

鈴木健太郎
Kentaro Suzuki

(4.3担当)

ディレクター。1982年生、Webディレクター。ECサイトの構築、自社ASPサービスのディレクション、TEAMLAB HANGERの実店舗導入など案件は多岐。IT業界5年目、独身、家持ち、彼女募集中、豆柴飼ってます。

工藤岳
Takashi Kudo
(4.3担当)

ブランド責任者／編集者。1977年生。アブダビ出身。スウェーデンでゲーム雑誌の編集長を経て、2010年チームラボ入社。チームラボを、よりテンションが上がる会社にするべく、広報仕事に限らずディレクター仕事もこなす毎日。

座談
僕らがつくる「未来」

本書の執筆に参加していただいたクリエイターのみなさんに集まっていただき、デバイスを使った作品づくりを軸に、自主制作とクライアントワークのバランス、フィジカルな要素を含んだサービスの可能性など、さまざまなお話をお聞きした。

(出席者)
小林茂／山上健一／福田伸矢、澤海晃(ソフトディバイス)／浦野大輔、大庭俊介、高岡哲也、冨塚小太朗、西原英里(サイバーエージェント)／尾崎俊介、原央樹(くるくる研究室)／國原秀洋(イメージソース／ノングリッド)／河北啓史、穴井佑樹、鈴木健太郎(チームラボ)

●それぞれのきっかけ

小林：まずは簡単に自己紹介から、電子工作をやり始めたきっかけや興味のあるデバイスなどあれば、お願いします。

國原：弊社はWeb制作を中心にデザイン、システム開発、企画コンサルティングなどをする会社で、私の所属するPowerspots部ではデバイス、ソフトウェアをボーダレスに扱ったインタラクティブ広告などの企画・制作をしています。いまではこのような会社が増えましたが、私が大学を卒業した頃にはほとんどない状況でした。

　大学に入る前からメディアアートなどの新しい技術を使った作品制作に興味を持っていたので、当時東京藝術大学に新設された先端芸術表現科に迷わず入学しました。大学では特定のメディアに固執せず、作品を制作する上で重要な根本的思考部分を鍛えられたように思います。このとき学んだことはいまでも本当に役に立っていますね。とはいえもともとはメディアアートに興味があったので、卒業後はよりその分野に特化したIAMASに進学しました。ただ、先ほどお話ししたように、もしその時期にインタラクティブ広告制作を扱っている会社の存在を知っていたら、そこに就職して勉強していたかもしれませんね。裏を返せば当時は仕事として成立する土壌がまだなかったんです。

　現在に至るまで紆余曲折しながらやってきましたが、本書のような書籍が出版される時代になることを当時から夢見やってきましたので、本当にうれしい限りです。

尾崎：2007年に小林さんと『+GAINER』でご一緒させていただいていますが、普段Webの仕事をしている僕らの表現が、ブラウザの外へ出たのに感動を覚えました。それから、ずっとはまってます。

原：僕らは自主制作などで、電子工作と組み合わせるとこういうことができるというのがある程度わかっているんで、それで企画とか提案させてもらって、いざ話がきたら、餅は餅屋という感じで、デバイスをやっている方に「こういう仕組みで動かしたいんですけど」とお願いするようにしています。逆に、ネットワークのほうは得意なのでそちらを重点的にやらせてもらう。得意分野をやるという感じですね。

尾崎：最近興味があるのはAndroidです。だけど、センサを手でさわるのが好きだったりします。

原：僕はAndroidとArduinoの連携が気になりますね。あと、テクノロジー的にはいまGPSにはまっています。デバッグ時に外を歩かなきゃいけないというのが(笑)。電車で通勤している最中に自分で作ったアプリを見ながら、よし動いていると思ったりするのが、いまは楽しいです。

河北：弊社は比較的SI屋で、基本的にはクライアントワークばかりの会社です。本文で紹介しているTEAM LAB HANGERもその1つです。

鈴木：ただ、言われたことをやっているというわけではなくて、あくまでソリューションを提案させていただいて、それを認めていただいてお仕事をいただく。そのソリューションが自分たちのやりたいことだったり、やってみたいのでやらせてくださいというのをお

客さんに納得していただいてやるようにしています。

河北：基本的にはクライアントワークに自主制作を載せていくというスタンスです。デバイス寄りのプロダクトが増えたきっかけは、Make: Tokyo Meeting（以下、Make）が基点にはなっています。小林さんの東京藝大のワークショップに行って、電子工作でFunnelとかにさわって、そこからちょっとおもしろいなっていうふうになっていった流れから、社内でそれすげぇオモロい的になってきて。そんな中、Makeで、TEAMLAB HANGERだったり、TEAMLAB BALLを作る上で重要なキーパーソンになる吉本さんという方に出会って、そこでどんどんハード寄りのプロダクトもやり始めたというのがきっかけです。

　いま興味がある技術としては、非接触充電とかインテルWiDi。これはディスプレイの無線規格なんですが、展示をやっていると30mの配線をどう隠すかとすごく悩ましい。配線が見えない利点も多いので、けっこう無線規格というのが新しい体験を生むんじゃないかと思っていたりします。

穴井：最近、電池を使わずに無線の信号を送れるものが出てきています。いまのTEAMLAB HANGERは電池を入れて動かしているんですが、バッテリーレスになったら、納品して、そのまま運用してくださいというふうにやれるので、よりプロダクトとして売りやすくなっていくのかなって思うんで、その辺が気になっていたりします。

山上：フリーランスでFlashの仕事が多いんですけど、他の会社さんと組んだりとかしてやっています。何年か前に、実案件でGainerをやってみないかという話が来まして。スタート／ストップという感じの2つのボタンがあるような入力と、モニタ上のFlashを組み合わせたもので、Gainerと連動して動くコンテンツを作ったのがきっかけです。

　僕もいまAndroidやGPSがおもしろいですね。いままで電子工作とか小振りなデバイスを使って何かを作るというのはだいたいインドアで使うものが多かったと思うんです。部屋の中で使ってモニタで見る、という形式が多いんじゃないかと思っていて、そうではなく家から出て、自転車に乗っていたりジョギングしていたり、山に登っていたりするときに使えるデバイス、そういうところをもっと拡張していくと、おもしろいものができるんじゃないかなと思います。

高岡：弊社で僕たちが所属しているアメーバ事業本部では、主にB to Cのサービスを展開しています。その中で「アメーバピグ」というチャットを主機能としたアバターサービスの開発に携わっています。最近ではつりゲームやカジノ、「ピグライフ」という農園ゲームなどソーシャルゲーム開発にも力を入れています。今回、原稿を書くにあたって作ったのが、Kinectを使ってピグが戦う、対戦型格闘ゲーム「PiggFighter」です。

浦野：弊社はブログとかソーシャルゲームを中心にやっているので、ネットがつながればどこにでも出していきたいと思っています。そういう意味で、PlayStation Vita（以下、Vita）は常時接続できる初めての携帯ゲーム機なので、コンシューマーゲームのユーザーをターゲットにした新しいビジネスチャンスがあるんじゃないかと思っています。

福田：弊社、ソフトディバイスは京都でユーザーインターフェイスデザインを専門にやっている会社です。クライアントは、ほぼ大手の電機メーカーになります。僕らが提案している仕事というのは、ほとんど世に出るものではなくて、インターフェイスの提案、未来の提案、いわゆるプロトタイプ開発になります。仕事上、かなり早めに新しいデバイスとか技術をキャッチアップしなきゃいけないので、クライアントから「これ使えない？」と言われる前からキャッチアップして、使えるようにしておこうというスタンスでやっています。

　創業は1984年。たぶん、日本で初のユーザーインターフェイスデザイン専門の会社です。1984年というと、AppleがLisaという、初めてGUIを搭載したコンピュータを出した翌年。うちの創業者がそれを見て「これからはソフトウェアが道具になる時代がくる」というのを予見して、ソフトディバイスという名前を付けて会社を始めたという経緯があります。

澤海：福田が入ってきたあたりから、フィジカルコンピューティングって話があがってきて、福田以降入ってくる人たちもそうした技術を持った人が増えてきています。

福田：Gainer以降、やっぱりそういう人が増えましたね。仕事の案件としても、こういうのができますよとインタラクションを体験できるデモができるようになったというのはあります。

小林：IAMASは大学院大学と専修学校の2つからなっ

ている学校で、プロトタイピングラボという、レーザーカッターや3Dプリンタが配備されたような部屋もあって、ものづくりや表現の考え方や方法までを学べる学校です。Make: Ogaki Meetingの運営にも関わり、大垣という地方小都市での開催にも関わらず、4,000人という多くの来場者がありました。

　何度か名前が出てきた「Gainer」は学校の授業がきっかけで、自分たちも欲しいから他にも欲しい人はいるだろうという感じでこういうツールを作ろうと、2005年のちょうど今くらいにスタートしたプロジェクトです。そのGainerやArduinoなどツールキットを使ったフィジカルコンピューティングのワークショップを各地で行っています。ただ、ワークショップというのは1つの有効な手段なんですが、でも高々20人、30人くらいにしかリーチできない。

　そこで、2008年にカヤックさんの「wonderfl build flash online」（以下、wonderfl）と連携して、wonderfl側にも改造を加えてもらって、こちらもwonderflと親和性が高いようにライブラリを書き換えたりして、wonderfl上で簡単にできるよというのをやりました。ただ、ユーザー数はほとんどのびなくて……。こういう試みというのは一部では非常に高く評価されています。興味を持っている人にはすごくおもしろいと言ってもらえるんだけど、なかなかそれ以外にはリーチしない。ただ、爆発的に増えるということはなかなかないけど、ねばりを忘れてはいけないというのは最近思っていることです。

●B to Cのサービスとフィジカルな要素
小林：ここから、みなさんでざっくばらんに話をしていけたらと思うんですが、やはり、B to Cの話、これが一番難しい問題なのかなという気がするんですけど。
大庭：B to Cで展開するサービスの場合、広告系のキャンペーンサイトなどと比較すると、エンドユーザーとの距離は圧倒的に近い。僕は以前、広告系のキャンペーンサイトを作っていたんですけど、アメーバピグのサービスに携わるようになって、ユーザーとの距離が近くなったのを感じました。
尾崎：僕は、イベントとして今年京都で2週間くらいお化け屋敷をやりまして。全く知らない人をイベント会場で驚かすことをしたんですが、Webの距離感と違いダイレクトな反応がとてもおもしろかったですね。大庭さんがおっしゃったように、キャンペーンサイト制作からのギャップはすごいものがありますね。

河北：イメージとしては、僕らのビジネスモデルとしてはB to Bだけど、やろうとしていることは結果的にB to Cだと考えています。企業の価値を高めるというよりは、一般のユーザーの体験の価値を高めるという点で、ビジネスはBと、体験はCに、という感じです。
小林：たとえば、今回サイバーエージェントさんに作ってもらったサンプル（PiggFighter）とか、原理的にはKinectを持っていてサンプルをインストールしてやれば、体験できるわけですよね。でもそれって、相当ハードル高いですよね。
高岡：下は10代から上は50代、870万人以上いるビグユーザーの中で、Kinectを持っている人がどのくらいいるか。おそらく1%もいないんじゃないかと。たとえばPiggFighterをサービスとして展開しても、制作工数もかかるし、ユーザーが誰も使ってくれない。そうなるとリリースしないほうがいいよねって話になりますね。
浦野：ちょっと未来の話になっちゃうんですけど、ピグの場合、Windowsユーザーが9割以上なので、Windowsの全部のPCにKinectが組み込まれたりしたらいいな、とは思っています。
高岡：ノートPCにデフォルトで搭載されているカメラがKinectという感じになると、また可能性は広がってくるかなと。
原：普及するまで待つんですね？　やっぱり。
福田：普及するために、僕ら作り手がデバイスを使った新しい使い方をどんどん提案していって、それに興味を持った人たちがデバイスをたくさん買っていけば、自ずと普及します。そういういい循環を回せば、B to Cも可能なのかなと。あきらめないでください（笑）。
澤海：僕は、こういうコンテンツを作りたいからこういう技術を作ってくださいというスタンスのほうが生産的だなって思います。本当にそういう形になったらいいなと思います。きっと誰かがコミットしていかないといけないと思うので、それはすごく先駆け的な流れだと思います。
河北：誰でも使えるってところに魅力を感じるんですけど、ユーザーを限定して層を絞れば比較的ありなのかもしれない。たとえば、Kinectの事例であがっていた手術現場で使うというイメージ。こういう事例はギリギリBかもしれないですけど、まあCといえばCだし。層を絞るというのはありかなと思います。誰でも使えるとなると、スマートフォンのアプリが一番ってことになっちゃうのかなって気がします。

B to Cの話とはちょっと変わってしまうかもしれませんが、チームラボが持っている1つのコンセプトに「New Value in Behavior」という、行為の中に新しい価値を付けるという考え方があります（これがTEAMLAB HANGERを作るきっかけにもなったんですが）。これは、新しい行為やデバイスを普及させるんじゃなくて、行為の中に刷り込むことで体験を拡張するというような考え方です。結局、ユーザーって生活様式をあまり変えないと思うんです。昔のSFだと家をすごく上空に建てたりってありますが、そんなこと絶対ない。なので、普段の生活の中にうまいことハードを組み込んでいけばいいんじゃないかなと思っています。新しいデバイスを普及させるのもありだとは思うんですけど。まあ、Cだと難しいって結論になっちゃうとは思うんですが、やるなら、まずBから狙っていってそういうのを一般化していくというのも必要な作業だとも思います。

小林：いますぐB to Cは難しいかもしれないですが、でもいろいろ切り口はありそうですね。

河北：ただ、B to Cと思っていたのが、Cがいま、いろいろなツールとかデバイスが出たことによって、ちょっとB化していますよね。

尾崎：個人でiPhoneアプリを作ったら、相手はいきなり一般のお客さんですからね。

河北：CとBの間が、ちょっと曖昧になったというか。いわゆる「ただ使っているだけ」という層はCだけど、アプリを使いこなしている層になると少しBが入っている。店舗に導入とかになるともっと複雑です。店員は来店者にとってはBですが、僕らにとってはほとんどCと変わらなかったりするんですよ。一応、B to Bなんですけど。こういう差は、仕組みをデザインする上ですごく悩まされますね。

● 新しいデバイスについて

福田：新しい技術、デバイスとして気になるのはWii Uです。といっても、ゲームの視点ではあまり見ていなくて、デバイス、インターフェイスとして。画面が2画面あって。これはニンテンドーDS（以下、DS）とかにもあるスタイルなんですが、それが大きい画面と手元の小さな画面という関係、しかも片方が手元で、片方が離れている。こういう関係の中でどういうインターフェイスデザインが生まれるのかというのが気になります。

尾崎：Wii Uのリリースが出たとき、コントローラの画面を「どうやったら効果的に活用できるんだろう」と思いました。テレビ画面と手元の画面を同時に見ることってないじゃないですか。ユーザーの目線を操作して、見せたいものを見せたい順序で、なんて考え始めたら、かなり考えないとなって。

福田：インターフェイスデザイナーの視点で見ると、いまってiPhoneが登場してタッチパネルの操作がかなり成熟されてきていて、作法とかがだいぶ決まってきたんですけど、大きい画面で操作するっていうのは、まだ作法が決まっていないんですよね。リモコンは普及していますが、Kinectがあったり、まだ、いろいろな道がある。任天堂はその中で、Wiiリモコンのようなダイレクトポインティングデバイスを出していますけど、そういうものの他にも、手元にタブレットがあって間接的に大きいモニタをさわる、そういう2つの方法を用意していて、ユーザーの操作作法を広げようとしているのかなと見ています。新しいWiiが出ることで、サードパーティが新しい使い方を発見していくので、そういうのも楽しみですね。

河北：手元にディスプレイがあるとプライバシーっていう概念を出せますよね。たとえば、1画面で4人で麻雀はできない。手元に画面があることで4人で麻雀ができる。プライバシーというか、パブリックとプライベートを分けたゲーム設計ができるというところでは、手元にディスプレイがあることっておもしろいなと思います。iPadが出たときに、iPadをボードにしてiPhoneを手札にすればボードゲームできるって思ってたんですけど、それに近いことができそうかなって。ただ、任天堂がどっちに向かっているかはわからないですけど。

小林：確かに、いまみたいな展開は考えられますよね。Vitaに関してはみなさん、これはくるぜって感じなんですか？

浦野：常時接続ってところに可能性を感じています。携帯ゲーム機としてのスマートフォンとの差別化が難しそうですが。

澤海：WiiとかDSのときって、これはくるかもって、思わせる何かがあった気がするんですけど、PSPのときはああ高機能なんだって。Vitaもいろいろ詰め込んだねって印象はあるんですが、これでおもしろい体験がっていうのがピンと来ていない。

河北：DSとかPSPが出たときのすごさって、普段は家で腰を据えてやらなきゃいけないスペックの体験を外に持っていけるところに関しては、やばいなと。あ

とは通信、アドホックとか。今回のVitaに関しても、そういう点ではいま据え置き機にあるハードのパワーを外に持っていけるところで考えていったほうがいいと思うんですけど、Vitaの最近のプロモーション（こういうのができます）的なものを見ている限り、どこでやってもいいよねみたいなものが多い。っていうのが、あんまりキター感がないところのかなと思います。

●行為をデザインする

高岡：たとえばKinectの場合、OpneNIだとキャリブレーションが必要で、B to Cでユーザーにやってね、というのはその行為自体ちょっとないですよね。MicrosoftのKinect for Windows SDKなら、（キャリブレーションは）いらないんですけど。

尾崎：以前、外国の方向けに相撲ゲームをさせるインスタレーションを作ったときには、髷のヅラをつけてもらい、畳を敷いてコンテンツの世界感に入ってもらうようにしました。「センサーで感知させる」行為をユーザーにさせるために、コンテンツ内の登場人物になりきってもらえるように、と考えました。いかに行為を正当化する環境を作るか、って。

河北：確かにハードウェアになると、Web以上に行為のデザインが重要になりますよね。これはうちも、Kinect案件をいくつかやろうというとき、いかにキャリブレーションをさせないか。どこかに抜け道はないかと延々1週間くらいやってました。

澤海：キャリブレーションでいうとWiiがすごくうまいって聞きます。『Wii Sports』、最初にキャリブレーションするんですけど、向けてねっていわれてWiiリモコンを犬に向けると喜ぶという。行為を正当化しているんだなと。

福田：最初に犬がフリスビーをくわえて待っていて、まずフリスビーをつかむんです。それがキャリブレーションになっている。よくできていると思います。

澤海：ストーリーの中にキャリブレーションがキレイにおさめられている。

尾崎：いかに自然に持っていくかってことですね。

河北：そこを完全に取っ払っちゃおうというのがTEAMLAB HANGERで、普段の行為に入れちゃう。

尾崎：フィジカルな動作を行わせるコンテンツはときに、ユーザーの気持ちを無視することがあるので、気を付けて設計しないとなって、思いますね。特に作法が決まっていないことが多いので、難しい反面やりがいも感じますね。

●習得に時間のかかるインターフェイスは本当にダメか

小林：逆に、習得にすごく時間がかかるというのはダメなんですかね？　たとえば、鉛筆で字を書くって本当はすごく習得に時間がかかりますよね。マウスの操作も5分間くらいで直感的にわかるということは絶対になくて。だけど、みんなもう忘れていて、全部直感的じゃなきゃいけないっていうけど、本当にそうかなというのはちょっと思っていて。特に、身体的になったときに。もちろん、瞬時にわかってすぐに使うっていうのは1つの方法だとして。

河北：ものすごくできる人がどれだけ注目を浴びるか。そういう環境というか。育てる組織だったり環境だったりがあるほうが強いような気がします。ピアノも晴れ舞台があるっていうのが学習に関係すると思います。

尾崎：ちょっと話が変わるかもしれないですが、普段広告のキャンペーンサイトにおける、仕事のスピード感に洗脳されている感はあるのかもしれません。基本、長くても2ヶ月ほどの公開期間の中で、「すぐわかる」コミュニケーションを前提としていたので、長期間で習得させるような時間がもらえたら、もうちょっと長い目で考えられるのかなというのは、いまの話を聞いていて思いました

福田：iPhoneのフリック入力、あれって特殊ですよね。iPhone全体は自然な操作を考えているのに、あれだけやけにテクニカルですよね。最初見たときにこれどうやって覚えるんだろうと思いました。意外とすぐ覚えられて。まあ、いいバランスなんだけどけっこう特殊なことをやってるんだなって。

澤海：UIってすぐにわからなければ悪、という風潮があると思うんですよ。調査会社などで一般のユーザーに調査して、そこでわからないとなったらそれはもう悪なんだという判断がされることが往々にしてある。ユーザーに学習させていく、いまは、そういう習得に時間がかかるものが育つような環境がないような気がしています。

河北：それに関してはUDには功罪があると思っていて、デザインって学習コストを下げるためにやるものなんですが、本来の人間の学習能力を軽視し始めているんじゃないかって。今後は、製品をデザインするんじゃなくて、人が自身をデザインする手助けをしなきゃいけないんじゃないかって思っていて、そういう意味では、学習というところに持っていくというのは僕としてもしっくりくる感じはします。こういうアプ

リを使いたいと思わせて、習得していく過程があることで、その人だけが得られる領域だったりっていうのは価値がある。何でもかんでも一発ですぐにわかる、それは単位時間を短くするとそっちのほうが勝つんですけど。ルールは誰でも一瞬でわかるけど、超早くクリアできるかは人による。そういうバランスをうまいところでデザインするというのは悩ましいですけど、おもしろい。

●最後にメッセージを

小林：これからこの本を読んで始める人、たぶんいろいろな人がいると思うんですが、最後にメッセージをお願いします。

國原：本書が出ている時点で少なくとも10年前とは違った技能が職業として成り立ってきていると思うんですね。そうでなければ私とかただの芸術オタクか技術オタクです。この本を読んでいる時点で何かしらものを作ったりすることが好きな人だと思うのでガンガン手を動かして、そこから発見したり見えてきたものを引っさげて、この業界に飛び込んで来てください。一緒に楽しみながら、仕事として業界全体を盛り上げていければ最高です。待ってます。

福田：この本を出したときにこんな効果があったらいいなと思うのは、iPhoneが出たときにiPhoneアプリがすごく広がって、携帯の使い方がすごく変わった。いろいろな使い方をユーザー（開発者）が提案していたと思うんですけど、そういう効果がこの本で生まれたらいいなと思っています。

河北：いろいろな人のいろいろな話が入っているので、電子工作の本として見るのではなく、ものごとの、つくるときの考え方として、新しいものを創造する材料になるといいなとは思います。Tipsよりは物語に近いと思うので。

尾崎：思い立ったらとりあえずやってみるというスピード感を身に付けて欲しいなと思います。新しいことを始めるのは腰が重くなるけど、とりあえずやってみることで学べるものは大きいと思っています。いろいろな事例が載っているので、何か1つでもきっかけにしてもらいたいですね。

穴井：重い腰を上げるためのヒント集みたいな。僕はずっとソフトウェアをやってきて、ハードウェアができる人に対してコンプレックスみたいなのがあったんです。自分がこういうのを作りたいなと思ったときに、それがハードウェアにつながらなくて……。でも、こういうふうに作っていきたいなというのをためておいて、そのあと『Prototyping Lab』とか東京藝大の公開講座などを通してできるようになったんです。この本はそういうヒントがいっぱい詰まっていると思うので、いろんなことを妄想できる本になるといいんじゃないかなと思います。

浦野：今回PiggFighterを作るにあたって、FlashとKinectをつなぐライブラリを作ってオープンソースで公開しました。道具の使い方とこういうものという事例をセットで紹介しているので、興味を持ってもらえたらうれしい。

澤海：コードは書けなかったら勉強すればいいので、どういう工夫があってこれができているのかっていうことを身に付けてもらいたい。スピード感がアップしたり、やりたいことができるようになるのが大事だと思います。本書にはチュートリアルや事例やいろいろ入っているので、それを自分のステップのためにいろいろな形で使って欲しい。

鈴木：世の中に産業として、マーケットとしてないから食えないかもしれないけど、新しいマーケットを自分たちで作っていく、くらいの気持ちでやっていければ。そうすると、パイオニアなわけで、世の中の最先端にいる人だから、そこまでいけばもう0だったところを1にすれば、どんなクソみたいなプロダクトでもパイオニアだから、第一人者として食っていけるから。意外と、世の中どんどん新しいほうに寄っていくスピードが速くなると思うので、がんがん、人生棒にふったほうがいいんじゃないかなっていうふうに弊社は言っています（笑）。

河北：友だちなり、まわりを巻き込むのはありかなと思います。一緒に作らなくてもいいんですよ、一緒にそれを体験してもらう相手として。自分以外の体験者がいるとモチベーションが上がるし。

浦野：ソフトウェアで云々より、フィジカルだと女子にキャーって言われるからちょっとうれしい。

高岡：弊社の女子とかが、ピグで波動拳とかやってると「何すごい」みたいな（笑）。

河北：これから始める人はキャーすごいって言ってくれる女子を入れよう（笑）。

2011年8月26日、ワークスコーポレーションにて

索引

数字

90 seconds	43

A

ActionScript	50,164
Adobe AIR	270
analogRead［Arduino］	155
analogWrite［Arduino］	152,155
Arduino	137,138,204
Arduino Fio	138
Arduino IDE	140
Arduino IDEの画面	143
Arduino IDEの起動	143
Arduino Uno	138
ArduinoTest.fla	167
Arduinoのドライバのインストール	140
Arduinoボードの選択	143
Audiotool	63
AVRマイコン	138

B

Bluetooth	78
Button Twig	149

C

Camera.getCamera()［AS］	51
Camera［AS］	51
change［Funnel］	163

D

D-IMager	135
d.school	13
DatagramSocket	270
DIGITAL SHOW WINDOW	286
digitalRead［Arduino］	155
digitalWrite［Arduino］	150
Drawing Hands	21

F

fallingEdge［Funnel］	163
FCS	195
Firmata	158,160
Flash	50
Flash Communication Server	195
Flash Media Server	195
Flash Player	164
Flash Player 10	63
FMS	195
FTIR	170
Funnel	158,159
Funnel Server	164
Funnel Serverの起動	165

G

Gainer	137,138
Gainer mini	138
GetJointPosition()［C++］	110
GetSkeletonJointPosition()［C++］	107
GND	145
GPS	236
Grove	139,147

H

HANGER LOG ARCHIVE	284

I

IDEO	13
IDII	138
iPhone	236
ITP	136

J

Japanino	138

K

Kinect	98,137,170,231,241
Kinectドライバのインストール	103,104
Kinectハック	99,242
Kinect for Windows SDK	100
kinectas	173

L

LED	149
LED Twig	149
LEDoll	197

M

Microphone.getMicrophone()［AS］	60
Microphone［AS］	60,65
MinimalComps	55
MUJI NOTEBOOK	38

N

Natural User Interface	99,247
New Value in Behavior	258,287,288
NITE	102
NiUserTracker	105
NUI	99,247,251

O

ofxOpenNI	173
ofxOSC	173
Open Sound Control	174,263
OpenNI	99,173
OpenNIの導入	102
OSC	174,263
OVERTURE	23

P

Pepper	138
Phasma	31
Physical Computing	136
PiggFighter	170
PinEvent.CHANGE［Funnel］	166
PinEvent.FALLING_EDGE［Funnel］	166
PinEvent.RISING_EDGE［Funnel］	166
PinEvent［Funnel］	166
Pitch	73
Potentiometer Twig	149
Processing	74,160
Pulse Width Modulation	152
PWM	152

R

risingEdge［Funnel］	163
Roll	73

S

Seeeduino	138
SiON	63
SiONDriver［AS］	64,67,68
SLS AMG Showcase	210

SQLite	284
Stem	147,148

T

TEAMLAB HANGER	256
Track Gatter Game	236
Twig	147,149

U

UDP	270

V

Video [AS]	51

W

Webカメラ	50
Webkit	234
Wiiモーションプラス	71
Wiiリモコン	70,137
Wiiリモコンの動きと加速度	89
Wiiリモコンプラス	71
Wii U	96
WiiFlash	75
WiiFlashが返す加速度の値	82
Wiimote [Processing]	81,82
WiimoteLib	75
WiiYourself!	75
WinSock API	111
Wiring	138
WITHOUT THOUGHT	43
wonderfl	164

X

Xbox 360 Kinectセンサー	98
XMLソケット	263
XnSkeletonJoint [C++]	108

Y

Yaw	73

ア

当たり判定	185
アナログ出力 [Arduino]	151
アナログ入力 [Arduino]	155
アバターのアクション	186
イーサネットシールド	204
インターネットチャンネル [Wii]	96
インタラクティブお化け屋敷	189
エグゼクティブインタビュー	19
エッシャー	21
オームの法則	147
オールハンズワークショップ	19
置き換えマップフィルタ [AS]	58

カ

角速度	73
拡張コントローラ	71
加速度センサ	72
加速度と角度の変換	90
がちゃったー	196,202
可変抵抗器	149,155
ガラケー	42
感圧センサ	265
関節座標	107,108
関節の情報	115
関節の認識状態	110
擬似アナログ出力	152
グラウンド	145
原画	85,86
原画の判定	90
原姿	87
攻殻機動隊 S.A.C. SOLID STATE SOCIETY 3D	240
光学迷彩	53
昆虫	34

サ

サウンドデータ	60
シールド	148,204
ジャイロセンサ	72,73
深度センサ	98
スイッチ	149,216,219
スケルトン情報 [Kinect]	100,107,115
スケルトン情報の取得 [Kinect]	106
スケルトンの回転 [Kinect]	122
スケルトンの描画 [Kinect]	121
スタンフォード大学	12
ストーリーウィーヴィング	15,44
静電容量センサ	265
接頭辞	146
センサーバー	74
ソースパス	167
ソケット通信	101,113
ソレノイド	194

タ

タクタイルスイッチ	149
タクトスイッチ	149
タンジェントスカルプチャー	44
ツールキット	137
抵抗	146
抵抗分圧	155
デザインエンジニアリング	12,18,46
デジタル出力 [Arduino]	150
デジタル入力 [Arduino]	153
手旗信号	85
電圧	145
電位	145
電子回路	145
電磁石	193
電脳空間システム	240
電流	146

ナ

ヌンチャク	71

ハ

波形データ	60
発光ダイオード	149
バランスWiiボード	72
光造形	28
フィードバック	124
フィジカルコンピューティング	136
ブラーフィルタ [AS]	57
ブレンドモード [AS]	57
プロダクトデベロップメント	15
ベアリング	79
背景差分法	54,56
ポインタ [Wii]	73

マ

マイク	50,60
マルチタッチ	124
マルチポインティング	124,126
モーションセンサ	72
モーション認識	99

ヤ・ユ・ヨ

有限要素法	34

ラ

リニアポテンショメータ	149
ロイヤル・カレッジ・オブ・アート	12
ローカルでの動作環境 [AS]	167
ロータリポテンショメータ	149

フィジカルコンピューティングを「仕事」にする

2011年10月5日　初版第1刷発行

著者：
　小林茂、山上健一、木村秀敬
　福田伸矢、澤海晃（ソフトディバイス）
　浦野大輔、大庭俊介、高岡哲也、冨塚小太朗、西原英里（サイバーエージェント）
　尾崎俊介、原央樹（くるくる研究室）
　松本典子、國原秀洋（イメージソース／ノングリッド）
　村井孝至、原真人、佐藤嘉彦（面白法人カヤック）
　河北啓史、穴井佑樹、藤田忍、鈴木健太郎、工藤岳（チームラボ）

発行人：村上徹
編集人：岡本淳
編集：大内孝子
装丁・本文デザイン・DTP：橘友希（Shed）
DTP：國宗惇（Shed）

発行・発売：株式会社ワークスコーポレーション
　〒101-0052
　東京都千代田区神田小川町一丁目8番8号　神田小川町東誠ビル
　電話：03-3257-7801／FAX：03-3257-7807（編集）
　電話：03-3257-7804／FAX：03-3257-7809（販売）
　http://www.wgn.co.jp/

印刷・製本：クニメディア株式会社

● 本書のプログラムを含むすべての内容は、著作権法上の保護を受けています。
　株式会社ワークスコーポレーションおよび、著作権者の承諾を得ずに、無断複写、複製することは禁じられています。
● 本書の内容について、電話によるお問い合わせには応じられません。
　メールcontact@wgn.co.jpまでお送りいただきますようお願いいたします。
● 乱丁本・落丁本は、お手数ですが株式会社ワークスコーポレーション販売部宛にご送付ください。
　送料弊社負担にて、お取り替えいたします。
● 定価はカバーに記載されています。

ISBN978-4-86267-113-4
Printed in Japan

©2011 Shigeru Kobayashi, Kenichi Yamagami, Hidetaka Kimura, Shinya Fukuda, Akira Soumi, Daisuke Urano, Shunsuke Ohba, Tetsuya Takaoka, Kotaro Tomitsuka, Eri Nishihara, Shunsuke Ozaki, Hiroki Hara, Noriko Matsumoto, Yoshihiro Kunihara, Takashi Murai, Makoto Hara, Yoshihiko Sato, Hirofumi Kawakita, Yuki Anai, Shinobu Fujita, Kentaro Suzuki, Takashi Kudo